国家社会科学基金项目（11XKS010）最终成果

泛北部湾区域生态文明共享模式与实现机制研究

肖　祥◇著

中国社会科学出版社

图书在版编目（CIP）数据

泛北部湾区域生态文明共享模式与实现机制研究/肖祥著．
—北京：中国社会科学出版社，2015.5
ISBN 978-7-5161-6124-1

Ⅰ.①泛…　Ⅱ.①肖…　Ⅲ.①北部湾—生态文明—研究
Ⅳ.①P722.2

中国版本图书馆 CIP 数据核字(2015)第 099802 号

出 版 人　赵剑英
责任编辑　卢小生
特约编辑　林　木
责任校对　周晓东
责任印制　王　超

出　　版　中国社会科学出版社
社　　址　北京鼓楼西大街甲 158 号
邮　　编　100720
网　　址　http：//www.csspw.cn
发 行 部　010-84083685
门 市 部　010-84029450
经　　销　新华书店及其他书店

印　　刷　北京市大兴区新魏印刷厂
装　　订　廊坊市广阳区广增装订厂
版　　次　2015 年 5 月第 1 版
印　　次　2015 年 5 月第 1 次印刷

开　　本　710×1000　1/16
印　　张　18.75
插　　页　2
字　　数　317 千字
定　　价　70.00 元

目　　录

第一章　绪论

一　问题的提出与研究意义

（一）问题的提出

党的十七大强调提出“建设生态文明”问题，将生态、环境保护提高到了新的历史高度，并指出：“建设生态文明，基本形成节约能源资源和保护生态环境的产业结构、增长方式、消费模式。”[①] 党的十七届五中全会强调：“实施区域发展总体战略和主体功能区战略，构筑区域经济优势互补、主体功能定位清晰、国土空间高效利用、人与自然和谐相处的区域发展格局。”还强调要“健全激励和约束机制，提高生态文明水平、增强可持续发展能力”。[②] 2011 年《中华人民共和国国民经济和社会发展第十二个五年规划纲要》以“绿色发展、建设资源节约型、环境友好型社会”为发展目标，对生态文明建设做了具体部署，并强调指出：“面对日趋强化的资源环境约束，必须增强危机意识，树立绿色、低碳发展理念，以节能减排为重点，健全激励与约束机制，加快构建资源节约、环境友好的生产方式和消费模式，增强可持续发展能力，提高生态文明水平。”同时，对“优化格局、促进区域协调发展”做了具体部署，重点是“实施区域发展总体战略和主体功能区战略，构筑区域经济优势互补、主体功能定位清晰、国土空间高效利用、人与自然和谐相处的区域发展格局”。

---

① 《高举中国特色社会主义伟大旗帜，为夺取全面建设小康社会新胜利而奋斗》（中国共产党第十七次全国代表大会报告），《人民日报》2007 年 10 月 25 日。

② 《中共中央关于制定国民经济和社会发展第十二个五年规划的建议》，2010 年 10 月 18 日。

党的十八大明确了中国特色社会主义事业“五位一体”总体布局，首次正式将生态文明建设与经济建设、政治建设、文化建设、社会建设作为经济社会发展的重要建设任务。报告指出：“建设生态文明，是关系人民福祉、关乎民族未来的长远大计。……努力建设美丽中国，实现中华民族永续发展。”①

中国幅员辽阔、国土空间复杂多样、区域差异性强、生态资源状况不尽一致，自然、经济、文化、制度等综合因素作用下的区域多样性与区域差异性明显，生态文明建设要真正落到实处，不仅要靠国家战略推进，还必须充分重视区域发展特点，将国家生态文明发展战略落实到具体区域空间。“在实施生态文明国家战略的过程中，不同区域生态环境的自然差异、经济社会发展水平差异、人类活动强度差异、民族文化差异、生态文明发展阶段差异，必然导致不同区域在生态文明建设方向、内容、重点、难点以及进程等方面的迥然差异。”② 因此，重视区域生态文明建设的非均衡性和差异性，结合区域发展特点，提升发展思路、创新方法举措，从而推进区域经济社会全面进步，这是落实生态文明国家发展战略、推进区域协调、建设“环境友好型社会”必破之题。

泛北部湾区域经济合作战略构想于2006年提出，2008年1月《广西北部湾经济区发展规划（2006—2020）》经国务院批准，正式发布实施。《规划》强调要加强生态建设和环境保护，增强区域可持续发展能力。

就区域发展战略而言，北部湾经济区正成为继“珠江三角洲”、“长江三角洲”和“环渤海湾”三大经济圈之后中国经济发展的第四增长极。

区域竞争力建立在区域综合环境优势之上，不仅是经济、社会环境优势，也包括生态环境优势。一方面，北部湾经济区岸线、淡水、海洋、旅游等资源丰富，生态状况总体良好。另一方面，生态环境建设也存在诸多问题，如海洋生态环境压力增大；城市生态环境建设面临挑战；农村生态环境污染加重；生态环境保护合作压力大。如何使环境污染得到有效控制，产业结构得到优化，初步形成以清洁生产和生态产业

① 《坚定不移沿着中国特色社会主义道路前进　为全面建成小康社会而奋斗》（中国共产党第十七次全国代表大会报告），《人民日报》2012年11月18日。

② 邓玲：《生态文明发展战略区域实现途径研究》，《原生态民族文化学刊》2009年第1期。

为主体的生态经济框架，是破解生态自我发展能力不足难题的途径。

2011 年世界环境日的中国主题提出，“共建生态文明，共享绿色未来”，生态文明共享受到了前所未有的重视。所谓区域生态文明共享，就是区域发展过程中以合理、公平、持续、和谐为基本价值理念，以资源共享、责任共担、发展共赢为基本方式的生态文明建设模式。泛北部湾地区生态资源得天独厚，为破解“资源魔咒”，避免生态资源“占有式”或“排挤式”开发，避免生态资源利用的相关利益矛盾冲突，需要共享、共建、共生、共赢。

“泛北部湾区域生态文明共享模式与实现机制研究”正是基于生态文明建设的国家战略、区域协调发展战略和泛北部湾经济区生态文明建设的现实需要而提出的迫切问题。

（二）研究意义

对区域生态文明共享模式和实现机制作价值论证和实践探索，是推进区域协调发展，实现经济社会“包容性”增长，破解区域“自身发展能力不足”难题，实现生态与经济、社会、文化协同发展，建构新型社会主义生态文明观的重要理路。

1. 理论意义

对区域经济发展中的生态文明共享模式和发展战略作价值论证和实证研究，对于建构社会主义生态文明观、探索全球化背景下生态文明建设合作具有重要的理论意义。

从生态理论角度探寻破解区域自身发展能力不足路径，实现生态效益和经济效益相互统一，促进区域经济社会系统良性运行，从而建立生态文明研究的新理论范式，有利于多学科、多层次、多角度理解生态文明。利用发展伦理对区域生态文明共享和实现作价值论证，拓展了发展伦理的应用范围。

从理论上为建构区域经济协同发展模式寻找新的增长点。“经济建设”是一个区域可持续发展的核心，“生态建设”是区域实现可持续发展的关键要素，是实施可持续发展的必由之路，也是区域经济社会协同发展的有力支撑。

2. 实践意义

就生态文明建设而言，以泛北部湾地区为实证研究对象，对区域生态文明共享模式及实现机制进行分析，破解区域经济发展的“资源魔咒”，有助于推进实施区域生态文明建设，协调区域发展，建构社会主义生态文明观和建设环境友好型社会。泛北部湾区域生态资源丰富、生态状况良好，在经济社会发展过程中如何发挥优势、取得发展的“好运”，是实现科学发展的紧迫问题。

从实现经济社会“包容性增长”而言，生态文明共享模式及其实现机制研究的是实现包容性增长的理论、实践的创新增长点。

从区域发展战略而言，有助于落实十七届五中全会提出的“构筑和谐区域发展格局”的战略目标和十八大建设“美丽中国”战略任务，实施区域协调发展总体战略，推进区域合作、交流、共赢、发展，增强区域可持续发展能力。

二　研究现状述评

（一）生态文明研究现状

生态文明已成为跨越国际文化差异一致性的价值认同，国外研究经历了伦理价值观念转变、经济生产和生活方式转变、探寻生态文明路径的深化过程。20 世纪 80 年代，为走出工业文明困境，探寻“生态文明”的努力在全球范围出现，特别是 1992 年联合国《21 世纪议程》推动了全球生态文明的探索。国外，对生态文明认识经历了由伦理价值观念的转变，到经济生产和生活方式转变的不断深化过程。研究主要集中在如下内容：（1）倡导树立生态文明价值观。约翰·帕斯莫尔（John Passmore）提出，“建设生态文明，最终是为了人类自己”。[①] 生态学马克思主义者福斯特（Foster）倡导全社会树立生态道德价值观。[②] 奥康纳认为：“社会劳动是在文化规范和文化实践基础上展开的。”[③]（2）对经济与生态关系认识的深化，建立生态化生产方式越来越受到重视。如美国学者莱斯特·布朗提

① John Passmore, *Man's Responsibility for Nature.* New York: Ecological Problems and Western Traditions, 1974.

② John Bellamy Foster, *Ecology against Capitalism.* New York: Monthly Review Press, 2002.

③ ［美］詹姆斯·奥康纳：《自然的理由——生态学马克思主义研究》，唐正东等译，南京大学出版社 2003 年版。

出“生态经济”新模式[1]，推进了生态文明产业范式的转型。（3）从社会制度层面寻求生态文明的解决途径。20世纪90年代西方绿色运动孵化出了“生态社会主义”，倡导以生态理性取代经济理性，推进了对生态文明的认识，如生态社会主义者戈兹（Gorz）倡导以生态理性取代经济理性[2]，佩珀（Pepper）认为，环境问题的本质是社会公平，社会主义制度更能解决生态问题。[3]

生态文明问题也一直是国内学术研究关注的主题。十七大强调“建设生态文明”后，对此研究成为学术热点。国内发表了许多有价值的生态文明研究成果，如《生态文明观与全球资源共享》（刘宗超，2000）、《环境问题抉择论——生态文明时代的理性思考》（高中华，2004）等，对树立正确的生态文明观起到了积极的作用。现有研究成果研究内容集中于：（1）生态文明理论研究，如生态文明内涵、特征、与其他社会文明的关系、马克思主义经典作家生态文明思想、西方生态理论引介等；（2）生态文明建设路径研究，如从科学发展观、社会和谐、消费方式生态化、生态产业、塑造有生态伦理责任的现代人等进行探讨；（3）地方性生态文明研究，如分析某省、市、县生态文明现状、问题和对策；（4）题名“区域生态文明”的研究仅5条，分别从泛珠三角、物质变换理论启示、产业实现机制、体系建构、评价指标等分析。区域生态文明开始受到关注但未受到足够重视。

（二）发展伦理研究现状

生态文明是发展伦理的一个重要学科问题。关于发展伦理研究，国外学者多从人本和社会发展出发对人类行为进行伦理反思，并致力于塑造伦理价值新观念。对“发展”问题进行伦理价值考评缘于全球性环境危机问题的加剧。各国际组织和国家已经认识到环境污染和生态破坏造成严重的经济损失，并围绕可持续发展的生态文明建设制定了许多指标，如“绿色GDP”、联合国HDI（人类发展指标）、英国的MDP（国内发展指

① ［美］莱斯特·布朗：《生态经济——有利于地球的经济构想》，林自新等译，东方出版社2002年版。

② Andre Gorz, Translated by Gillian Handyside and Chris Turner. *Critique of Economic Reason*, Verso, 1989.

③ ［英］大卫·佩珀：《生态社会主义：从深生态学到社会正义》，刘颖译，山东大学出版社2005年版。

数）、不丹王国的GNH（国民幸福指数，由“政府善治、经济增长、文化发展和环境保护”组成）。联合国世界环境与发展委员会通过的《我们共同的未来》（1987）、《21世纪议程》（1992），对生态文明的认识不断深化，首先是伦理价值转变，然后才是生产和生活方式的转变。如德尼·古莱指出，发展的目标是改善人类生活和社会安排以寻求福祉，阿玛蒂亚·森认为，发展的实质是扩大个人和社会的选择自由。国内，20世纪后期可持续发展伦理问题受到重视，如刘福森、陈忠、王玲玲、朱步楼等学者对传统发展观的批判和对发展伦理的学科阐释、哲学基础、对象体系、特征、价值观焦点、价值原则、理论意义等进行了多视角研究。但现有研究未能从发展伦理视角看生态文明。从发展伦理角度对区域经济发展中的生态文明共享模式和发展战略作价值论证和实践指导，是实现科学发展的必要保障。

（三）泛北部湾问题研究现状

2006年泛北部湾地区域经济合作战略构想一经提出，对其研究迅速升温，主要从经济发展视角对泛北部湾区域发展进行考察：（1）关于“泛北部湾区域合作”战略及其价值。如李世泽提出泛北部湾地区域合作的“海路、强弱、开放式和开发式”合作模式[①]；杨鹏强调从制度创新构建合理的发展战略体系。[②]（2）关于“泛北部湾区域合作”机制、模式研究。如韦朝晖等从博弈论探讨泛北部湾区域合作机制[③]；杨欣等提出要创新经济区开发模式。[④]（3）关于区域协调发展战略。如张可云认为，加强合作、克服冲突是区域协调发展战略的重要内容[⑤]；贾晔等提出，区域经济合作战略升级和制度创新问题。[⑥]（4）关于“泛北部湾区域合作”的文化或软环境研究。如潘冬南提出以文化认同促进泛北部湾区域合

---

① 李世泽：《泛北部湾经济合作的模式特点与战略价值》，《广西民族研究》2007年第2期。

② 杨鹏：《泛北部湾发展战略问题研究学术论坛》，《学术论坛》2007年第8期。

③ 韦朝晖等：《以博弈论视角看泛北部湾合作机制的构建》，《国际经济合作》2010年第4期。

④ 杨欣等：《泛北部湾（广西）经济区的开发模式探讨》，《东南亚纵横》2007年第10期。

⑤ 张可云：《区域协调发展战略与泛北部湾区域合作的方向》，《创新》2007年第2期。

⑥ 贾晔等：《实施泛北部湾区域经济合作与发展战略的思考》，《桂海论丛》2007年第4期。

作[①]；江宏提出“和谐文化圈”构建。[②]（5）关于生态环境问题。题名“泛北部湾”并含“生态文明”的研究极少；含“广西北部湾”的研究仅有阳国亮《论生态文明建设与广西北部湾经济区协调发展》（2008）一文。至今尚未发现与本课题同名或类似的研究著述。

（四）相关研究存在的问题

其一，现有研究多囿于对生态文明的理论阐释，区域生态文明研究单薄，其区域生态文明共享模式及实现机制还是一个有待深化的新鲜课题。

其二，区域生态文明研究囿于经济与生态环境关系的应然性论证，其多种伦理关系与价值要素统合缺乏发展伦理共契与价值共识。

其三，泛北部湾区域经济合作战略中生态文明问题未受理论和实践重视，如何破解区域经济发展的“资源魔咒”、推进区域协调发展缺乏新的理论增长点和实践深度。

“泛北部湾区域生态文明共享模式与实现机制”的研究不仅为提升中国北部湾经济区的发展效益、维护中国生态安全提供积极的借鉴，也为维护泛北部湾区域和谐发展、推进区域合作提供了新的合作思路。

三　研究的基本内容与观点

（一）研究主要内容

其一，发展伦理视域的区域生态文明共享模式与实现机制的概念解析。

其二，国内外相关基础理论评析与借鉴。通过文献分析、总结和吸收国内外发展伦理、生态文明及建设相关理论资源，收集国内外发展伦理在区域生态文明共享和实现方面的案例，形成理论分析框架。

其三，实证研究。泛北部湾经济区位于东北亚、粤港澳、东南亚三大经济圈交会处，区域内生态资源丰富、战略地位显要。通过抽样和社会调查等方法，收集泛北部湾经济区生态文明建设相关数据，总结生态合作经

① 潘冬南：《以文化认同促进泛北部湾经济合作》，《广西大学学报》2007 年第 8 期。

② 江宏：《论泛北部湾和谐文化和谐文化圈的建构》，《南宁职业技术学院学报》2008 年第 4 期。

验、问题和发展趋势，建立相关案例库，为进一步运用发展伦理分析区域生态文明共享模式与实现机制奠定基础。

其四，发展伦理对区域生态文明共享与实现的促进机理研究。对目标引导、行为约束、利益协调、成果共享等做出价值判断和伦理调适，进而建立机制保障。发展伦理与利益博弈：伦理资源能弥补物质产品，促进生态资源配置和共享的“纳什均衡”与“帕累托最优”。

其五，区域生态文明共享的伦理原则研究。区域生态文明要调适人际、代际、域际等多种伦理关系，要遵循：人本原则、包容性原则、公平原则、合理原则、适度原则、互利原则、和谐共生原则、可持续发展原则等。

其六，区域生态文明共享的基本内容研究。分为前提性共享、过程性共享和结果性共享。前提性共享包括文化共享、资源共享、信息共享等；过程性共享包括责任共享、风险共享、机会共享等；结果性共享包括权利共享、利益共享、成果共享等。

其七，基于发展伦理的区域性生态文明共享模式研究（见图1-1）。

其八，区域生态文明共享如何实现问题的诊断及归因分析。问题：忽略弱势群体利益、弱化代内平等、忽视代际公平、缺乏域际和谐等。原因：受区域经济利益驱动，缺乏可持续发展伦理意识、合作价值认同基础、决策管理伦理共契、制度伦理约束等。进而提出生态文明共享如何实现的伦理评价标准和实现路径的伦理选择。

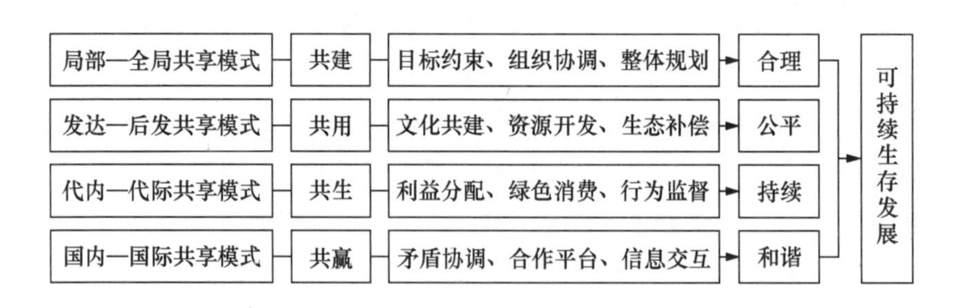

图1-1 区域生态文明共享模式示意

其九，区域生态文明共享的实现机制研究。利用发展伦理的引导、激励、调适、协作、约束功能，主要有：目标约束机制、决策实施机制、组织协调机制、行为监督机制、信息交互机制、合作平台机制、利益矛盾协调机制、市场运行机制、应急处理机制、生态补偿机制等。

其十，基于发展伦理的区域生态文明共享及实现的战略任务。从国家发展战略审视国家、区域、地方协调发展。战略任务：生态文化建设、生态发展规划、生态协同利用、生态制度管理、生态资源开发、生态信息交流、生态修复科技创新、生态问题处置合作等。生态文明建设发展战略实施及其保障机制研究思路如图 1－2 所示。

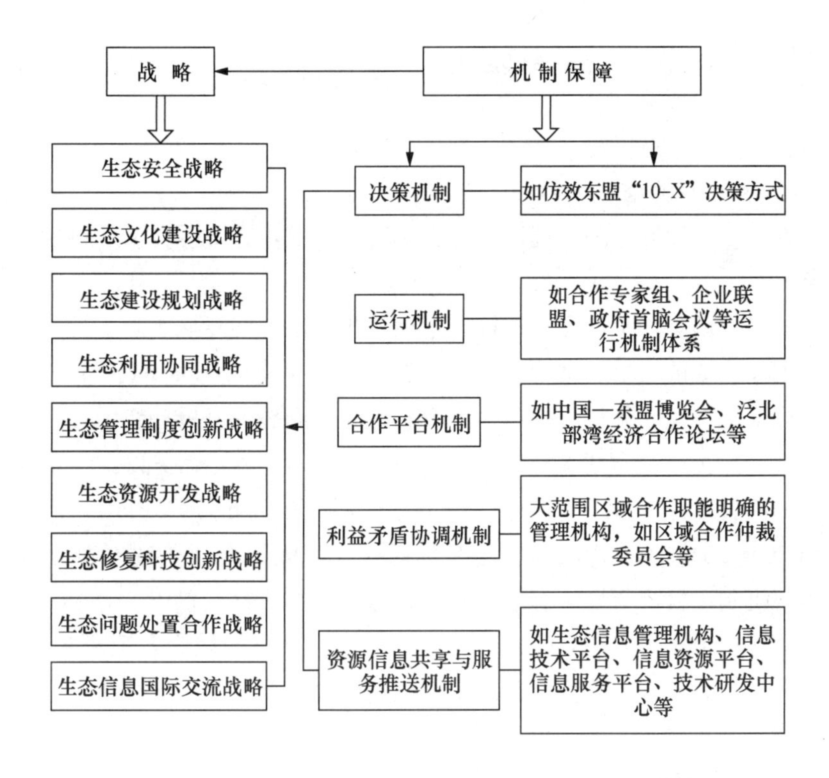

图 1－2　生态文明建设发展战略实施及其保障机制研究思路

（二）基本观点

其一，发展伦理以人类可持续生存和发展为根本价值原则，是区域性生态文明共享模式与实现机制的价值指导和内驱力。

其二，区域生态文明共享是一个伦理价值追求与利益博弈的过程，必须遵循一定的伦理原则。

其三，区域生态文明共享内容是一个权利与义务、责任与利益统合的综合体系。

其四，区域生态文明共享模式实质上是伦理关系的调节模式。区域生态文明共享存在的最大问题是主体平等和利益公平，其实现机制就是保障生态文明共享公平正义地实现。

其五，有效实现区域生态文明共享需要有力的实现机制体系作保障。构建生态文明共享模式及运行机制，是实现多元化区域生态经济模式、区域经济合作发展战略和国际交往战略转型升级的有力支撑。

四 研究方法与思路

（一）研究方法

其一，以发展伦理为理论基础，实现对区域生态文明交叉学科的综合研究。

其二，调查与统计方法。综合运用德尔菲法、问卷调查法、抽样调查法等手段获取区域生态文明状况的各种数据，并通过 Epidata、SPSS 等软件进行信息整理、分析、处理，了解其现状、问题、发展趋势。

其三，文献综合研究法和 SWOT 分析法。通过文献查阅，获取项目研究的相关理论知识和案例资料；并分析其 Strengths、Weaknesses、Opportunities、Threats，同时运用层次分析法、模糊综合评价法对共享模式和实现机制进行可行性和有效性验证，探索其推广运用价值。

其四，个案研究法与分类研究法。以泛北部湾区域为实证研究对象，凸显其战略意义和示范价值；以实现机制和共享模式为概念分析工具，进行分类研究。

（二）研究思路

以发展伦理为指导，基于泛北部湾区域生态文明状况的实证研究，以区域生态文明共享模式建构及实现为基本思路，首先确立研究的理论基础和重要性，回答“是否必要”的问题；课题的核心部分从发展伦理视角对区域生态文明共享的伦理原则、基本内容、共享模式、存在问题及原因、实现机制等进行分析，回答“何以可能”的问题；并从国家战略层面对区域生态文明共享模式及实现机制进行审视，提出具体实施的战略任务，回答“如何实现”的问题（见图 1－3）。

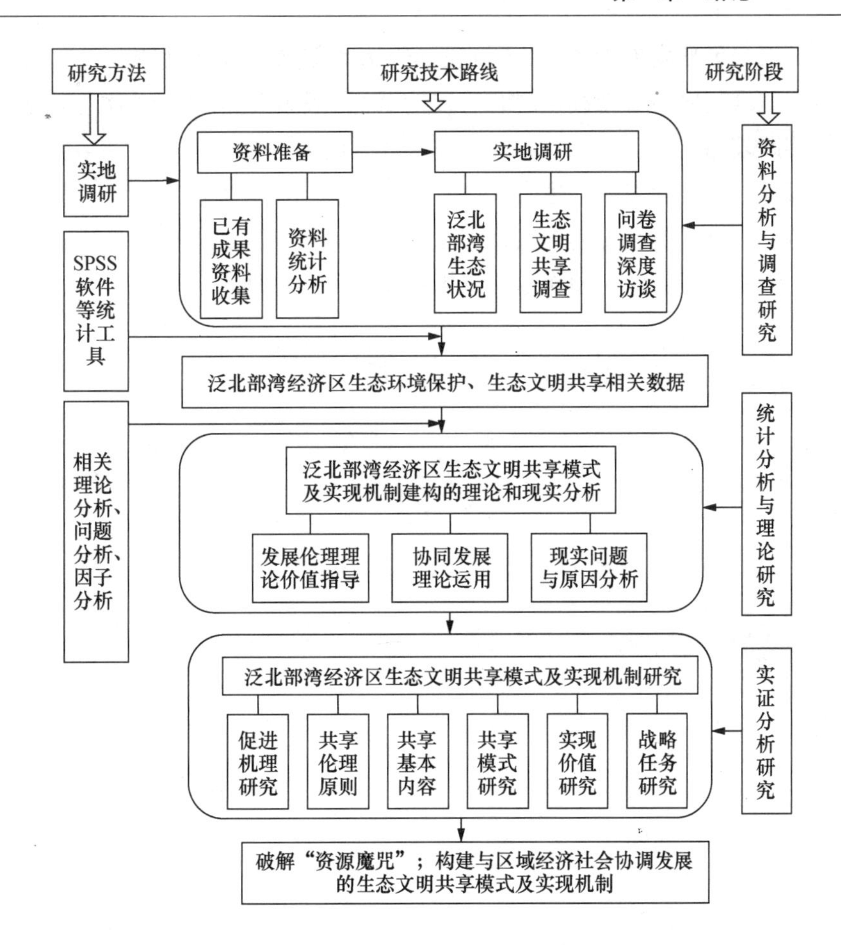

图1－3　泛北部湾区域生态文明共享与实现机制研究示意

五　研究重点、难点与创新

（一）研究重点、难点

重点是如何基于泛北部湾生态状况的实证研究，构建与经济社会协调发展的区域生态文明共享模式及实现机制，有效地推进区域包容性增长。

难点是发展伦理对区域生态文明共享模式与实现机制的促进机理、价值指导、动力调节作用研究及其项目的推广价值。

（二）创新之处

其一，以发展伦理为理论基础，建立区域生态文明共享模式及实现机制，拓展了生态文明研究视野，创新了区域生态文明建设的理论范式。

其二，创新发展理念，为实施国家区域协调发展总体战略和主体功能区战略、推进区域可持续发展和包容性增长、深化泛北部湾区域经济合作提供实践理路。

其三，将科学发展与生态文明、区域经济合作与生态安全置于发展伦理视域，丰富了发展伦理的实践应用范围，提升了区域生态文明的价值论高度，增强了研究的可操作性和结果运用的可移植性。

第二章　泛北部湾区域发展战略与区域生态文明共享

区域生态文明不能囿于区域经济与生态环境关系的应然性论证，而是多种伦理关系与价值要素的统合。当前，区域生态文明建设突出问题是缺乏发展伦理共契与价值共识。利用发展伦理对区域生态文明共享作价值论证，是推进泛北部湾区域协调发展、实现经济社会"包容性"增长、建构新型的社会主义生态文明观的重要理路。

一　泛北部湾区域推进战略的发展伦理证明

如何创新发展理念，为实施国家区域协调发展总体战略和主体功能区战略、推进区域可持续发展和包容性增长、深化泛北部湾区域经济合作提供实践理路，是泛北部湾区域发展战略实施的前提性问题。

（一）泛北部湾区域发展战略

泛北部湾区域是指北部湾和南海区域周边国家和地区所共同构成的空间区域。在地域范围上，不仅包括北部湾和南海的全部海域，还包括其周边的越南、马来西亚、新加坡、印度尼西亚、文莱、菲律宾、柬埔寨、泰国八个东南亚国家以及中国的海南省、广东省、广西壮族自治区、香港特别行政区和澳门特别行政区五个地区，即"八国五地区"。泛北部湾区域范围广，面积大，人口多，陆域面积达332.36万平方公里，南海面积达350万平方公里，区域总人口59445万人。泛北部湾是一个港口富集区，区域内东盟国家共有各类港口100多个，其中印度尼西亚40多个，马来西亚33个，越南43个，菲律宾24个。泛北部湾区域濒临南海，一海碧水居中，将这些国家和地区连接成为一个地域共同体。

泛北部湾区域经济合作是中国—东盟自由贸易区框架下的海上次区域合作。在2006年7月广西率先提出推动泛北部湾区域经济合作战略构想，提出推动泛北部湾经济合作、构建中国—东盟“一轴两翼”区域经济合作新格局。它的提出使北部湾区域经济合作上升到国家战略层面的新高度，它不仅使该区域的国际经贸合作朝更高、更深层次的方向发展，也将使北部湾地区在中国—东盟自由贸易区的发展过程中发挥更加重要的作用。

与此同时，东盟各国领导人也广泛关注和积极参与泛北部湾经济合作战略，使世界对泛北部湾区域合作战略的关注迅速升温。新加坡总理李显龙说，“一轴两翼”区域经济合作构想，对促进中国与东盟关系具有战略性意义，新加坡完全支持并将努力推动“一轴两翼”区域经济合作战略的实施。柬埔寨首相洪森认为，广西提出的中国—东盟“一轴两翼”区域经济合作新构想有利于促进广西、云南等地与东盟各国的交流与合作。菲律宾总统阿罗约认为，加强海上区域合作的构想非常好，把环北部湾国家和地区都纳入区域合作，有利于促进中国与东盟的合作，菲律宾非常支持并希望推动这一构想的实施。越南总理阮晋勇认为，越中双方应加强在经济、政治、文化、科教等一切领域的交流与合作。泰国总理素拉育表示，泰国愿意同广西一道，共同构筑相互沟通的陆路、海上、空中国际性大通道，为进一步扩大双方的经贸往来打下良好的基础。①

泛北部湾战略地位突出，资源丰富，区位优势不可替代，不仅是中国与东盟合作的重要平台，也是东盟各国与中国开展经济合作的重要通道；不仅对于维护和扩大西南地区利益具有决定性作用，对于维护和扩大中国国家利益和促进中国—东盟的共同利益也具有重要的作用。因此泛北部湾区域发展战略必然成为新时期国家发展战略的重要目标。

泛北部湾各个国家和地区之间经济发展不平衡、政治文化差异大、外交与安全问题难度大、地域广阔，生态文明建设需要以发展伦理为指导，实现和谐价值认同，才能科学发展。综上所述，从发展伦理学和国际政治经济学对泛北地区生态文明的共享模式和发展战略进行研究是一个有待深入的新鲜课题。

（二）发展伦理与泛北部湾区域利益博弈

“发展的目标是改善人类生活和社会安排，以便为人们提供日益广泛

---

① 赵歧阳：《广西推动沿海发展成新增长极》，《广西日报》2006 年 12 月 6 日。

的选择来寻求共同的和个人的福祉。”① 发展伦理以人类可持续生存和发展为根本价值原则，是泛北部湾区域协调发展战略实施的价值指导和内驱力。

1. 利益博弈：泛北部湾区域发展的利益驱动

博弈在本质上就是利益争斗和选择的结果，也是联合创造博弈结果的集体行动。一般而言，博弈主要可以分为合作博弈和非合作博弈。

首先，利益合作博弈和非合作博弈是泛北部湾区域发展的共同动力，二者的作用都不可忽视。一方面，泛北部湾区域利益博弈存在许多非合作博弈状况。在生态资源采用、市场竞争、产业差异、技术发展、民间文化交流、地方货品贸易、河流通道使用等方面，非合作博弈不同程度和不同范围地存在着。另一方面，泛北部湾区域利益合作博弈将是推进整个区域可持续协调发展的主要动力。泛北部湾区域利益博弈主要是合作博弈。主要表现在：一是泛北部湾区域合作战略达成国家层面的共识。不仅中国将此战略上升到国家发展战略高度，得到国家领导人多次充分肯定，而且东盟各国大力支持和积极回应了泛北部湾合作构想。二是成立了泛北部湾合作联合专家组，讨论通过了《关于加快泛北部湾经济合作的行动建议》、《泛北部湾经济合作可行性研究报告》等合作文件。三是从 2007—2014 年连续举办了 8 届“泛北部湾经济合作论坛”以促进泛北部湾区域合作发展为目的，旨在搭建一个长期性、开放式的研究、交流和沟通平台，成为各国政府官员、专家学者、企业精英相互交流、共同展望、制定规划、推进合作的场所。

其次，利益博弈的“纳什均衡”是泛北部湾区域协调发展的和谐状态，是多方利益主体协调的结果，目的是实现共建和共生。在非合作博弈中，每个参与方作为“理性人”总会选择自己的纳什均衡最优策略，从而使自己利益最大化。所有参与方策略构成一个策略组合。当策略组合由所有参与人最优策略组成，并且没有人有足够理由打破这种均衡，这就实现了纳什均衡。纳什均衡是不断竞争与合作的结果。竞争与合作实际上就是各国、各地区作为利益主体参与利益博弈的过程。通过多边磋商、政策协调、政府首脑会晤、企业主体谈判、合作论坛等方式，泛北部湾区域发

① ［美］德尼·古莱：《发展伦理》，高铦、温平、李继红译，社会科学文献出版社 2003 年版，前言第 1—2 页。

展总会寻找到一种最佳策略组合，消除猜忌、走向坦诚合作，并且实现集体利益与个体利益最优化，达致一种协调发展状态。概言之，利益博弈的“纳什均衡”就是实现泛北部湾区域各国家、各地区共建，同时促进共生。

最后，实现“帕累托最优”是泛北部湾区域协调发展的理想目标，需要各方努力，目的是实现共赢与共享。帕累托改进是达到帕累托最优的路径和方法。从市场的角度来看，比如一家生产企业，如果能够做到不损害对手利益情况下又为自己争取到利益，就可以进行帕累托改进，换言之，如果是双方交易，这就意味着双赢的局面。“帕累托改进”说明没有达到“最优”状态，尚有改进余地。泛北部湾区域协调发展必须遵循公平与效率兼顾原则，从国家发展战略、方针政策、合作组织建设、决策机制、合作平台建设等方面，不断推进泛北部湾区域经济合作。

2. 发展伦理给予利益博弈以价值指导

（1）发展伦理视域下，泛北部湾区域利益博弈以可持续生存和发展为根本价值指导，不至于陷入利益纠纷的泥潭。由于非合作博弈的状况时时存在，并且容易激发泛北部湾区域利益种种矛盾，因此，寻求最大的价值共识和伦理共契，不仅是调节利益冲突、优化发展环境的前提和基础，也是发展过程中协调利益矛盾，达成合作共识，争取利益最大化的价值指导。因此，如何以发展伦理为指导，协调各方利益关系，加强引导、加强规范、加强合作，使之有序展开，避免地区甚至是国家之间的利益冲突，是泛北部湾区域协调发展中的重要任务。无论是利益博弈关系的调适，还是纳什均衡的多方努力；也无论是利益最大化的追求，还是帕累托最优的理想目标达成，发展伦理的价值原则只有在不断的帕累托改进过程中一以贯之，才能实现泛北部湾区域发展的共赢与共享。

（2）伦理资源能弥补物质产品不足，促进泛北部湾区域资源配置和使用的效率与公平。伦理资源不同于物质资源，它往往以文化认同、道德风尚、民族习惯、价值共契等方式，从文化精神、民族精神、区域精神等层面对社会发展产生影响，主要表现为：

其一，伦理资源也是促进社会经济协调发展的宝贵资源，因此挖掘和使用泛北部湾区域伦理资源，将极大地推动该区域经济社会进步。比如，广西少数民族文化中的生态伦理思想对于西部民族地区开放中如何处理发展与环境、创新与继承、可持续发展具有重要的现代伦理价值。再如，广西少数民族文化中的和谐思想，对于现代和谐社会和文化广西建构具有重要意义，在丰富的神话、传说、歌谣、习俗中，蕴含着少数民族人民坚韧不拔、勤劳淳朴、快乐达观的进取精神，寄托着人民对美好生活的理想，内蕴的哲理警醒后人。

其二，伦理资源能弥补制度因素的不足，激发制度创新的主动性。政策、制度、规章形成之后往往具有相对稳定性，尤其是通过由政府法令、政策和法律的引入和实施而导致的“强制性制度变迁”，使制度具有极大稳定性。强制性制度变迁为国家和地区提供赖以发展的经济基础和政治环境，其作用固然不能忽略。比如，北部湾经济区要实现创新发展，必须摆脱封闭保守、抱残守缺、僵化无力的旧体制，通过强制性制度变迁创设经济社会文化发展的新环境。但是，加强因利益诱导而导致的自觉、主动的“诱致性制度变迁”才是制度创新的主要方式。所谓诱致性制度变迁指的是“现行制度安排的变迁或替代，或者是新制度安排的创造，它由个人或一群人，在响应获利机会时自发倡导、组织和实行。与此相反，强制性制度变迁由政府命令、法律引入和实行。”① 由于区域发展受民族文化心理、伦理精神、道德意识、价值观念等因素的影响，强制性制度变迁的作用是有限度的，必须同时加强实施诱致性制度变迁，充分发挥先进文化对个体主体和群体主体的利益诱导自发性及主动性。

其三，激发各方利益主体以自觉、正确、高尚的方式加强合作、推进发展，改善因物质产品不足引起的利益纠纷。区域经济发展活力来自利益各方的主动性，保障利益各方主动性，不仅需要个体伦理道德素质的提升，也需要地区、国家的伦理精神的参与。泛北部湾经济区内有着丰厚而宝贵的伦理资源：可持续发展的生态观、和谐发展的思想观念、对美好生活的价值理想等，这些在长期的发展中形成的关于真、善、美的共同理想和价值取向，同时也是凝聚和激励广大人民的重要伦理文化资源，使大家以一种“开放包容、创新争优”的精神积极领导和融入泛北部湾区域协调发展。

（三）发展伦理与泛北部湾区域协调发展

泛北部湾区域协调发展最终目的是实现区域经济社会可持续发展，其

① 林毅夫：《关于制度变迁的经济学理论：诱致性变迁与强制性变迁》，《卡托杂志》1989年第1期。

最终目的也是要让其成果惠及所有人。在利益博弈的过程中实现泛北部湾区域协调发展，必须遵循一定的伦理原则，或者说必须建立一个有效的伦理关系调节模式。

1. 发展伦理：统筹区域发展的强力润滑剂

其一，目标引导。泛北部湾经济合作目的是在中国—东盟战略伙伴关系和中国—东盟自由贸易区合作框架下，发挥泛北部湾地缘优势、沿海港口与海运优势、海洋资源优势等，推进中国—东盟海上次区域合作，加速泛北部湾区域的经济发展，共同打造太平洋西岸新的经济增长极和经济新高地，促进泛北部湾国家和地区经济共同繁荣。

泛北部湾区域经济合作的总体目标是：通过合作，理顺区域内部各种经济关系，建立完善区域经济合作机制，增进各个国家和地区的交流，促进相互投资与贸易，实现商品、服务、资本、人员的自由流动，形成相互协调、互利共赢、次区域经济一体化水平较高的泛北部湾区域经济共同体，并最终发展成为太平洋西岸经济发展充满活力，在世界具有重要地位的经济新高地。从而极大地提升泛北部湾区域在国际经济舞台中的地位。① 发展伦理对目标的引导，主要是对其进行价值审视和价值评判。使泛北部湾区域经济合作的发展目标符合区域民众的利益诉求，符合公平正义的基本原则。

其二，行为约束。泛北部湾区域经济合作发展是一个竞争与合作并存的过程，不仅需要相关法律、制度、规章等“硬约束”，更需要发展伦理的“软约束”。“硬约束”往往是对不符合规则的行为进行强制性规约，是不符合规则行为出现后的“事后约束”或“补救措施”；而发展伦理的“软约束”对泛北部湾区域经济合作各方的行为进行价值判断和伦理审视，通过建立协调关系、营造和谐氛围、创设合作信任等方式，对主体的行为进行“事前约束”和“过程补救”。

其三，利益协调。发展伦理旨在调适“个人理性”与“整体理性”的矛盾，使个体利益符合整体利益。由于“个人理性”的作用，泛北部湾区域各行为主体总是追求个体利益最大化而发生种种竞争。竞争反映了泛北部湾区域内各个国家和地区在追求各自利益时表现出的利益冲突。但

① 古小松、龙裕伟、刘建文：《泛北部湾区域经济合作的战略目标、基本定位及模式》，《广西日报》2007年7月20日。

是，由于泛北部湾区域资源、市场、技术、地域条件存在着互补性，出于“整体理性”的指导，利益各方总会寻找消除矛盾的方式，即合作。合作反映了各方为了协调利益矛盾冲突采取各种措施和手段的努力状况，最终实现求同存异和各方利益在相互约束条件下的最大化，使发展各方的“个人理性”与“整体理性”达致一种正当、合理、公平，避免泛北部湾区域国家和地区的利益冲突。

其四，成果共享。发展伦理的核心价值原则就是发展必须以人为本，发展成果应当惠及所有人。泛北部湾区域合作应该推动建立区域合作创新机制和成果共享机制，不断扩大创新成果的溢出效应。① 以人为本的发展伦理，明确了泛北部湾区域经济发展的最终目标，使区域协调发展有了基本价值指导，发展才可能跳出“伪发展”和“有增长无发展”的怪圈，从而实现泛北部湾区域的全面进步。

2. 发展伦理观照下的泛北部湾区域经济合作与协调发展

发展伦理对泛北部湾区域经济合作与协调发展的作用主要表现在两个方面：

（1）协调经济合作，实现统筹区域发展。统筹区域发展的总体目标是实现区域协调发展，即实现区域经济全面、协调和可持续的发展目标。通过统筹区域发展，不仅使各种区域问题基本得到解决、区域关系融洽、区域处于良性互动的发展状态，同时，缩小区域发展的差距，形成区域之间相互合作、相互支持、共同发展的区域经济新格局，还使区域发展获得可持续发展的能力，实现经济发展与人口、资源、环境的协调，建立资源节约型和环境友好型社会。发展伦理不仅对区域协调发展目标进行合理性审视，也对区域协调发展的制度保障的正义与否进行价值评判，还对区域协调发展的结果进行正当性检视。

（2）协调泛北部湾区域国家和地区经济合作，实现利益共享和共同发展。中国与东盟各国在资源和市场等方面均有利益所在，这是实现泛北部湾区域经济发展和合作的重要条件。

其一，发展伦理有助于泛北部湾经济合作明确发展目标，化解矛盾，维护和平、稳定、繁荣，提升泛北部湾经济合作利益共享的范围和层次。

---

① 《2009泛北部湾经济合作论坛嘉宾致辞演讲摘登》，《广西日报》2009年8月8日第2版。

从目的宗旨而言，发展伦理以“优化发展”为目的，以人的生存发展、生活幸福为旨归。以牺牲环境为代价的经济发展、贫富差距越拉越大的少数人发展，都是“伪发展”和“反发展”。泛北部湾经济合作只有以民众的利益分享和生活幸福为目标，其发展才是健康、正当的。

其二，发展伦理有助于泛北部湾经济合作中遵循公平正义、扩大交往、增进交流，促进区域和谐发展。从调适关系的内容而言，发展伦理不仅调节人与人、人与自然、人与社会之间的关系，而且还对社会发展调控者的决策行为、具体政策和发展战略做出伦理评价和价值反思，并通过可行性建议影响其行为和结果。

其三，发展伦理有助于泛北部湾经济合作优势互补、合作共赢，实现区域共同繁荣。从价值评判范围而言，发展伦理的观照对象是宽泛的，甚至涉及社会发展的各个层面、各个领域。在泛北部湾经济合作中不仅要处理好“强强合作”的关系，更要处理好“强弱合作”，实现公平发展与共同进步。在泛北部湾经济区中，一些国家和地区工业化发展较为落后，亟须资金、技术和人才的援助，都迫切希望要承接发达国家和地区的资金和产业转移，都极力希望开拓世界市场。这往往使得区域各方各怀“利益鬼胎”，合作空间大大缩小、合作成效大打折扣、合作动力明显不足。因此，建立互信互利的伦理调节机制和合作机制，共同努力、共同发展、共享繁荣，这是泛北部湾经济合作的重要任务。

维护和扩大中国与东盟各国的共同利益，不仅是国际经济合作与发展的目标所在，也是维护世界和平发展的内在要求。

二 发展伦理视域中的区域生态文明共享

以发展伦理来审视当前生态文明建设和泛北部湾区域生态文明共享的现状，这是实现区域生态文明共享的必然要求。

（一）发展伦理与生态文明

可持续地生存和发展是发展伦理的根本价值目标。从发展的角度而言，生态文明在目的宗旨、调适关系内容、价值评判标准、理论发展等方面与“发展伦理”是高度契合的。

就目的宗旨而言，生态文明以人与人、人与自然、人与社会和谐共生为宗旨，以建立可持续的生产方式和消费方式为内涵，以引导人们走上持续、和谐的发展道路为着眼点。发展伦理以“优化发展”为目的，以人的生存发展、生活幸福为旨归，对人之变化着的生存境域进行价值批判和选择，在历时性、多样性、境遇性的发展过程中，发展伦理对人之生存关怀的目标指向总是确定的、深远的和终极性的。生态文明要求人类要尊重和爱护自然，和谐人际关系，促进社会进步，将人类的生活建设得更加美好，因此人类要树立生态观念，自觉、自律，在这一点上，生态文明毋宁说本身就是发展伦理的重要组成部分。

就调适关系的内容而言，生态文明主要调适的对象就是人与人、人与自然、人与社会的关系，它强调人类的发展应该是人与社会、人与环境、当代人与后代人的协调发展。发展伦理不仅调节人与人、人与自然、人与社会之间的关系，而且还对社会发展调控者的决策行为、具体政策和发展战略做出伦理评价和价值反思，并通过可行性建议影响其行为和结果。

就价值评判范围而言，生态文明作为现代社会文明体系的基础，与物质文明、精神文明、政治文明一起共同支撑和谐社会大厦。生态文明观着重强调人与自然环境的相互依存、相互促进、共处共融。发展伦理则是从人的存在出发，从人的问题及其境遇中实现从伦理层面对人的生存、人的尊严、人的幸福以及符合人性的生活条件的肯定，实现最大程度的生存关怀，因此发展伦理观照的对象是宽泛的，甚至涉及社会发展的各个层面、各个领域。

就理论发展的过程而言，生态文明是人类对传统文明形态特别是工业文明进行深刻反思的成果，是人类文明形态和文明发展理念的革新。20世纪80年代，为走出工业文明困境，探寻“生态文明”的努力在全球范围出现，特别是1992年联合国《21世纪议程》推动了全球生态文明的探索。发展伦理其实是伴随人类发展过程而生的，只要有发展，就有对发展问题的伦理价值考察，发展问题从来就没有摆脱伦理的评判。

发展伦理之“发展”，应是对人之变化着的生存境域进行价值的批判和选择，这就要求人类的任何活动必须以个体的幸福自由和人类可持续发展为最终目的。正如阿玛蒂亚·森指出发展的实质在于扩大个人和社会的选择自由。[①] 而生态文明建设的最终目的也是实现人类的可持续发展，其

① ［印］阿玛蒂亚·森：《以自由看待发展》，任赜等译，中国人民大学出版社2002年版，第1页。

最终目的也是要让其成果惠及人类整体。

（二）区域生态文明与区域生态文明共享

区域经济作为一种综合性经济发展的地理概念，不仅反映区域性资源开发和利用现状，也反映对其合理利用的程度及其存在问题，更要综合考虑社会总体经济效益和地区性生态效益。倡导区域生态文明，正成为新时期生态文明建设的新主题。所谓区域生态文明，是一种强调地方经济发展水平、生态资源、生态环境、生态功能、生态保护措施等差异性为特征的生态文明模式。各国、各地区由于经济发展水平、资源环境基础以及文化的差异，生态文明建设不可避免地必须采取不同的模式，从而实现区域可持续发展。

对区域生态文明的认识深化伴随着对“增长极理论”的认识和我国“增长战略”的实践。

1. “增长极理论”为区域经济发展提供理论支撑，同时也把区域生态文明问题提上区域发展日程

1955 年，法国经济学家弗朗索瓦·佩鲁首次提出“增长极理论”，认为：增长不是同时出现在所有地方，它以不同强度首先出现在一些增长点或增长极上，然后通过不同的渠道向外扩散，并对整个经济产生最终影响。随之，法国经济学家布代维尔提出“地理性增长极”理论，瑞典经济学家缪尔达尔提出“回波效应”和“扩散效应”理论，从不同角度修补和完善了佩鲁的“增长极理论”。其后，区域经济发展中还形成了比较有名的“梯度转移理论”和“蛙跳理论”。“梯度转移理论”主张发达地区应首先加快发展，然后通过产业和要素向较发达地区和欠发达地区转移，以带动整个经济的发展。“蛙跳理论”是指“后发国家或区域利用后发优势，通过资本积累、效率提高和技术创新，实现非均衡、超常规发展，在较短时间内接近甚至赶超发达国家或区域的一种增长方式和机制。”[①] 随着区域经济的发展，与之如影随形的生态环境问题和生态文明建设问题也逐渐为大家所重视。

2. 我国“增长战略”实施使得区域经济发展与区域生态文明成为区域发展同一问题的两面

区域发展是包含区域经济增长、产业结构优化、生态环境保护、社会

---

① 韩康等：《北部湾新区中国经济增长第四极》，中国财政经济出版社 2007 年版，第 7 页。

和谐进步等内涵的综合范畴。我国的“增长战略”实施，是“增长极理论”、“梯度转移理论”和“蛙跳理论”的综合运用。

我国对区域生态文明的真正重视缘于2007年《全国生态功能区划》的出台。生态功能区划一是明确全国不同区域的生态系统类型、生态环境问题、生态敏感性和生态系统服务功能类型及其空间分布特征，并明确各功能区的主导生态服务功能以及生态环境保护目标；二是强化统筹兼顾、分类指导和生态系统管理思想，改变按要素管理生态系统的传统模式，以保护生态功能为基础，增强各功能区生态系统的生态调节功能，实现区域生态系统的良性循环；三是以生态功能区为基础，指导区域生态保护与生态建设，为区域产业布局、资源利用和经济社会发展规划提供科学依据，促进社会经济发展和生态环境保护的协调。① 生态功能区划是区域生态文明建设的具体落实和体现。

“共建生态文明、共享绿色未来”的主题提出旨在唤起全社会对新形势下环境与发展关系的深入思考，倡导绿色发展理念，鼓励公众参与，共同建设资源节约型、环境友好型社会，提高生态文明水平。

发展伦理是区域性生态文明共享与实现的价值指导和内在动力。区域经济增长的过程是自然物质向社会物质不断变换交流的过程，不可能囿于小地方的封闭环境中。假定某地方经济局限于一个封闭系统，缺乏域际交流，其经济增长的同时必然是自然资本的减少，最后造成自然生态系统空间和功能的衰退，如资源枯竭、环境恶化等。因此，区域生态文明共享就是强调域际共建、共生、共享、共赢，形成合理良性的物质变换循环系统。

（三）发展伦理对区域生态文明共享的促进机理

建设区域生态文明，推进区域经济社会协调发展，需要以发展伦理为指导，从价值目标导向、价值评判和价值原则对其进行三个维度的观照。

1. 发展伦理为区域生态文明建设提供价值目标导向

发展必定以人为目的，因此在发展中总是蕴含着“什么是好、什么是更好、什么是最好”的价值追问。区域生态文明建设以调适人与人、人与自然、人与社会和谐共生的伦理关系为宗旨，以持续、和谐发展为着

---

① 环境保护部、中国科学院：《关于发布〈全国生态功能区划〉的公告》（2008年第35号），2008年7月18日。

眼点。发展伦理为区域生态文明建设提供的价值目标导向是确定的、深远的和终极性的，那就是以“优化发展”为目的，以人的生存发展、生活幸福为旨归，对人之变化着的生存境域进行价值批判和选择，在历时性、多样性、境遇性发展过程中，实现对生存关怀的肯定。

2. 发展伦理为区域生态文明建设的实践过程提供价值评判

区域生态文明建设是一个实践活动过程，而实践活动的正当性总是需要价值合理化加以保障。它迫使人们去思考诸如此类的问题：区域生态与经济社会如何协调？发展中的公平公正问题如何解决？经济利益是不是发展的唯一目标？价值理性与工具理性孰轻孰重？发展是局部优化还是整体进步？对区域生态文明建设实践过程的发展伦理省察，实质上就是价值合理化的过程，这是确保区域经济社会健康发展的基本要求。

3. 发展伦理为区域生态文明建设成果共享提供基本价值原则

“发展的目标是改善人类生活和社会安排，以便为人们提供日益广泛的选择来寻求共同的和个人的福祉。”① 发展伦理为区域生态文明建设成果共享提供基本的价值原则：一是发展必须公平合理，实现代内平等和代际公平。二是发展必须以人为本，发展成果应当惠及所有人。从这个意义上说，没有基本价值原则的维系，区域生态文明建设必然就会偏离正当轨道。

三　生态文明共享：泛北部湾区域生态文明建设的必然选择

区域生态文明共享倡导生态文明建设中资源共享、责任共担、发展共赢，由此成为泛北部湾区域可持续发展的内生动力。

（一）生态文明共享：泛北部湾区域可持续发展的内生动力

生态文明共享的目的是控制区域社会经济扩张，使之趋于合理化，其实质是区域内外伦理关系的调节，为推进泛北部湾区域可持续发展提供内在动力。

① ［美］德尼·古莱：《发展伦理》，高铦、温平、李继红译，社会科学文献出版社2003年版，前言第1—2页。

1. 生态文明共享为泛北部湾区域发展确立可持续发展伦理意识，从价值观念上确保区域发展的正当性

在“GDP”情结的惯性作用下，区域生态文明建设不同程度缺乏可持续发展伦理意识。历史和现实已经证明，掠夺自然、透支生态必然带来恶果。恩格斯曾警告：不要过分陶醉于我们人类对自然界的胜利。对于每一次这样的胜利，自然界都对我们进行报复。① 马克思也曾说过：不以伟大的自然规律为依据的人类计划，只会带来灾难。② 要实现泛北部湾区域可持续发展，我们首先必须调整需要理念，把国家利益、区域整体利益、地区利益和个体利益有机结合起来，建构合理的消费观念、正确的利益观念和理性的发展观念。

2. 生态文明共享旨在建构泛北部湾经济合作的价值认同基础，为区域可持续发展拓展合作空间

泛北部湾区域经济合作不仅要达成国与国之间沟通合作，还要协调地区与地区之间、民族与民族之间的利益共识。由于区域地理条件、资源存量、经济基础、发展状况等的差异，当前泛北部湾区域可持续发展和生态文明建设缺乏合作的价值认同基础，常常表现为地方保护主义、部门利益扩张、“排挤式”开发等现象。区域生态文明共享的实现过程中，只有基于一致的价值认同，实现真正的团结协作、互助补偿、资源共享、责任共担、机会平等、成果共享，才能优化系统要素，促进区域经济社会发展。

3. 生态文明共享为泛北部湾经济合作的决策管理提供伦理共契，从而有效协调区域利益矛盾

决策管理者包括政府、企业和相应管理部门领导者，他们对于区域生态文明建设发挥主体性角色的作用。缺乏伦理共契，决策管理必然就会出于地区、部门、小集团的利益，造成政策和管理的地方性倾斜；缺乏伦理共契，行为主体的利己性倾向就会膨胀，掠夺式开发就会加剧区域发展的不平衡；缺乏伦理共契，发达地区就会漠视发展责任，后发地区也容易陷入“资源魔咒”困境。因此，实现生态文明共享的伦理共契，将为泛北部湾经济合作可持续发展构筑利益和谐的基础。

4. 生态文明共享强化泛北部湾经济合作的伦理制度约束，为区域可

---

① 恩格斯：《自然辩证法》，人民出版社1984年版，第304页。

② 《马克思恩格斯全集》第31卷，人民出版社1972年版，第251页。

持续发展提供基本保障

伦理制度通过制度的强制性规范促使伦理价值和道德准则转化为一种普遍的道德理性，进而实现对人的主体行为的约束。区域生态文明建设不是在单一的行政区域完成，区域生态文明共享就需要政府、企业、公众等行为主体通过“商谈、讨论、对话”，建立最大限度的制度伦理约束。缺乏伦理制度约束，就会丧失底线伦理的基本要求，难以保障区域生态文明的最终实现。

（二）泛北部湾区域生态文明共享的战略意义

1. 深化生态文明建设的区域合作与国际合作

深化生态文明建设的区域合作与国际合作将是全球生态文明建设的共同取向。

一方面，生态文明建设的区域合作是解决区域生态环境问题的主要方式。在泛北部湾区域各国各地区，应该坚持共同但有区别的责任原则，共同面对生态环境问题；同时在科学研究、技术研发和环境建设等方面开展务实合作，推动建立生态技术转让国际合作平台和生态管理制度，为维护本国、本地区稳定发展提供保障。

另一方面，生态文明建设的国际合作拓展了生态环境问题国际视野。从一定意义上说，区域问题也是国际问题。马克思、恩格斯指出：过去那种地方的和民族的自给自足和闭关自守状态，被各民族的各个方面的互相往来和各个方面的互相依赖所代替了。物质的生产是如此，精神的生产也是如此。各民族的精神产品成了公共的财产。民族的片面性和局限性日益成为不可能……这种“交往的普遍化”推动“地域性的存在”朝向“世界历史性的存在”发展的思想，为我们开展生态文明国际合作提供积极启示。积极开展生态保护、资源开发、国土安全、污染治理等的国际谈判，推动建立公平合理的应对生态环境问题的国际制度，加强生态领域的国际交流和战略对话，这是泛北部湾区域生态文明共享的重要任务，也是推进该区域快速发展的重要保障。

2. 维护国家生态安全，促进国家生态安全防护体系的构建与完善

生态安全问题正成为国际政治斗争的焦点和战争的导火索。维护泛北部湾区域生态安全是当前保障我国国家安全的重要任务，也是推进泛北部湾区域经济合作健康发展的题中应有之义。

随着中国经济逐渐融入世界经济体系，我们面临的生态环境国际性问

题增多，生态安全逐渐成为国家安全体系的凸显问题。我们必须从维护民族生存和国家安全高度来认识我国生态安全的严峻问题[①]。从根本意义而言，建设资源节约型、环境友好型社会是改善我国生态安全形势、构筑生态安全防护体系的重要举措。尤其面对日趋强化的资源环境约束，增强危机意识，加快构建资源节约、环境友好的生产方式和消费模式，增强可持续发展能力，提高生态文明水平，成为国家安全战略的新领域。由于泛北部湾特殊的区位特征和优势，对于中国西南乃至全国的经济社会发展具有特殊的战略意义，维护该地区的生态安全应该成为国家生态安全的重要主题。

3. 创新生态文明发展理念模式，推进实施国家区域协调发展总体战略和主体功能区战略，实现区域可持续发展

泛北部湾经济合作的目的就是利用地缘优势，发挥沿海港口作用，开发海上资源，推动中国—东盟海上次区域合作，共同打造太平洋西岸新的经济增长极和经济高地，促进泛北部湾各个国家和地区经济的共同繁荣与进步。[②] 泛北部湾经济合作是国家区域协调发展总体战略和主体功能区战略的具体实施，即推进区域合作、交流、共赢、发展，实现区域可持续发展和包容性增长，深化泛北部湾区域经济合作。

泛北部湾区域生态文明共享是生态文明建设的新理念和新模式，强调在生态资源开发利用和生态效益分配上的公平合理原则、和谐共生原则，是一种遵循全球伦理“金规则”[③] 的生态文明发展理念。泛北部湾区域各方由于面临共同的生态问题，以及生态文明价值观念的相似性、生态利益的共同性，使得建构一种区域内普遍认同的生态文明建设模式、共同承担区域生态环境责任、共同解决生态环境问题成为共同的迫切需要。

---

① 李蒙：《建设生态文明，维护国家安全》，载巴忠倓《生态文明建设与国家安全》，时事出版社2009年版，第4—11页。

② 古小松：《北部湾蓝皮书：泛北部湾合作发展报告（2007）》，社会科学文献出版社2007年版，第16页。

③ 1993年“世界宗教议会”通过了《全球伦理——世界宗教议会宣言》，确立了“己所不欲，勿施于人”的“金规则”。

第三章　泛北部湾区域生态文明建设现状、问题及其原因

泛北部湾区域生态文明建设是推进和深化泛北部湾区域经济合作的重要保障。了解其现状及存在问题，并对存在问题进行原因分析，旨在寻找更加适合泛北部湾区域的生态建设模式。泛北部湾区域生态面临的问题、生态文明建设的方式必定不同于传统依靠国家政府和地方各级政府的制度化政策的施行就可以完成，而是一种基于责任共担的生态文明共享方式。

一　泛北部湾区域的生态状况

泛北部湾区域合作使得该区域生态环境保护和生态文明建设不再是孤立或地区性的问题，而成为整个泛北部湾区域的共同责任。

（一）泛北部湾区域总体生态状况

1. 泛北部湾区域生态优势

泛北部湾区域生态状况总体良好，该区域集陆地、海洋、半岛、岛屿为一体，具有宁静的海湾、优良的港口、自然资源和矿藏资源丰富、辽阔的海洋、天然优势的港口和富饶的土地，环境容量较大。“在热带亚热带亚洲季风气候的熏陶下，展现出蓝（海洋）、红（火山地貌与红土地）、绿（植被）生机勃勃的生态环境，终年温暖，四季常青，是我国乃至全球的一块宝地；在人类不断占据和开发沿海地区的形势下，北部湾是剩下来的少有的一块净土，基本还处在‘处女地’状态。”①

（1）海洋资源丰富。泛北部湾海岛与海洋空间资源、渔业资源、石

---

① 刘嘉麒：《关于建设北部湾生态环境经济发展区的构想与建议》，《中国科学院院士建议》2005年第7期。

油天然气资源极其丰富，尤其是海洋能源，如潮汐能、海流能、波浪能等开发潜力巨大。北部湾沿岸海岸线曲折、港冲众多、湾潮波系统的潮差大、潮能蕴藏量丰富，开发利用条件好。泛北部湾海域拥有丰富海洋资源，为海洋经济资源和能源合作开发拓展了广阔前景。

（2）矿藏资源丰富。泛北部湾蕴藏丰富的石油、天然气资源。另外，泛北部湾广阔海域的海底沉积物中的砂矿矿物组成种类丰富，主要有：钛铁矿、金红石、锆英石、独居石、磷钇矿、铌祖铁矿、玻璃砂矿、板钛矿等。在泛北部湾各国中，仅中国的南海海域，就蕴藏着丰富的石油及其伴生气资源。据统计，南海大陆架 3 个大盆地，总面积约 25 万平方公里，该地域沉积层厚，有 40 多个储油构造。泛北部湾沿岸国家除了拥有丰富的矿产资源外，还拥有丰富的材料资源，尤其是天然材料和“环境友好”材料。

（3）环境容量大。从海洋资源、森林资源、淡水资源、土地资源、空气清洁度等而言，泛北部湾区域内各国迄今的生态环境不仅能够保持生态平衡下允许调节的范围，没有出现严重的生态环境破坏；而且各国旅游资源丰富、宜居环境众多，呈现出了合理的、游人感觉舒适的环境容量；另外，即便是某些地区出现了生态环境破坏或污染严重状况，但是整个泛北部湾的环境容量的极限空间依然巨大。概言之，泛北部湾经济区岸线、土地、淡水、海洋、农林、旅游等资源丰富，环境容量较大，生态系统优良，人口承载力较高，开发密度较低，发展潜力较大，是建设现代化港口群、产业群和高质量宜居城市的重要区域。

（4）港口天然优势巨大。泛北部湾是一个世界港口富集区，区域内东盟国家共有各类港口 100 多个，其中印度尼西亚 40 多个，马来西亚 33 个，越南 43 个，菲律宾 24 个，以北部湾和南海连成的海域为中心呈马蹄形分布，其中越南的胡志明、海防、锦普，马来西亚的巴生、民都鲁、柔佛、槟城，印度尼西亚的丹戎普瑞克，菲律宾的马尼拉，新加坡等港口，都是年吞吐量超过千万吨的大港，新加坡港更是世界四大港口之一。中国北部湾经济区域港口涉及广西、广东、海南以及香港等地，包括广西的防城、钦州、北海；广东的广州、深圳、珠海、湛江；海南的海口、洋浦、八所等港口。香港地区是区域内最重要港口，跻身世界前三名。发挥港口资源优势，是促进中国与东盟贸易发展的重要动力。加强泛北部湾各国港口资源建设和开发的共同合作，是促进泛北部湾贸易保持快速增长、繁荣泛北部湾经济发展的重要动力。

2. 泛北部湾区域面临的生态压力

尽管泛北部湾区域拥有良好的生态条件，但是，生态环境建设也存在诸多问题：

（1）海洋生态环境压力增大。随着海岸带和海岛开发范围和密度的加大、沿海工业项目带来的工业污染加重、海水养殖污染物排放等，造成海洋污染加剧，近岸海域水环境质量下降，局部海域水质指标超标，局部海域成为污染区域，致使海洋生物资源遭到破坏，造成海洋生态系统退化。仅广西而言，据统计，2010 年广西管辖海域未达到清洁海域水质标准的面积为 3135 平方公里，2011 年水质状况也明显好于往年，但仍达 1132 平方公里；另外，近年来北部湾海域赤潮增多①，由于内海捕捞过度、海水养殖、海岸湿地围垦和海洋环境污染等，海洋生物多样性面临威胁；同时海洋捕捞造成北部湾海洋渔业生态系统退化。

（2）生态环境保护合作的压力大。如何加强泛北部湾区域各国、各地区生态合作，在合作形式、合作领域、合作内容、合作目标等方面，还有许多值得探索和需要改进的地方。

（3）城市生态环境建设面临挑战。北部湾地区主要污染物的总量减排任务艰巨，主要环保设施不完善。

（4）农村生态环境面临生态污染加重。随着农业产业结构调整，养殖业快速发展，成为北部湾次级河流被污染主要污染源。

因此，如何使环境污染得到有效控制，产业结构得到优化，初步形成以清洁生产和生态产业为主体的生态经济框架，是破解生态自我发展能力不足难题的途径。

（二）广西北部湾经济区生态状况

广西北部湾经济区有丰富的港口资源、旅游资源、海洋生物资源、矿产能源资源、动植物资源，环境容量大，腹地广阔，开发潜力巨大。主要表现在如下几个方面②：

1. 港口资源

广西北部湾经济区地理位置重要，岸线曲折，海岸线长 1500 多公里，

① 林浩、林艳华：《北部湾海洋环境面临前所未有压力》，中国新闻网，2012 年 8 月 11 日。

② 中国经济网（http：//www. ce. cn）和广西政府网（http：//www. gxzf. gov. cn）。

深水条件好，港口资源十分丰富，有优越的钦州、北海、防城港等著名港口，开发潜力巨大。

2. 旅游资源

广西北部湾经济区滨海风光旖旎，旅游资源丰富。拥有“绿城”美誉的南宁、“中国第一滩”北海银滩，还有钦州三娘湾、防城港京岛风景名胜区、上思十万大山国家森林公园等。

3. 海洋生物资源

广西北部湾天然港湾众多，海洋生物资源丰富，是中国著名的四大热带渔场之一。北部湾有白马、西口、涠洲、莺歌海、青湾、夜莺岛、昌化等10多个渔场，生物资源种类繁多，有鱼类500多种，虾蟹类220多种，头足类近50种，还有种类众多的贝类和其他海产动物、藻类。据有关资料，北部湾水产资源量为75万吨，可捕量为38万—40万吨。其中：中国鲎、文昌鱼、海马、海蛇、海牛、海星、沙蚕、方格星虫等属于珍稀或重要药用生物。北部湾还是我国著名的“南珠”产地。

4. 矿产、能源资源

广西沿海已探明矿产有20多种，主要有煤、泥炭、铝、锡、锌、汞、金、锆英石、黄金、钛铁矿、石英砂、石膏、石灰石、花岗岩、陶土等。其中石英砂矿远景储量10亿吨以上，石膏矿保有储量3亿多吨，石灰石矿保有储量1.5亿吨，陶瓷用陶土矿保有储量约为300万吨。北部湾海底蕴藏着丰富的石油天然气资源，广西沿海有北部湾盆地、莺歌海盆地和合浦盆地三个含油沉积盆地，据有关预测，具有12.6亿吨的石油天然气储量，现已探明含油气面积45.87平方公里，地质储量1.157亿吨。莺歌海盆地已初步探明含油气面积为53075平方公里，天然气储量911.83亿立方米，远景石油地质储量近6亿吨；合浦盆地探明石油储量为3.5亿吨。另外，潮汐能和波浪能等海洋能具有较大开发价值，其中潮汐能开发条件良好，潮汐能理论蕴藏量为140亿千瓦时，年发电量可达10.8亿千瓦时。

5. 动植物资源

广西北部湾经济区阳光充足，雨量充沛，很适合亚热带农、林、经济作物的种植。同时，具有丰富的森林资源，是重要速生丰产林等生产基地，中草药资源有砂仁、淮山、半夏、茯苓、银花、桂皮等300多种。

随着近年来投资开发热度上升和一批重大产业项目落户，协调地区发展与环境关系问题引起了广泛的社会关注。从区域发展战略而言，加强泛北部湾区域生态建设和环境保护，增强区域可持续发展能力，正成为泛北部湾区域经济合作共同面临的重大课题。

二 泛北部湾区域生态文明建设的机遇与挑战

随着泛北部湾经济区开放开发进程的加快，经济区生态文明建设面临重大机遇及挑战。

（一）泛北部湾区域生态文明建设面临的机遇

泛北部湾经济区在推进生态文明建设的进程中，面临着国际、国内和域际等机遇。

1. 国际机遇

随着经济全球一体化，国与国之间的产业经济处于交融与对接进程，泛北部湾经济区也面临国际产业转移的重大机遇。泛北部湾经济区在经济发展过程中，发挥"后发展"的优势，承接发达国家和发达地区的产业转移，利用发达国家产业结构调整与升级的机会，直接实现产业结构的合理化，直接引进先进科学技术，实现经济技术可持续性跨越式发展，为泛北部湾生态文明建设、实现区域生态文明奠定经济基础。

在世界生态环境保护的呼声渐高、环境保护行动日日出新、环保意识逐渐深入人心的状态下，泛北部湾区域生态文明建设正面临难得的世界发展机遇。

2. 国内机遇

新一轮区域改革发展战略的实施和科学发展观对泛北部湾生态文明建设提出了新要求。

（1）新一轮区域改革发展战略实施为泛北部湾区域生态文明建设提供了难得的发展机遇。我国"'十二五'规划纲要"强调指出："实施区域发展总体战略和主体功能区战略，构筑区域经济优势互补、主体功能定位清晰、国土空间高效利用、人与自然和谐相处的区域发展格局。"① 北

① 中央政府门户网站（www. gov. cn），2011年3月16日。

部湾经济区面临着国家深入实施西部大开发的重大机遇，中央采取政策加大民生工程、基础设施、生态环境建设等，北部湾抢抓这些推进生态文明建设的政策机遇、投资机遇，为推进北部湾生态文明建设，实现历史跨越提供了强大的支持和保障。

（2）科学发展观中关于生态文明建设的要求为泛北部湾区域生态文明建设提供了宝贵机遇。党的十七大把深入贯彻落实科学发展观、建设生态文明作为中国发展目标；党的十八大把生态文明建设作为中国特色社会主义“五位一体”战略之一，为我们“为什么建设、怎么建设、建设什么样”的生态文明指明了方向。

3. 域际机遇

（1）从国内区域格局重要性而言，北部湾经济区处于我国在泛北部湾合作区的重要位置，在面向东盟开放合作中的地位日益凸显，面临区域合作的重大机遇。北部湾与环渤海湾具有区位、资源的相似性，处于东部沿海与西部地区的交会处，既是西部地区重要的出海通道和华南通向西南的战略要道，也是承接东部，带动西部，推动东中西共同合作发展的独特区域，正成为第四增长极。立足于北部湾经济区丰富的港口资源、旅游资源、海洋生物资源、矿产能源资源、动植物资源，将北部湾经济区建设成为中国—东盟开放合作的物流基地、商贸基地、加工制造基地和信息交流中心，成为带动、支撑西部大开发的战略高地和重要的国际区域经济合作区；立足资源优势和区位优势，打造服务“三南”（西南、华南和中南）、沟通东中西、面向东南亚、连接多区域的重要通道和交流合作平台。区域合作需要以资源和环境为基础实现区域经济的飞跃，资源环境的可持续性是关键问题。

（2）从亚洲乃至国际格局重要性而言，泛北部湾区域经济发展是当前我国重要的一项国家发展战略。泛北部湾经济合作区域处于太平洋西岸，是东北亚经济圈、粤港澳经济圈和东南亚经济圈亚洲三大经济圈的重要交会区域，具有重要的经济发展地位。在发展经济的同时，国家生态安全和国际生态安全问题逐渐凸显。从国家和国际发展战略关注泛北部湾区域生态环境保护、维护国家生态安全，不仅是贯彻落实党的十八大提出的建设“美丽中国”目标的需要，也是推进泛北部湾区域经济合作健康发展的重要保障。

（二）泛北部湾区域生态文明建设面临的挑战

泛北部湾经济区生态文明建设过程中，面临着区域竞争带来的环境挑战、北部湾沿海大规模建设的挑战以及北部湾海洋环境恶化的挑战。

1. 区域竞争的挑战

中国—东盟自由贸易区建立和泛北部湾合作趋势增强，使泛北部湾区域成为东盟各国抢夺的“香饽饽”。泛北部湾各国都将目光瞄准北部湾经济区，区域竞争日益激烈。区域竞争的升级，使北部湾资源环境成为抢夺的焦点，谁获取了资源，占据了环境，谁就能占领北部湾经济区的市场。一些地方为了适应当前发展的大环境加大了项目的引进和开发，在大规模项目发展规划和建设时，导致自然资源的严重破坏以及环境污染的加重。保护地方自然资源和生态环境，是当前泛北部湾区域经济发展的一个重大课题。

2. 北部湾沿海大规模建设的挑战

目前，北部湾港拥有集装箱班轮航线30多条，与世界100多个国家和地区200多个港口通航，海运物流网络已伸向全球。大批码头及重大化工项目已经或即将落户广西泛北部湾区域各国沿海。港口重化工业级码头的布局主要以占用岸线资源为代价，这些项目大量利用岸线和海域，势必给海洋生态资源带来巨大压力。

3. 北部湾海洋环境恶化的挑战

泛北部湾区域布局中一些项目还缺乏科学合理发展依据，不仅在建设施工的过程中占用海岸线，在建设方面对海洋资源环境也出现缺乏规划使用的现象，对海洋环境与资源可持续利用带来了负效应，出现了海洋环境破坏趋势。

三　泛北部湾区域生态文明建设存在的问题
——基于广西北部湾经济区的分析

随着泛北部湾经济区工业化进程的加快，对经济区的资源能源需求日益增加，资源、能源消耗大大增加，生态环境较为脆弱和资源承载力较小的制约作用愈加凸显，经济社会发展面临的资源“瓶颈”制约作用和生态环境压力将越来越大，经济与环境不协调问题逐渐显现。

（一）经济发展与生态保护的二元矛盾突出

随着经济区重化工产业项目布局增加，环境污染事件和自然灾害引发的环境问题，将使区域内环境安全的不确定因素增多，加大了区域内生态环境风险。经济发展和生态环境之间的矛盾在经济区内开始凸显，经济与生态环境不协调问题频频发生。

按照《规划》的发展目标，北部湾经济区的发展以重化工业为发展重点，广西北部湾沿海或许将成为“沿海老工业基地”。短暂经济繁荣后，北部湾经济区环境状况也令人担忧。一方面，北部湾的快速发展吸引了各种投资项目落户，为了实现北部湾经济区经济的飞速发展，广西北部湾经济区引进的这些企业和项目大多数都是重化工业及高耗能、高污染的制造业，重点布局石化、冶金、林浆纸、火电等临海重化工业，比如钦州布局规划中石油的一个1000万吨的炼油项目，在相距不远处中石化也成立了石油分公司落户钦州地区；防城港建立武钢的一个钢铁基地；玉林建设有海螺集团投资的大型水泥生产项目。这些重化工业和制造业的项目纷纷落户，对能源消耗、二氧化硫排放量将形成新的增量，在很大的程度上会对北部湾经济区的生态环境有很大的影响。另一方面，国家和自治区出台“十二五”环境保护规划，计划在“十二五”期间将以节能减排为重点，强化污染物减排和治理，健全激励和约束机制，落实减排目标责任制，加快构建资源节约、环境友好的生产方式和消费方式，增强可持续发展能力。因此，北部湾经济区经济与生态的二元矛盾凸显，区域协调发展问题面临很大压力。

（二）生态环境承载压力巨大

北部湾属于半封闭海湾，资源环境承载力有限。随着北部湾不断升温的开发和经济快速发展的态势，势必对该区域的环境保护、生态平衡和土地资源的合理利用造成越来越大的压力，使生态环境承载力压力越来越大。

城镇化加速及基础设施建设加大生态环境承载力。根据《规划》，2005年年末，广西北部湾经济区总人口为1255万，城镇化率为39.23%，到2020年，城镇化率将提高到60%，提高20多个百分点。人口的急剧增加及城镇化大幅度提高，将不可避免地导致大量增加生活污染物产生量，将会对周围环境产生极大的影响。基础设施的建设通常会带来扬尘、噪声、尾气及地下水污染等环境问题。地方经济发展繁华吸引大量人口的持续涌入，城市规模不断扩张，城市人口急速膨胀，随之配套的生活居住用地及基础设施用地面积也与日俱增（见表3－1）。

表3－1　城市人口和建设用地（2010年）

地区	市区人口（万人）	城市建设用地面积（平方公里）	具体用地情况		
			居住用地	公共设施用地	工业用地
南宁市	270.7	215.23	69.87	42.14	20.50
北海市	61.72	57.80	24.20	8.50	7.50
防城港市	53.89	30.04	8.45	2.10	2.19
钦州市	140.18	64.29	18.52	9.97	14.99
玉林市	101.24	56.41	23.43	8.84	8.75
崇左市	36.32	13.11	3.93	1.82	2.38

资料来源：《广西统计年鉴》（2011）。

工业发展加大生态环境承载力。按照《规划》，广西北部湾经济区在5年内布局建设第二套1000万吨原油加工装置和100万吨乙烯工程。到2020年，广西沿海石油化工将有可能成为年销售收入超1000亿元的产业，北部湾经济区将成为我国西南地区新兴的石油化工基地。国务院颁布实施的《国务院关于进一步促进广西经济社会发展的若干意见》中明确指出，充分利用广西沿海港口优势，积极引进国内外大企业，重点发展石油化工、新能源等产业。在这些重化工项目及制造业项目建设过程中，一定程度上会给当地陆地、海洋环境增加压力。这些大项目背后还有很多与之配套的产业项目，形成一连串的产业链，产业链条上增加的中小型企业的发展也会对环境产生不可估量的影响，再加上生产区人口增加，生活污染物的大量排放也会让生态环境承载压力剧增。经济区的工业项目的纷纷落户，工业用地规模也在扩大，2010年工业用地面积约占城市建设用地面积的13%。按照《规划》，北部湾经济区的各城市将实施扩大城市市区及县级区域面积以及引进项目的占地面积的举措，这些举措将会使土地资源的承载力进一步加大。

（三）解决区域环境问题的协调难度大

区域性生态环境安全问题的解决需要区域合作。例如，区域流动人口的管理，跨区域物种入侵，区域性植物、动物、微生物的生态失衡，有害微生物和病毒的传染等。跨国河流的污染问题需要国际合作共同协商处理；跨省、跨市河流污染问题的解决不仅依据国家环保制度，也要求相关流域省、市的共同协调治理。近年来，北部湾经济区的经济发展及城市的快速扩张产生一系列生态环境问题，尤其是江、河、湖、海的水污染，跨区域大气污染、沙尘暴污染，以及固体废物的跨城乡、跨地区转移污染等问题，不是某一个省、市、县、乡所能解决的，必须进行全流域和跨区域管理才能有效地控制和解决。

因此，北部湾经济区生态环境问题的治理，对外需要协调与越南等东盟各国环境保护关系，对内需要协调与广东、广西、海南等省区经济社会发展与环境问题，以及与大西南、泛珠江三角等区域环境合作的关系，只有在共同的协商治理下才能真正地在源头上保护生态环境。目前经济区内缺乏一个强有力的管理与协调职能机构，还不能形成一种共识及区域合作的生态环境战略框架，导致合作渠道不畅，加上北部湾经济区地处边境地区，环境问题变得更加敏感，区域环境问题协调难度加大，影响经济区生态文明建设。

（四）生态资源开发利用缺乏区域整体规划

广西北部湾经济区生态资源丰富，但由于技术和能力的限制，缺乏科学和合理的规划，导致资源开发利用率低、综合利用程度较低，造成了生态资源的浪费。在水资源和矿产资源方面表现尤为突出。

1. 水资源开发单一，综合利用配置不合理

北部湾经济区水资源储量丰富，但分布分散，多处河流位置险峻，受到空间地理位置的限制，经济区内水资源还不能充分开发利用。在水资源供给保障体系方面，经济社会发展布局与水资源配置现状不合理，现有供水工程分布不均匀；经济区内一些城市特别是一些偏远的农村的供水水源单一，甚至一些地方没有备用水源，因此，在遭遇特殊干旱期和重大水污染事件时，缺乏应对解决的能力。

2. 矿产资源开采无序，综合利用程度低

北部湾经济区的矿产资源开发及利用方式粗放：绝大多数矿山企业规模小，矿产开发总量少，难以形成规模效应；再加上地质勘查设备比较简陋以及技术落后，开采工作难度加大；开发的原矿产生产工艺落后，经济效益比较差，矿产资源综合利用水平低；矿产资源的无序开

采，缺乏前瞻性开采规划，矿资源开采地点分散，造成开采设施设备及人力在开采过程中不必要的损耗；无序开采也会产生浪费资源，矿产资源综合利用率低，矿区生态环境遭破坏突出。

（五）生态污染恶化隐患众多

北部湾经济区发展过程中，生态污染恶化隐患日趋严重，环境问题日益显露。主要表现在以下几个方面：

1. 空气环境存在局部污染

据广西环保厅监测数据可知，2011 年各城市环境空气综合污染指数（表示城市受污染程度的综合指标）范围为 0.99—2.23，平均值为 1.40。南宁市和贵港市空气质量均出现轻微污染，超标污染物均为可吸入颗粒物。虽然近年来，广西北部湾各市开展酸雨污染防治工作取得了一些效果，但工业二氧化硫排放量仍然很大，酸雨频率居高不下，有些城市频率还保持较高水平。火力发电厂是二氧化硫、氮氧化物和烟尘的排污大户。按照《规划》北部湾经济区开发中，总装机 120 万千瓦的北海电厂、总装机 240 万千瓦的钦州电厂和总装机 240 万千瓦的防城港电厂的建设投产，将对空气环境带来极大的污染隐患。此外，经济区重化工产业的集中分布，使大气环境风险事故概率加剧，一旦发生污染事故，周边城镇、居住区和自然保护区大气环境将受到严重的影响。

2. 矿产资源大开发带来的环境污染

矿产不合理的开采占用大量土地资源，并对被占用土地的理化结构和生产力造成破坏，特别是土壤表层的丧失或性质改变，使土壤失去利用价值。开采也会破坏表皮植被，加速水土流失，引发地面沉降、滑坡、坍陷、泥石流等地质灾害。同时，矿产资源开发形成的废渣、废水会对大气、河流、地下水等造成污染，导致周围和河流下游的生态环境恶化。桂西南大新、天等等县黑水河流域是广西采矿污染最为严重的区域，由于开采不重视环境的保护，产生的废渣直接排入河域，不仅河流水体被污染，流域的不少农田也被污染。

3. 河流污染风险加大

随着北部湾经济区的开放开发，产业项目落户和人口聚集，各种生产和生活的污染排放量增大，加上部分工业及居民区临江临河布局，这在一定程度上加大了河流生态环境污染的风险。例如，制浆造纸工业是耗水和废水排放大户，对环境污染十分严重。按照《规划》，北部湾经济区开发将木浆纸基地列为重点建设项目，如金桂木浆纸一体化项目、铁山港木浆纸项目、芬兰斯道拉恩索北海木浆纸一体化项目等木浆纸开发项目，在很大程度上会加大邻近河流污染的风险。规划中将重化工产业临江布局排污，如南宁市化工、浆纸等产业的纳污水域——邕江、郁江。这与下游贵港市主要水源地相连，重化工产业的大力发展将增加污染物的排放，一旦出现安全事故，将会影响下游居民的饮用水安全和水生态安全。

4. *海域污染扩大*

随着北部湾经济区沿海的开发开放，对海域的综合处理率和利用率不高，各种危险废物未得到有效处置，固体废弃物直接倾倒入海的事件没有具体的措施进一步制止，海洋生态环境退化趋势仍在加剧。严重污染海域主要分布在防城港、大风江口等局部水域。防城港钢铁基地在防城港沿海岸，钢铁工业产生含煤废渣及灰尘对海洋生态、海洋生物及渔业资源产生很大影响。海洋中主要污染物为无机氮、石油类的污染。陆源入海排污口污染物情况严重，对邻近海域造成的环境压力较大。2010 年，广西环保厅对 18 个陆源入海排污口开展了监督性监测，并重点监测了 5 个排污口邻近海域的环境质量状况。其中，北海市沿海 8 个、钦州市沿岸 7 个、防城港市沿岸 3 个，分别占总数的 44.4%、38.9% 和 16.7%。北海电厂温排水对其邻近海域影响明显，温差最大达到 9.4 度。工程用海对海洋生物多样性和海洋渔业带来较大影响，大规模填海、大面积疏浚开挖，使一些红树林及其生境受到破坏；大幅度建造人工岸线，使近岸海洋生态环境发生变迁，海洋生物多样性受到一定程度的损害。广西北部湾经济区的一些养殖场过密，海水养殖生产布局也缺乏全局规划管理，海水养殖项目尚未开展环境影响评价工作，超过环境容量的有害排出物影响海洋环境。此外，经济区沿海正在抓紧建设大型炼油厂，大型油轮进出沿海港口将越来越频繁，油田开发力度也将越来越大，存在大规模溢油等突发性海洋环境灾害风险（见表 3-2）。

表 3-2　2010 年广西重点入海排污口邻近海域生态环境质量等级

序号	入海排污口名称	海洋功能区类型	生态环境质量等级	环境压力
1	银滩正门排污口	旅游区	一般	中等
2	红坎污水处理厂排污口	港口区	一般	高

续表

序号	入海排污口名称	海洋功能区类型	生态环境质量等级	环境压力
3	金银鹰纸业有限公司排污口	养殖区	一般	中等
4	钦州市城镇生活污水口	养殖区	差	较高
5	华泰污水处理厂排污口	保留区	差	高

资料来源：广西环保厅。

四　泛北部湾区域生态文明建设存在问题的原因分析

泛北部湾经济区生态文明建设存在的问题，主要表现在区域主体生态意识、生态环境保护体制机制、行为方式、产业结构和布局、生态文化建设等方面。

（一）思想意识原因：区域生态主体意识有待提升

泛北部湾经济区决策层及民众生态环境意识有待提升。

1. 泛北部湾经济区决策层的环境意识水平尚待进一步提高

决策层的环境意识具有实践影响力。一些决策层者的思想还存在模糊认识，没有意识到通过保护生态环境来促进区域经济互动协调发展的重要性和必要性，不能跨出各自狭小地域范围和局部利益，还保守着僵化意识，热衷于对经济政策的推行实施，而忽视了地方环境的保护。决策层中少数人没有认识到北部湾经济区只有消除地区封锁和经济割据的现象，才能进一步提升北部湾经济区经济环境保护合作的范围和层次，才能加快地区经济环境协调发展进程。

2. 区域民众生态意识具有一定滞后性

经济区内的广大民众的生态意识水平依然具有一定的滞后性，比如垃圾成堆、浪费资源的现象依然层出不穷。长期以来，人们对生态环境问题的关注停留在功利层面上，从自身利益角度出发选择性地采取生态行为。区域民众生态意识的滞后性，就会导致生态文明建设缺乏理念根基。同时，这种现实状况也在客观上限制了与“环境关注”相关联的理论的萌生与发展。一些落后地区，对前瞻性的环境知识吸纳性不足，造成总体环境知识水平偏低。许多人对环境保护的理解还仅仅停留在环境卫生的层次上，还有相当一部分人认为生态环境保护只是国家和政府的事，与个人无关。

（二）管理制度原因：生态环境保护的管理制度机制尚未完善

由于受地方性的经济、环境的限制，北部湾经济区生态环境保护的体制机制有待进一步完善：相应的生态保护长效机制尚未建立；针对生态环境保护的法律法规也缺乏执法力度，达不到预期的效果；当前经济区内还没有成立生态文明建设的专门机构，统筹经济区内生态文明建设各项工作。

1. 生态环境保护政策的机制体制配套不全

虽然出台了相关的政策制度保障生态环境，制定了生态保护相关的法律法规，但由于受到了地方性的经济、环境的限制，经济区在不同程度上仍然存在地区封锁和经济割据的现象，北部湾经济区内对生态环境的相应体制机制尚未配套，如生态补偿机制尚不完善、可持续性发展与消费引导激励机制、城市环境协调机制等适应市场经济的生态保护长效机制尚未建立，区域协调机制的尚未完善、市场机制在生态保护中的作用没有得到充分发挥，导致保护与开发的矛盾加剧，生态保护的积极性受到影响。尽管现行有关环境保护与自然管理的法律法规，但这些法律法规中侧重点不同，缺少综合性的生态保护法；法规力度软弱，现有的环保法律法规缺乏有力的强制性措施，严重影响了对环境违法行为的查处力度和效果，此外环保部门依法监督受制于行政干预，有法不依、执法不严的现象仍比较普遍。

2. 生态环境管理机构不统一

在现行的行政体制内，每一个行政区域就是独立的政治经济实体和地方利益主体，地方政府针对本地区的经济发展目标，采用各种行政手段和策略促进地方经济的增长很容易构成行政壁垒，阻碍生产要素的流动。一些国家在区域内各城市的基础设施建设、招商引资、发展临海重化工业等方面，各市都从本地区的利益出发，相关产业在很大程度上依然存在重叠交叉的现象。目前，泛北部湾尚无统一的生态管理机构，生态文明建设管理主体不够明确，不能很好规划和指导民众参与生态文明实践的工作。

（三）行为方式原因：多层面存在生态失范行为

由于经济发展的内驱力、自身经济实力有限以及科学技术的局限性等的共同作用，北部湾经济区的生态失范行为明显增多，直接阻碍了生态文明建设前进的步伐。

1. 政府生态保护和建设投入不足

一些地区是后发展地区，发展任务艰巨，经济实力有限，且尚未建立较为完善的环境保护投资和筹划机制，对生态保护和建设的投入相对短缺，难以满足日益增长的生态保护与建设资金需求，而相关生态保护的长期投资项目缺乏金融和政策优惠支持，环境保护投融资机制尚未形成，投资渠道单一、投入不足，环境污染治理投资占同期 GDP 比例偏少，自然保护区建设、重点生态工程建设、农村环境综合整治等资金缺口大。经济区内农村和小城镇环保投入相对较少，农业面源污染加重，工业“三废”以及采矿对农业污染仍然存在，农村居住生活环境污染程度加剧，农村规模化养殖污染问题逐渐呈现，污染有从城市向农村转移的态势。

2. 企业生产方式的不合理之处

区域内一些企业由于技术和管理上的原因，在资源综合利用等领域的合作还比较薄弱，对基础设施和其他有关设施的共同使用方面没有充分综合利用。工业园区对引进企业未能从整个产业链的角度进行合理规划，例如没有考虑一些工业生产中产生的余热、余压，以及制糖造纸等行业产生的废弃物，可以提供给相关企业作为补充动力或原料、添加剂使用。目前绝大多数工业园区的污水处理厂还未建成投入使用，工业园区的污水处理也主要依靠企业自身的环保设施进行处理。工业生产过程中的大部分废渣、废气、废水等未经处理和利用直接排放，转化效率更低，因而对环境造成的破坏和污染更大。但由于处理的成本高，追求最大利益的企业对于污染的治理长期以来一直在进行消极的抵触。

3. 公众消费方式不合理

经济的发展带动了地方的繁华，有限的资源和不断增长的人口产生了矛盾。现今，北部湾经济区内存在这样的现象：越来越多的人追求高档品和奢侈品，对于消费品用过即扔；虚荣心膨胀攀比行为增多，特别是近几年电子技术高速发展，催生了消费者特别是年轻的消费群体中的一种相互攀比情绪，直接表现为原有的电子产品在还能完全正常使用的时候就废置不用，而追求更新更时髦的产品；一些人追求快捷的一次性消费，对一次性筷子和一次性纸巾使用不珍惜，出现严重的浪费资源现象。

（四）产业布局原因：产业结构和布局有待合理化

1. 区域产业结构有待优化

产业结构从根本上决定经济发展所付出的环境代价的大小，决定着资源消耗和废弃物的排放规模和程度。例如，按照《广西北部湾经济区发展规划》要求，到2020年，广西沿海石油化工将成为年销售收入超1000亿元的产业。按照发展目标，广西北部湾经济区沿海将成为中国石化产业新的基地。至2011年，北部湾经济区已拥有中国石油、中国石化、中国铝业、中国电子、中国冶金、中广核电、中粮集团、中海集运、富士康集团、金川集团等一批世界500强及国内外知名企业，初步形成以石化、冶金、林浆纸、电子、能源、生物制药、轻工食品为主的产业布局。重化工业仍是广西北部湾经济区支柱产业，北部湾经济区为追求经济的优先发展强化发展第一产业，而第二产业、第三产业发展滞后，这对社会的协调发展带来挑战，同时重点发展第一产业将会造成对生态的破坏和对环境的污染程度加大。

2. 区域产业布局同质化趋势有待改变

从经济区各市产业发展重点看，存在支柱产业同质化趋势，客观上将加剧区域内各城市相同产业之间的竞争和内耗，影响产业结构的优化和升级，使经济区有限的资源环境不能得到科学配置。以《广西北部湾经济区发展规划》为例，广西对北部湾经济区4个主要城市产业定位：南宁重点发展商贸、制造、高新技术产业，以商场为主；北海重点发展旅游、高新技术、农副水产品加工产业；钦州大力发展石化、林浆纸一体化等临海工业；防城港则以物流、钢铁等产业为骨干。但区域内各城市在发展中往往忽视自身的功能定位，在支柱产业的选择上都集中于造纸、化工、钢铁、能源、电子信息等行业。经济区内沿海三个城市的港口建设实际上没有明确的功能区分，各自都想搞大而全，基础设施重复建设，港口岸线资源未能科学合理利用。比如按照原来规划钦州落户冶金工业的冶炼厂项目、钢铁项目和冶金项目，而实际情况是北海也在投资和建设这些项目，但北海改用新材料新名称，这个项目是镍不锈钢项目，实际上归属于冶金。电子产业主要在北海布局，据实地调研考察，钦州也存在一定比例的电子产业。

（五）生态文化原因：区域生态文化建设滞后

生态文化是生态文明建设的核心和灵魂。泛北部湾区域生态文化建设滞后既有其历史和现实原因，也有思想认识和实践层面的原因，还有民族地域和国家域际的原因。

1. 从区域生态文明历史发展看，生态文化建设仍是全新课题

生态文明作为一种社会意识形态，需要生态文化作载体让每一个人所了解、认识、认同。显然，泛北部湾区域经济合作在发展经济的同时必须注意生态环境保护，而生态环境保护不仅需要法律政策保障和规范，而且还需要通过科学知识的普及，树立起自觉保护生态环境的公众和社会意识，在全社会营建生态环境文化，使保护生态环境成为每一个人的自觉行为。

2. 从区域生态文明现实状况看，生态文化建设有待加强

由于历史条件的制约和经济基础状况影响，泛北部湾经济区各国、各地区普遍重视经济指标和 GDP 的提升，不同程度地仍然存在“重经济增长、轻生态建设”等现象，生态文明观念深入人心有待时日。实践已经证明，经济增长、经济效益、生态环境三者之间是互相依存、互相作用的，用“绿水青山换取金山银山”的做法必定是短视的、危险的。随着泛北部湾区域经济发展，人口、资源、环境问题逐渐尖锐化，为了使环境的变化朝着有利于人与社会自身方向发展，我们必须调整自己的文化观念，修复旧文化、创造新文化，实现与环境和谐发展。

3. 从区域生态文明思想认识看，民众生态文化意识有待提升

当前，泛北部湾经济合作强调的是经济发展维度，重视生产总值、国民收入、贸易额等经济指标，而往往忽略生态环境保护、资源节约、循环经济等生态文明指标。只有不断提高民众生态文化意识，才能在精神层面深刻理解建设生态文明的意义，才能最终转化为主观能动性做好生态文明建设。从思想认识上提高泛北部湾区域民众的生态文明自觉性，必须以生态经济、生态旅游、生态城市、生态消费等生态意识为切入点，以人与自然和谐相处为目标，向广大民众普及生态科学和环境科学知识，让之认识“白色污染”的严重性、生物技术的负效应、野生动物保护的必要性、生态危机的危害性等；同时使广大民众自觉地将生态建设、环境保护、合理利用与节约资源的意识和行为渗透到日常学习、生活之中，培养绿色生活习惯、消费观念，提高环境道德意识，推动全民注重生态建设的社会风尚形成。

4. 从区域生态文明实践看，诸多生态环境问题需要加强生态文化建设才能解决

泛北部湾区域生态环境问题一般可以分为两类：一是由于不合理地开发利用自然资源所造成的生态环境破坏。如越南由于人口剧增和发展经济的单一指标主导，不得不毁林造地、移民垦荒以扩大耕地，造成森林面积减少；不得不大规模开发和出口自然资源换取外汇，造成自然资源减少乃至枯竭。据世界银行统计，广宁和海防在过去的30年时间里损失的红树林约4万公顷，因此造成的经济损失每年达1000万—3200万美元。[1] 再如广西区域性贫困和脆弱环境问题相互交织，生态环境压力和扶贫解困的难度大，仅石漠化地区面积就有238万公顷，占土地总面积的10.10%。二是城市化和工农业高度发展而引起的环境污染和破坏。例如近几年，北部湾海洋污染呈现加剧趋势，海洋生态系统退化。随着沿海重化工业兴建，入海河流流域、河口及陆源排污日趋严重；港口、停港船舶和海上石油平台、海洋工程的废水、废油、垃圾排放增多，造成近岸海域水环境质量下降，溢油、赤潮现象不断出现，局部海域水质指标超标、局部海域成为污染区域。如防城港、钦州湾近岸局部海域受无机氮和石油类污染物污染严重。与此同时，海洋生物资源遭到破坏，海洋生物多样性面临严重威胁。内海过度捕捞、海水养殖、海岸湿地围垦和海洋环境污染等，不仅造成了有限资源的大量耗费，也造成了生态系统的严重衰退甚至衰竭。

生态文化建设，一方面是要培养民众生态文化价值观。通过生态文化教育和生态环境科学知识普及，使广大民众形成以生态伦理、生态正义、生态良心、生态责任等为主要内容的新的生态文化价值观，塑造适应新时期的绿色价值体系。另一方面要优化生态行为实践。从经济社会发展的大局而言，在生态经济、循环经济、生态经济城市（Eco2 城市）建设中实现生态参与和生态评价；从个人行为实践而言，保护环境、节约资源、绿色消费、与破坏生态环境行为做斗争等，都是生态文化在行为实践中的落实。

5. 从区域生态文明民族地域性看，民族生态文化的现代转化有待深化

泛北部湾区域民族众多，少数民族文化中丰富的生态自然观、和谐伦

---

① World Bank, Sep. 2002, Vietnam Envi-ronment Monitor 2002, p. 17.

理思想是当代生态文明建设的宝贵文化资源。

泛北部湾经济区开发实践过程中如何保护并传承民族生态文化，正成为一个紧迫的问题。一是少数民族传统生态文化资源的流失。由于一些地方经济发展采取竭泽而渔式的掠夺式开发，少数民族传统生态文化资源遭破坏严重。二是少数民族生态文化与经济效益的两难选择。经济发展必然带来对传统生态文化的冲击。三是少数民族生态文化资源整合、出新有待增强。近些年少数民族旅游资源开发欣欣向荣，文化生态资源得到了一定程度的开发和利用，取得了较好的经济效益和社会效益。如广西重视对建立民族文化生态博物馆等民族文化旅游开发战略，主要是以保护、传承、展示和开发利用民族文化为目的。但是北部湾经济区内，例如中越边境地区民族生态文化资源总体开发速度缓慢，大多在表层面进行开发利用，还没有深层次、系统性挖掘地方民族生态文化底蕴。由于很多地方开发状态处在无序和分散的局面中，少数民族生态文化资源整合出新、打造品牌依然有待时日。

6. 从区域生态文明的国家域际复杂性看，生态文化建设的合作共识有待拓展

泛北部湾区域生态文明因为国家域际的复杂性而增添了困难，生态文化建设的合作共识成为重要前提。泛北部湾区域合作在发展的诉求、文化的影响、价值的目标方面具有一致性。确立泛北部湾区域生态文化价值共识，推进泛北部湾区域生态文明共享，是各国各地区经济发展长远之计。泛北部湾区域合作各方应该致力于形成相互协调、互利共赢、次区域经济一体化水平较高的泛北部湾区域经济共同体，并最终发展成为太平洋西岸经济发展充满活力，在世界具有重要地位的经济新高地，从而极大地提升泛北部湾区域在国际经济舞台中的地位。① 营建生态文化价值共识，才能为实现泛北部湾区域生态文明共享做出理性解释和提供积极动力。

① 《泛北部湾区域经济合作的战略目标、基本定位及模式》，《广西日报》2007 年 7 月 20 日。

第四章　泛北部湾区域生态文明共享的 SWOT 分析

在国际经济竞争日趋激烈、全球环境危机日趋严重、区域合作日趋紧密的时代背景下，对泛北部湾区域生态文明共享的优势（Strengths）、劣势（Weaknesses）、机会（Opportunities）、威胁（Threats）（SWOT）等因素进行分析，综合协调地方经济发展水平、生态资源、生态环境、生态功能、生态保护措施等差异性，更有利于推进以资源共享、责任共担、发展共赢为基本方式的生态文明建设模式。

一　泛北部湾区域生态文明共享的 SWOT 因素分析

SWOT 分析方法最初是一种企业战略分析方法。泛北部湾区域生态文明共享的 SWOT 因素是复杂而相互联系的（见表 4－1）。泛北部湾区域生态文明建设及其共享面临着新的机遇和挑战，如何发挥优势、抓住机会、改变劣势、消除威胁，是当前区域生态文明共享的重要课题。

（一）泛北部湾区域生态文明共享的优势

泛北部湾区域各国拥有得天独厚的生态资源，区域生态文明共享的优势明显。

1. 泛北部湾区域各方生态资源丰富

其一，泛北部湾区域海岸线长，港湾众多，港口资源丰富，海洋航运业发达。

其二，泛北部湾区域拥有丰富的能源资源、金属矿产资源和非金属矿产资源。越南无烟煤产量、铬铁矿储量、磷矿储量，马来西亚石油天然气储量、锡矿储量，印度尼西亚液化天然气储量、锡矿储量等，均居世界前列。

表 4－1　　泛北部湾区域生态文明共享的 S、W、O、T 因素

优势（strengths）	劣势（weaknesses）	机会（opportunities）	威胁（threats）
*泛北部湾区域各方生态资源丰富 *泛北部湾区域合作机制建立并发力 *泛北部湾区域经贸合作加强为生态合作提供平台 *生态旅游合作凸显生态利益共享 *次区域合作稳步推进 *R&D 投入逐年提高 *各方领导人重视环境问题 *各方积累了一定的环保合作经验	*GDP 情结影响泛北部湾区域各方 *各方经济发展不平衡 *统筹协调能力不足 *生态利益矛盾影响合作 *合作机制建设有待加强完善 *生态资源争夺激烈 *人口对环境压力巨大 *落后 R&D 能力 *生态投入比重低	*泛北部湾区域环保合作具有共同紧迫性 *环保合作是泛北部湾区域利益结合点 *拓展生态合作领域 *深化合作机制建设 *加强生态实践合作 *中国—东盟自贸区建设注入新活力	*受外部经济、政治、军事介入因素的影响 *利益冲突诱发不稳因素 *领海、领土的历史争端 *民族、政体、文化、宗教的差异和冲突 *一些国家内部政治矛盾激化影响对外合作 *落后产能影响区域生态优化

其三，泛北部湾区域热带资源丰富，海洋渔业资源众多，许多资源在世界上具有重要地位。越南是世界最大的大米出口国和咖啡出口国之一。柬埔寨洞里萨湖是东南亚最大的天然淡水渔场，海鱼产量等于中南半岛其他各国产量的总和。泰国是世界大米主要出产国和第一出口国，橡胶、木薯产量居世界第一位。马来西亚棕油产量和热带锯木出口居世界首位。印度尼西亚天然橡胶、棕榈油、椰子产量居世界第二位。菲律宾椰子产量和出口量均占世界的 60% 以上。

其四，生态旅游资源丰富，互补性强，有许多世界著名的名胜古迹，如广西桂林山水、越南历史古都顺化、柬埔寨吴哥古迹、泰国帕塔雅游乐区、马来西亚“国油双峰塔”、新加坡狮头鱼尾像、印度尼西亚缩影公园、文莱斯里巴加湾市奴鲁伊曼皇宫、菲律宾马荣火山等，其中有的被列为世界文化遗产或世界自然遗产。

丰富的生态资源是把泛北部湾区域建成自然海洋资源、海洋生态环境得到有效保护，经济、社会与环境协调可持续发展的生态型区域的重要保障，也是实现生态文明共建共享的物质基础。

2. 泛北部湾区域合作机制建立并发力

经过多年建设合作，泛北部湾合作机制逐步建立并且开始发力，推动区域经济社会发展取得进步。当前，主要的合作机制有：以“促进中国—东盟自由贸易区建设、共享合作与发展机遇”为纽带的中国—东盟博览会；以推动中国与东盟全面经济合作与自由贸易区建设为宗旨的中国—东盟商务与投资峰会；以“共建中国—东盟新增长极”为目标的泛北部湾经济合作论坛；以“开发包容、平等互利、务实渐进、合作共赢”为原则的泛北部湾经济合作联合专家组；研讨泛北部湾区域合作新构架与新愿景、机制建设与发展战略的泛北部湾智库峰会，等等。

3. 泛北部湾区域经贸合作加强为生态合作提供平台

泛北部湾区域经贸合作加强，各国经济较快增长。从2006年泛北部湾区域经济合作构想提出以来，泛北部湾区域合作发展取得了一系列的成绩，为泛北部湾生态文明建设及其共享提供了坚实的基础。

4. 生态旅游合作凸显生态利益共享

近年来，泛北部湾区域各国积极探索旅游发展新思路，利用各国生态旅游资源，积极打造滨海旅游、民族生态旅游新项目，建立跨国旅游合作区，如打造海口—湛江—北海—钦州—防城港—越南下龙湾—海防—河内的环北部湾国际旅游路线。各国在开展生态旅游合作中获得了利益，推动了当地经济发展。如今，各国正在逐渐加强北部湾大旅游发展的政策保障，共享生态利益。

5. 次区域合作稳步推进

自2010年1月1日中国—东盟自由贸易区建成以来，中国与东盟各国次区域合作发展迅速，成效显著。一是大湄公河次区域经济合作领域不断拓展并取得实质性进步。主要在交通、能源、旅游、环保、科技、贸易与投资、人力资源开发、禁毒等领域展开了多方位合作。中国与东盟各国亲密地连成一体，为区域生态文明共享提供了广泛的合作途径与合作平台。二是以广西北部湾经济区为典范的泛北部湾经济合作取得积极进展。共举办了八届的泛北部湾经济合作论坛，以促进泛北部湾区域合作发展为目的，旨在搭建一个长期性、开放式的研究、交流和沟通平台，为泛北部湾区域生态文明建设及其共享战略提供了广阔的合作实施空间。三是被誉为“中国—东盟陆上大动脉”的南宁—新加坡经济走廊快速发展。走廊以南宁、河内、金边、曼谷、吉隆坡、新加坡等沿线大城市为依托，充分发挥沿线各国人流、物流、信息流、资金流的聚集效应，推动区域内工业、农业、旅游业、交通、投资贸易以及服务业等产业的深度合作，带动了走廊沿线国家的合作发展，开启了优势互补、集群合作的新典范，也为优化生态环境提供了资源整合、融合共赢的合作范例。

6. R&D 投入逐年提高

美国国家科学委员会《2012 科学与工程指标》报告称，中国成为仅次于美国的全球第二大研发（R&D）支出国，2009 年其研发支出占全球研发支出的 12%，超过日本的 11%；包括中国在内的亚洲 10 个国家和地区作为整体，其研发支出达 32%，超过美国。报告称，中国、印度尼西亚、马来西亚、新加坡、中国台湾、泰国和越南的研发总支出在 1999—2009 年稳步上升，东亚、东南亚和南亚地区研发支出迅速扩张。以广西为例，2010 年全区研发机构 R&D 经费支出 27.02 亿元，比上年增长 36%。广西 R&D 总量也由 2006 年的 18.24 亿元，增加到 2010 年的 62.87 亿元，年均增长 28.1%。[①] R&D 投入逐年提高为生态文明建设打开了一条新路子。

7. 各方领导人重视环境问题

在中国带领下，合作各方国家领导人达成一个重要共识：就是绝不牺牲环境来发展经济，避免“先发展，后治理”。泰国的“洪灾”、菲律宾的生态恶化、印度尼西亚的“飓风袭击”、越南的资源危机等等，使得各国领导人前所未有地重视环境问题，为泛北部湾区域生态文明共享如何实现提供了重要的保障。

8. 各方积累了一定的环保合作经验

多年的泛北部湾区域经济合作，使得各方基本树立了先进的环境理念，也建立了各种环境保护合作的模式，积累了一定的环保合作经验，为泛北部湾区域生态文明共享的深入开展提供宝贵的借鉴。

（二）泛北部湾区域生态文明共享的劣势

1. GDP 情结影响泛北部湾区域各方

泛北部湾区域各国基本属于发展中国家，因此 GDP 指标成为本国经济社会发展的主要指标。例如，菲律宾生态环境的恶化较为严重，由于长

---

① 《2010 年广西研发事业呈现快速发展的良好势头》，广西壮族自治区人民政府门户网站（www.gxzf.gov.cn），2011 年 9 月 2 日。

期近乎无节制的砍伐，森林资源锐减至 20% 左右。此外，沿海水产资源过度捕捞、空气污染、水污染、矿渣污染等问题非常严重。这些现象都是由于战后菲律宾依然遵循传统的增长型发展模式，追求实现当年的或短期的经济增长，忽视人口、自然资源、环境对经济的长远影响，忽视经济增长的环境代价。同样的状况在泰国、印度尼西亚、马来西亚和越南等国都有相应的表现。

2. 各方经济发展不平衡

在泛北部湾区域内，新加坡、文莱属于发达国家，中国、越南等国经济发展较快，菲律宾、柬埔寨、马来西亚相对较慢。据 2006 年统计，新加坡、文莱人均 GDP 高达 3 万美元左右，而越南、柬埔寨则分别仅有 720 美元和 506 美元，越南、柬埔寨人均 GDP 与新加坡相比，分别仅为新加坡的 2.4% 和 1.7%。经济发展不平衡状况影响了本国对资源使用的方式、环境保护的生态投入都不一样。

3. 统筹协调能力不足

泛北部湾区域经济合作各方由于政府间经济政治利益的分歧，同时缺乏共同的制度机制，对于生态资源开发利用、生态环境问题处置、生态安全维护等各种问题表现出统筹协调能力严重不足的状况，因此有待进一步加强政府间对话、磋商、实施联合项目等。

4. 生态利益矛盾影响合作

泛北部湾各国存在着大量的领海、岛礁之争，有些争端甚至有恶化趋势，这些争端基本上都是由于生态陆上资源、生态海洋资源的利益争夺而引发的，这种状况从一定程度上说，影响泛北部湾区域生态文明共享。

5. 合作机制建设有待完善

泛北部湾区域合作从 2006 年至今，在很多领域、很大范围上还是经济合作，追求经济发展和经济利益是区域合作各方的关注焦点。生态环境保护合作尽管成为各方共识，但是如何具体实施、寻找一条生态文明建设新模式缺乏具体的合作机制。

6. 生态资源争夺激烈

泛北部湾各国在此区域的生态资源争夺从来没有止息，如由油气资源引发的中越有关南海岛屿及其附近海域主权的争端，中菲关于黄岩岛争端，马来西亚、文莱、印度尼西亚等国在中国南海岛礁问题的领土要求，都是生态资源争夺的表现。

7. 人口对环境压力巨大

泛北部湾区域范围广，面积大，人口多。泛北部湾区域各方面陆域面积 332.36 万平方公里，南海面积 350 万平方公里，区域总人口约 59445 万人。如此巨大人口数量无疑需要耗费大量的生态资源，对环境造成巨大的压力。

8. 落后 R&D 能力

R&D 是评价一个国家或地区科技投入、科技活动规模和强度的通用指标，它的投入经费是影响区域创新能力的核心因素之一。R&D 能力落后的主要表现：一是投入不均衡。以广西为例，2010 年广西 R&D 占 GDP 的比重为 0.66%，比全国平均水平（1.77%）低 1.11 个百分点，仅相当于全国平均水平的 37.28%，R&D 占 GDP 的比重在全国排第 25 位，在西部地区排第 7 位。二是地区发展不平衡。如中国、新加坡、越南等国 R&D 投入比重与印度尼西亚、菲律宾、柬埔寨等国相比比重要大，行业发展、政府资金投入等也表现出不平衡状况。落后 R&D 能力极大地影响生态科技创新，制约生态文明建设。

9. 生态投入比重低

泛北部湾区域经济合作的目标之一是建成自然海洋资源、海洋生态环境得到有效保护，经济、社会与环境协调可持续发展的生态型次区域。区域内各国生态投入极大影响着生态环境保护。

（三）泛北部湾区域生态文明共享机会

从区域合作发展而言，世界性的生态环境危机使得生态文明建设合作共享成为区域协调可持续发展的紧迫问题。在此背景下，泛北部湾区域生态文明共享面临许多机遇。

1. 泛北部湾区域环保合作具有共同紧迫性

随着泛北部湾区域各国工业化快速发展、海上交通日益繁忙、海洋资源捕捞开发加剧，原本洁净的泛北部湾海域正面临着被污染的危险，局部地区自然环境已经遭到破坏。如越南沿海海岸加工业、化工业产生的污染，对中国南海产生巨大污染；中国的广西、广东、海南三省区也随着工业发展尤其是重工业如炼油、矿冶等的项目建设，已经不同程度遭受到工业化带来的污染，有些地方的工业污染甚至非常严重，如防城港、钦州湾近岸局部海域受无机氮和石油类污染物污染严重。泛北部湾连接北部湾和南中国海两大海域，是世界重要的海上通道和渔场，各国正面临生态环境和资源遭受破坏的共同威胁，因此加强泛北部湾区域各方的生态国际合作，已经刻不容缓。

2. 环保合作是泛北部湾区域利益结合点

泛北部湾区域已经成为中国—东盟合作新领域，而环保合作是双方利益的重要结合点。泛北部湾区域各国不仅是一个“环境共同体”，也是一个“利益共同体”，共建共享“绿色北部湾”是共同的责任和义务。

3. 拓展生态合作领域

区域经济合作的领域已经得到极大的扩展，但是，生态合作的领域有待进一步拓展。随着经济合作的形式、模式的创新，各方在生态资源开发利用、环境治理、生态安全、生态旅游等各方面存在着广阔的合作空间。

4. 深化合作机制建设

泛北部湾区域经济合作经过多年实践，建立了比较有效的合作机制，如经济合作论坛、联合专家组、智库峰会等，但在生态合作问题上，决策机制、组织机制、制度化机制等方面有待进一步加强。深化合作机制建设的主要任务是：完善政府首脑会议、泛北部湾部长级会议等组织机制；强化决策机制，如成立泛北部湾生态合作委员会等，共商决策大事；健全制度化机制，如加强生态信息交流平台建设，成立泛北部湾生态发展基金会，建立生态合作专业联盟。

5. 加强生态实践合作

当前，各国加强海洋环境污染治理与海洋环境资源开发的生态合作实践尤为重要。一是海洋污染防治合作实践。泛北部湾区域港口众多、具备良好的航运条件和合作基础，各国应该加紧协商制定相应的合作协议，加强各港口在环境保护、排放标准、海洋水污染综合防治等方面的合作实践。二是加强海洋渔业资源保护的合作实践。随着捕捞技术的增强和海洋生态环境的退化，北部湾渔业资源有衰退的趋势。而各国在眼前经济利益的驱使下，以“掠夺式”的方式开发利用海洋渔业资源。泛北部湾各方应该趁势而为，拓展生态合作实践的领域，提升生态合作的层次。

6. 中国—东盟自贸区建设注入新活力

中国—东盟自由贸易区拥有近 19 亿人口，约 6 万亿美元的年 GDP 和 4.5 万亿美元的年贸易总额，成为仅次于欧盟和北美自由贸易区的第三大贸易区。中国—东盟自由贸易区的全面建设，推进了双边合作进入快速和谐发展新阶段。一方面，中国和东盟已成为重要的贸易伙伴。仅 2010 年，中国与东盟双边贸易总值达 2927.8 亿美元，比 2009 年增长了 37.5%。另一方面，双向投资和经济技术合作卓有成效地开展。仅 2010 年，中国对东盟直接投资 25.7 亿美元，同比增长 12%；东盟对中国直接投资 63.2 亿美元，同比增长 35.2%。与此同时，双边在基础设施建设、新能源、工业、农业、旅游、文化教育、金融、物流、救灾救援等方面的合作不断拓展和推进。中国—东盟自贸区建设快速发展，为双边生态合作和生态文明共享注入新活力。

（四）泛北部湾区域生态文明共享的威胁

毋庸讳言，泛北部湾区域生态文明共享也存在着一些不利的威胁因素。分析这些威胁因素，才能使之由"祸"向"福"转变。

1. 受外部经济、政治、军事介入因素的影响

泛北部湾区域作为资源富集地，常常受到外来因素的影响。如美国出于经济利益和政治利益需要，别有用心地插手南海的战略举动，与泛北部湾区域少数国家实施所谓的"合作"，甚至"联合军演"。再如，日本与泛北部湾区域各国经济联系紧密，也会采取一些经济（如浮动汇率制）或政治手段，影响泛北部湾区域各国发展。我们要警惕某些国家打着"环境责任国际化"的幌子，借环境安全之名干涉他国主权，推行"环境殖民主义"，反对一些别有用心的国家提出的"中国生态威胁论"和"中国生态入侵论"在泛北部湾区域生态合作投上阴影。

2. 利益冲突诱发不稳因素

如中国与越南由于油气资源引发的南海岛屿及其附近海域主权的争端，中菲关于黄岩岛争端，马来西亚、文莱、印度尼西亚等国在中国南海岛礁问题的争议，都是因为利益冲突，尤其是生态利益冲突。

3. 领海、领土历史争端

有些争端是历史上国与国之间存在的领土、领海争端，有些是因为资源利益争夺引起的。

4. 民族、政体、文化、宗教差异和冲突

泛北部湾区域各国民族众多、文化各异、宗教信仰也有差别，使得合作受到一定程度的影响。区域有属于汉藏语系、印地语系、南亚语系、南岛语系的多个民族。再如政体方面，东南亚国家有多种政体，越

南、老挝是人民代表制国家；新加坡是议会共和制国家；印度尼西亚、菲律宾是总统共和制国家；泰国、柬埔寨、马来西亚和文莱是君主制国家；缅甸是军政府国家。政治制度不同，政治文化和价值观念也会不同。

5. 一些国家内部政治矛盾激化影响对外合作

如曾经发生在泛北部湾区域内各国的政治矛盾激化事件：泰国政局的持续动荡，菲律宾因为政治经济原因造成的政局不稳和经济衰退，缅甸的僧侣大规模游行引发的社会动荡等，不仅影响本国经济社会发展，也影响了区域各方合作。

6. 落后产能影响区域生态优化

由于区域各国资源的相似性和经济发展落后状态，使得各国经济发展多集中在电力、煤炭、焦炭、钢铁、水泥、有色金属、造纸等行业，严重影响区域生态环境优化。2010 年 2 月 6 日，《国务院关于进一步加强淘汰落后产能工作的通知》，明确在电力、煤炭、焦炭、钢铁、水泥、有色金属、造纸等行业中淘汰落后产能的任务和目标。《关于下达 2012 年 19 个工业行业淘汰落后产能目标任务的通知》，明确列出了炼铁、炼钢、焦炭、电石、铁合金、电解铝、铜冶炼、铅冶炼、锌冶炼、水泥、平板玻璃、造纸、酒精、味精、柠檬酸、制革、印染、化纤、铅蓄电池 19 个行业淘汰落后产能企业名单。

二　泛北部湾区域生态文明共享的 SWOT 组合分析

将优势、机会、劣势和威胁四个要素进行组合，可以形成四种组合模式见图 4－1。

外部因素 \ 内部因素	优势	劣势
机会	2 利用	3 改进
威胁	4 监视	1 消除

图 4－1　泛北部湾区域生态文明共享的 SWOT 组合

（一）杠杆效应：优势—机会（SO）组合

优势—机会（SO）组合是内部优势与外部机会的有机组合，这种组合决定了发展战略的目标方向。泛北部湾区域生态资源丰富、生态状况良好，具有优越的生态优势，同时，泛北部湾区域经济合作为生态文明共享提供了难得机遇。如何把握机遇，发挥优势，是实现泛北部湾区域生态文明共享的优先战略考虑。

例如：（1）“泛北部湾区域各方生态资源丰富”、“各方领导人重视环境问题”与“泛北部湾区域环保合作具有共同紧迫性”相结合，可以促使泛北部湾区域各方尽快营建可持续发展伦理意识、夯实合作价值认同基础，为泛北部湾区域生态文明共享设计实现战略。（2）“泛北部湾区域合作机制建立并发力”与“深化合作机制建设”相结合，可以促使泛北部湾区域生态合作机制走向科学化，促进生态合作实践的深入展开。（3）“泛北部湾区域经贸合作加强为生态合作提供平台”、“次区域合作稳步推进”都说明泛北部湾区域经济合作为实施区域生态文明共享提供了可供借鉴的合作方式和广阔的合作平台。（4）“生态旅游合作凸显生态利益共享”为“加强生态实践合作”打下了坚实的物质基础。（5）“各方积累了一定的环保合作经验”为“拓展生态合作领域”提供了经验保障。

优势与机会的有机组合，当二者相互契合、相互适应时，对于泛北部湾区域生态文明共享形成杠杆效应。“优势”的利用形成内在动力，“机会”的利用可以加速事物的发展，利用优势条件，抓住发展机会，促进泛北部湾区域生态文明建设快速发展，实现共享。

（二）抑制性：劣势—机会（WO）组合

劣势—机会（WO）组合旨在探讨如何利用外部机会来弥补劣势，从而改变劣势，使之向优势转变。由于劣势或弱点的存在，将会妨碍其利用机会，影响发展的规模和速度。因此，如何克服弱点、改变劣势，进一步利用各种机会，最终赢得竞争优势，是泛北部湾区域生态文明共享实现必须解决的问题。

例如：（1）泛北部湾区域生态文明建设存在非常明显的劣势，“GDP情结影响泛北部湾区域各方”、“人口对环境压力巨大”、“落后 R&D 能力”等，但是，只要各方充分认识到“泛北部湾区域环保合作具有共同紧迫性”，就能改变那种受区域经济利益驱动，缺乏可持续发展意识和合作价值认同的状况。（2）由于历史、资源条件、地理环境、国家体制等原因，造成了泛北部湾“区域各方经济发展不平衡”，但是各方牢牢扭住“环保合作是泛北部湾区域利益结合点”的关键，泛北部湾区域生态文明共享就能够深入各方内心，为各国所认同。（3）“生态利益矛盾影响合作”、“合作机制建设有待加强完善”是泛北部湾区域生态合作存在的突出问题，当前，“深化合作机制建设”便具有了极其紧迫性。（4）“统筹协调能力不足”是影响泛北部湾区域各方生态文明共享的重要因素，“拓展生态合作领域”、“加强生态实践合作”是解决此问题的重要途径。（5）此外，“生态资源争夺激烈”、“生态投入比重低”是泛北部湾区域生态文明存在的比较突出问题，如何借鉴“中国—东盟自贸区建设”的经验，加强双边投资、减少争端，维护泛北部湾区域生态和谐、生态安全、生态利益共享是积极的思路。

劣势意味着妨碍、阻止、影响和控制，因此劣势—机会（WO）组合具有一定的抑制性。当“劣势”影响“机会”的获取，或者“机会”无法纠正“劣势”，二者不相互适合或不相互重叠，必将影响“优势”的最终显现。改变泛北部湾区域生态合作的劣势，消除抑制性，以促进劣势向优势转化，才能适应区域生态文明共享的发展“机会”。

（三）脆弱性：优势—威胁（ST）组合

优势—威胁（ST）组合旨在说明如何利用自身优势，回避或减轻威胁所造成的影响。尽管泛北部湾区域生态文明共享具有广泛的优势，但是威胁因素也是不能忽视的。消除威胁因素，发挥优势，成为泛北部湾区域生态文明共享的不可回避的问题。

受外部经济、政治、军事介入因素影响，利益冲突诱发不稳因素，领海、领土的历史争端，民族、政体、文化、宗教的差异和冲突，一些国家内部政治矛盾激化影响对外合作，落后产能影响区域生态优化等等，这些因素都可能影响泛北部湾区域生态文明建设，影响生态文明共享的实现，甚至导致区域生态环境状况进一步恶化，使得区域生态文明共享出现“离心力”而困难重重。但是，威胁因素是不容回避的，只有尽量消除或降低威胁因素的负影响，才能展现优势和发挥优势作用。利用泛北部湾区域生态资源得天独厚、泛北部湾区域合作机制建立并发力、次区域合作稳步推进、各国 R&D 投入逐年提高、各方领导人重视环境问题、各方积累了一定的环保合作经验、生态旅游合作已经凸显生态利益共享等优势条件，发挥优势条件的“正能量”，泛北部湾区域生态文明共享的前景必定是美好的。

需要指出的是，优势与威胁同在，意味着泛北部湾区域生态文明共享存在一定程度的脆弱性。脆弱性使得优势的强度降低。当条件和外部影响对泛北部湾区域生态文明共享造成威胁时，优势就会得不到充分发挥，出现优势不优的脆弱局面。

（四）问题性：劣势—威胁（WT）组合

劣势与威胁相遇，机体就会面临严峻挑战，如果处理不当，有可能使局势恶化。劣势—威胁（WT）组合分析旨在探讨如何克服劣势、回避威胁，采取有效的防御性措施。

例如：（1）“GDP情结影响泛北部湾区域各方”、“区域各方经济发展不平衡”等劣势因素与“利益冲突诱发不稳因素”的威胁，将恶化泛北部湾区域生态文明共享的整体环境，这样就促使泛北部湾区域各方思考如何采取目标积聚战略或差异化战略。（2）“落后R&D能力”与“落后产能影响区域生态优化”，将迫使泛北部湾区域各方加强生态技术、生态研发、产能转型和升级等方面的合作，从技术层面消除威胁生态文明共享的影响因素。（3）“生态利益矛盾影响合作”、“生态资源争夺激烈”的劣势与“受外部经济、政治、军事介入因素的影响”、“领海、领土的历史争端”等威胁因素相遇，会造成泛北部湾区域内忧外患状况，泛北部湾区域各方只有认清局势、审时度势、消除误解、达成共识、联合行动，才能从战略设计上取得主动。（4）“统筹协调能力不足”、“合作机制建设有待加强完善”等劣势因素与“民族、政体、文化、宗教的差异和冲突”、“一些国家内部政治矛盾激化影响对外合作”等威胁因素相比较，说明泛北部湾区域生态文明共享存在一定困难。如何抛弃成见、尊重差异、放眼未来，形成“生态利益共同体”，应该成为区域各方一致的追求。（5）“人口对环境压力巨大”、“生态投入比重低”反映了区域各方存在的共同问题，这是造成共同困难的原因。从成本战略分析，生态投入的产出将是长久和丰硕的，这也是泛北部湾区域各方应该取得共识并共同采取行动的原因。

“劣势＋威胁”，说明了存在的问题性，泛北部湾区域各国生态文明共享正面临严峻的挑战，如果处理不当，泛北部湾区域生态文明建设将面临严重的威胁，也会影响区域共同体的发展。

三　基于SWOT分析的泛北部湾区域生态文明共享战略定位与战略选择

优势、机会、劣势和威胁四个要素组合成四种模式，为泛北部湾区域生态文明共享战略选择提供了积极启示（见表4-2）。

表4-2　　泛北部湾区域生态文明共享的战略定位与战略选择

	优势（Strength）	劣势（Weakness）
内部能力 外部因素	＊泛北部湾区域各方生态资源丰富 ＊泛北部湾区域合作机制建立并发力 ＊泛北部湾区域经贸合作加强为生态合作提供平台 ＊生态旅游合作凸显生态利益共享 ＊次区域合作稳步推进 ＊R&D投入逐年提高 ＊各方领导人重视环境问题 ＊各方积累了一定的环保合作经验	＊GDP情结影响泛北部湾区域各方 ＊区域各方经济发展不平衡 ＊统筹协调能力不足 ＊生态利益矛盾影响合作 ＊合作机制建设有待加强完善 ＊生态资源争夺激烈 ＊人口对环境压力巨大 ＊落后R&D能力 ＊生态投入比重低
机会（Opportunities）	SO	WO
＊泛北部湾区域环保合作具有共同紧迫性 ＊环保合作是泛北部湾区域利益结合点 ＊拓展生态合作领域 ＊深化合作机制建设 ＊加强生态实践合作 ＊中国—东盟自贸区建设注入新活力	①发展伦理共契与价值共识 ②拓展和深化生态合作机制建设 ③生态合作平台建设 ④加强生态旅游合作等生态合作实践 ⑤拓展生态合作领域 ⑥经贸合作方式借鉴 ⑦生态信息交流 ⑧生态资源开发战略	①经济发展模式转变战略 ②加强环保合作利益效应 ③区域生态利益协调 ④加强生态合作统筹协调能力 ⑤加大生态投入比重 ⑥提升R&D能力 ⑦生态制度管理

续表

威胁（Threats）	ST	WT
＊受外部经济、政治、军事介入因素的影响 ＊利益冲突诱发不稳因素 ＊领海、领土的历史争端 ＊民族、政体、文化、宗教的差异和冲突 ＊一些国家内部政治矛盾激化影响对外合作 ＊落后产能影响区域生态优化	①强化泛北部湾区域经济利益共同体 ②生态利益冲突化解机制 ③历史争端的协商解决 ④文化交流促进价值共识 ⑤和平、公正、和谐的区域环境营造 ⑥生态发展规划 ⑦生态协同利用	①经济增长方式转变战略实施 ②建设生态处置的统筹协调机构 ③缔结生态利益共同体 ④生态文化交流 ⑤落后产能改造升级 ⑥生态修复科技创新 ⑦生态问题处置合作

（一）泛北部湾区域生态文明共享的战略定位

如果在SWOT分析图上定位，战略定位的选择十分清晰（见图4－2）。

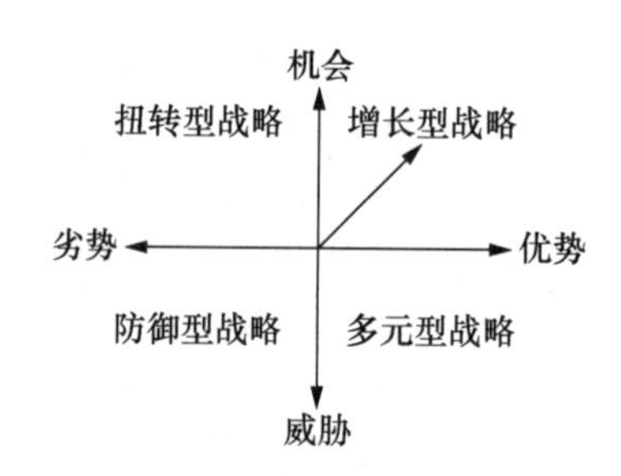

图4－2 泛北部湾区域生态文明共享的战略定位

“优势—机会（SO）组合”对应的是增长型战略定位。“劣势—机会（WO）组合”对应的是扭转型战略定位。“优势—威胁（ST）组合”对应的是多元型战略定位。“劣势—威胁（WT）组合”对应的是防御型战略定位。

泛北部湾区域生态文明共享优势与劣势并存，威胁与机会同在，说明当前泛北部湾区域生态文明共享在迎接巨大机会的同时也面临巨大挑战和威胁，如何趋利避害，化劣势为优势、转威胁为机会，这是区域生态文明共享战略选择必须考虑的。

（二）泛北部湾区域生态文明共享的战略选择

将优势、机会、劣势和威胁四大因素进行分析，将为泛北部湾区域生态文明共享战略定位选择提供积极启示。

1. “优势—机会（SO）组合”——增长型战略

①发展伦理共契与价值共识。②拓展和深化生态合作机制建设。③生态合作平台建设。④加强生态旅游合作等生态合作实践。⑤拓展生态合作领域。⑥经贸合作方式借鉴。⑦生态信息交流。⑧生态资源开发战略。

2. “劣势—机会（WO）组合”——扭转型战略

①经济发展模式转变战略。②加强环保合作利益效应。③区域生态利益协调。④加强生态合作统筹协调能力。⑤加大生态投入比重。⑥提升 R&D 能力。⑦生态制度管理。

3. “优势—威胁（ST）组合”——多元型战略

①强化泛北部湾区域经济利益共同体。②生态利益冲突化解机制。③历史争端的协商解决。④文化交流促进价值共识。⑤和平、公正、和谐的区域环境营造。⑥生态发展规划。⑦生态协同利用。

4. “劣势—威胁（WT）组合”——防御型战略

①经济增长方式转变战略实施。②建设生态处置的统筹协调机构。③缔结生态利益共同体。④生态文化交流。⑤落后产能改造升级。⑥生态修复科技创新。⑦生态问题处置合作。

通过对泛北部湾区域生态文明共享的 SWOT 进行分析，旨在从泛北部湾区域整体发展、各个国家发展和地方协调发展的角度，全面实施生态文化建设、生态发展规划、生态协同利用、生态制度管理、生态资源开发、生态信息交流、生态修复科技创新、生态问题处置合作等战略任务，为推进泛北部湾区域生态文明共享的实现做好准备。

第五章　泛北部湾区域生态文明共享存在的问题

泛北部湾区域生态文明共享，一要解决生态资源开发利用的“公地悲剧”与“反公地悲剧”问题；二要解决区域生态安全问题，为实现区域生态文明共享提供安全保障；三要解决区域生态文明共享的公平问题，即倡导生态正义；四要解决区域生态文明共享的合作问题，实现域际和谐；五要解决区域生态文明共享的城市发展问题。

一　“公地悲剧”与“反公地悲剧”：泛北部湾区域生态文明共享的资源开发利用问题

生态文明建设中资源掠夺、“排挤式”开发、无节制浪费的“公地悲剧”已经为人们所警觉；但是区域生态文明建设中多个权利拥有者不求协作、“多龙不治水”，致使生态资源未得到充分利用或高效率利用的“反公地悲剧”也不容忽视。

（一）区域生态资源开发的“公地悲剧”及其防范

1968年，美国教授加雷特·哈丁（Garrett Hardin）首先提出“公地悲剧”理论。[①]“公地悲剧”理论说明，在没有制度约束下，有限的公共资源与无限的个人欲望之间的矛盾必然导致资源的滥用、破坏甚至枯竭。当行为主体秉承“利益归己，损失归公”的理念，就会因为追逐自身利益最大化而造成公共资源过度使用和破坏，最后造成整体利益的下降和损失。“公地悲剧”实质上是对公有资源的一种责任漠视。

---

① *Science*, Vol. 162, 1243 (1968).

1. 泛北部湾区域生态资源开发的"公地悲剧"

对于泛北部湾区域各国而言，蕴藏丰富生态资源的北部湾海域就是区域各国的"公共地"。"公地悲剧"表明，当一种资源的产权界定不清就会被滥用。

（1）渔业资源的过度捕捞。过度捕捞对渔业种群及其栖息环境产生负面效应，导致渔业资源衰退甚至衰竭。北部湾海洋捕捞集中于沿岸、近海区域，对内海和中下层海产资源捕捞强度过大，达到90%左右，而外海捕捞不到10%。由于捕鱼船只、工具的改进，更由于渔民缺乏可持续性捕捞意识，渔业资源无法承受高强度的捕捞行为，鱼类、虾类、蟹类和贝类等渔业资源成长与捕捞能力速度无法匹配，捕捞增产只能靠大量捕获幼鱼和低营养级劣质鱼种，造成北部湾海洋渔业生态系统形势日趋严峻。北部湾渔业资源枯竭与过度捕捞成了互为因果的恶性循环：渔产品越捕越少，作业方式越来越野蛮。违规使用小网目渔具、在沿岸禁渔区拖网作业甚至毒鱼炸鱼屡禁不止。为保护渔业资源，区域各国有必要共同采取休渔制度，同时降低渔船功率、减少渔船数量，共同面对渔业资源日趋枯竭的问题。

同时，滩涂和海水养殖是北部湾近岸海域环境污染的突出原因。据湛江市环保部门测算，仅280多平方公里的湛江东海岛对虾养殖每天排放的污水达20万吨，超过整个湛江市区的污水排放量。超密度养殖，除了造成污染，还对生物多样性带来不可逆转的影响。20世纪90年代之后的滩涂围垦养殖，都是出于利益的需要，围垦的红树林面积就不下3500公顷、养殖塘达2557公顷。

（2）海洋、河流的过度污染。"污染博弈"模型指出：为追求利益利润最大化，在不受监管或管制不力情况下，企业总是会不顾环境而千方百计地排放污染，造成海洋、河流环境的过度污染，因为某企业要治理污染，其产品成本价格就会提高，从而导致利润下降。因此，从眼前利益出发，企业都会出于利己的目的不择手段排污而不治污。

近些年，环北部湾地区正出现以重化能源为代表的工业项目建设热，大型钢铁、石油、造纸、化肥等企业争先恐后圈海抢滩，不能不令人忧心忡忡。据不完全统计，目前中石油、中石化、中海油三大石油公司都在湛江上马的大型项目有：中石化收购东兴炼油厂，扩建至年加工500万吨即将投产；中石油在建90万立方米奥里油储库和120万千瓦奥里油发电厂；中海油收购 50 万吨燃油装置，建设 80 万吨沥青燃料油电厂；中石化和中石油还分别在北海市、钦州市选点建设大型炼油厂。此外，还有华能集团湛江电厂、韶钢湛江 1000 万吨钢厂、武钢防城港市 1000 万吨钢铁厂、钦州市 600 万吨特钢厂和 420 万千瓦火电厂，等等。另外，广西北部湾四大城市还有数量众多的建成、在建和拟建的火电、铁合金、沥青、化肥、油脂等重化企业。“重化能源热”带来的海洋、河流污染的恶果正在显现，而且其负面共享性必将更严重地显现。

（3）海洋矿产资源掠夺式开发。泛北部湾区域海洋矿产资源的掠夺式开发伴随争端展开。中国同越南之间在南沙群岛上的领土争端是南中国海问题中的重点。越南声称对南沙群岛及其相应海域拥有全部主权，并对其采取了军事、经济、政治等多方面入侵行为，占领南沙大部分岛礁，并掠夺大量海洋生态资源。中越有关南海岛屿及其附近海域主权的争端主要原因是越南觊觎南海资源尤其是油气资源，据估计，越南海上石油年开采量约为 3000 万吨，其中 800 万吨产自南海争议海域。目前，菲律宾侵占了中国南沙群岛的 10 个岛礁，而中菲关于黄岩岛争端也源于南沙丰富油气、矿产资源的争夺。马来西亚、文莱、印度尼西亚等国在中国南海岛礁问题上也提出了领土要求。

泛北部湾区域海洋矿产资源的抢夺，不会短时间内停止，需要区域各方共同努力、协商处置。2002 年 11 月 4 日，中国与东盟各国达成《南海各方行动宣言》，但由于缺乏法律约束性和具体化方案，不具备执行的可行性和实践的操作性。我国针对南沙群岛的主权争端提出了“搁置争议，共同开发”的解决问题的原则，是暂时避免海洋矿产资源掠夺式开发的“公地悲剧”的权宜之计。

（4）生态旅游资源过度开发。当前，泛北部湾区域生态旅游资源开放基本上还是政府推动、行政撮合。由于合作缺乏合作共赢的意识和共赢共享的利益纽带，口头上讲“互利互惠”，背地里却是想方设法争夺资源，致使区域生态旅游资源形不成合力，影响了整体效益。

由于区域内生态旅游发展不均衡，生态旅游资源的“公共品”属性，很容易导致旅游资源开发过程中的“公地悲剧”现象。主要表现：其一，在急功近利思想推动下，许多旅游项目不经规划盲目上马，景点缺乏合理的环境容量控制，常常导致生态环境遭到破坏。如游客遗弃的旅游垃圾、经营者遗留的生活垃圾、开发商抛弃的建筑垃圾等，在景点的地面、水面随处可见。过重的环境负担破坏了景观特色，造成了空气、水源、垃圾等污染严重，影响了当地的生物多样性。其二，旅游资源开发无序。缺乏统一管理规划、项目模式雷同、重复建设严重，不仅导致生态旅游资源随意破坏，也导致开发之后垃圾污染无法有效处理。其三，市场竞争混乱。在经营过程中出现强行拉客、欺客宰客、强迫接受有偿服务、制假售假等现象严重。

泛北部湾区域各国应该联合起来，致力于建立区域生态旅游联合领导机制，如签订《泛北部湾区域生态旅游合作协议》；构筑泛北部湾区域生态旅游大通道；构筑无障碍生态旅游专属区；等等，从而避免生态旅游资源开发的“公地悲剧”。

2. 泛北部湾区域生态资源开发避免“公地悲剧”的防范对策

诺贝尔经济学奖获得者科斯认为，导致“公地悲剧”的重要原因是产权缺失或不明晰，若将共有资源划分到个人，就能够做到有效使用资源，从而防止出现“公地悲剧”，这就是著名的“科斯定理”。从理论而言，明晰产权、资源私有化确是防止“公地悲剧”的重要方法之一，但是资源的有限性与私有化的矛盾是显而易见的，而且随着私有化加深利益冲突会进一步加剧，导致深陷“悲剧”的恶性循环。对于泛北部湾区域生态资源开发而言，避免“公地悲剧”更重要的是达成共识、发挥政府作用、深化合作、化解利益矛盾、协同实践等。

（1）区域各国树立生态保护观念和生态资源开发利用科学观念。观念是行动的先导。避免生态资源开发的“公地悲剧”，区域各方首先应该致力于树立生态保护观念、树立可持续发展观念、树立经济利益与环境利益兼顾的科学观念，合理开发利用区域生态资源，实现区域经济与生态良性互动。

（2）加强政府、各级组织机构合作。加强政府以及各级组织机构的合作是避免区域生态资源开发“公地悲剧”的主要途径。环境产权行使中存在的博弈关系说明了政府在协调、组织中具有重要作用。区域生态资源有效开发共享的实现，需要相应合作平台以适应市场运行的要求。在市场经济条件下，由于生态资源的稀缺性，区域行为主体存在着利益博弈，为了改善和解决利益冲突，需要各方通过合作平台进行有效磋商，建立多样化的多边协调机制和合作机制。加强政府和各级组织机构的作用，为泛北部湾区域生态资源开发利用提供有效服务，其核心任务就是：建立优良的制度环境，为泛北部湾区域协调发展提供优良的生态环境。例如，通过北部湾合作联合专家组、北部湾经济合作论坛、合作仲裁委员会等合作方式，搭建区域生态资源开发合作平台，加强区域经济发展与生态文明建设协调发展。

（3）拓展区域合作范围与提升区域合作层次并举。一方面，要拓展泛北部湾区域合作范围。当前，泛北部湾区域合作较大范围停留在经济合作层面，随着合作的深入，合作范围应该向区域生态资源开发、区域环境保护合作、区域生态文明共享等方面拓展。另一方面，要提高泛北部湾区域生态资源开发的合作层次。合作层次是政府治理水平的重要标志。受传统的行政体制以及地方保护思想影响，长期以来泛北部湾经济区各国经济相对比较独立，各政府间合作层次不深，政务服务缺乏联动，合作平台组织形式相对松散，组织制度化的程度较低。按照“生态合作”的要求，必须加强政府间和部门间在生态资源开发中的合作共享，建立统一协调的生态要素市场，这是实现区域生态资源有效开发、避免“公地悲剧”的有效途径。

（4）明晰资源环境产权，有效化解各国生态利益矛盾。协调生态利益矛盾的核心就是明晰资源环境产权。明晰资源环境产权能够诱导产权所有者有效节约资源，并通过建立排他性产权克服区域内共有资源所造成的“公地悲剧”。区域生态资源开发共享中的利益相关者包括地方政府、相关组织机构、社区、居民、企业等，他们分别作为核心利益层相关者、紧密层利益相关者、松散层利益相关者以各种形式声称对区域生态资源拥有权利和享有利益分配。因此，必须建立区域合作职能明确的管理机构，按照“开发者付费、受益者补偿、破坏者赔偿”的原则，才能有效地处理利益矛盾纠纷。

（5）强化协同发展。由于泛北部湾区域各国、各市的生态资源存在着极大的互补性，为了改变生态资源利用的低效无序、单边自主状况，实现区域效益的“多赢”和“共赢”，需要建立生态资源的协同发展机制。从区域生态建设的参与个体而言，必须协调政府、组织机构、企业、社区、居民等各种权利主体，本着“利益均沾，责任共担、风险共承”的理念和原则寻求发展道路

（二）区域生态资源开发的“反公共地悲剧”及其防范

1998年，美国教授米歇尔·赫勒提出了“反公地悲剧”理论。他说，

尽管“公地悲剧”说明了人们过度利用公共资源的恶果，却忽视了资源未被充分利用的可能性。在公共地内存在很多权利所有者，为了达到某种目的，每个当事人都有权阻止其他人使用该资源或相互设置使用障碍，而没有人拥有有效的使用权，导致资源的闲置和使用不足，造成浪费或福利减少，于是就发生了“反公地悲剧”。“反公地悲剧”的形象比喻就是“多龙不治水”，似乎每一个人都拥有资源使用权，而每一个人都有阻止别人使用资源的权力，最后造成所用权的似是而非和支离破碎。

区域生态资源开发中避免“反公地悲剧”是实现区域生态资源充分利用与开发、推进区域协调发展战略的紧迫需要。为了提高研究的针对性和把握问题的充分性，在此主要以广西北部湾经济区生态资源开发利用的现状为例。

1. 泛北部湾经济区生态资源开发应避免“反公地悲剧”

为什么区域生态资源开发要避免“反公地悲剧”？一方面，这是区域协调发展的需要。区域发展要实现协调进步，必然要调适多个利益相关者对生态资源的利益归属，避免利益相关者在利益博弈时产生“反公地悲剧”的矛盾冲突——如推诿扯皮、阻碍开发，进而破坏区域协调发展战略。

另一方面，这是区域生态资源充分利用与开发的需要。当多个利益相关者都对某种生态资源的使用拥有排他性的权利时，就有可能导致该项生态资源开发和利用的不足，这是造成区域自身发展能力不足的重要原因。多个利益相关者对生态资源的使用拥有排他性权利的情况可分为积极和消极两种方式：一是在经济效益迅速增长的情况下，利益相关者不满足于原有协议对自身利益分配的规定，“积极地”寻找各种途径要求对经营权、分配权重新进行利益分割，从而影响和制约当地生态资源的开发利用和经济社会效益的迅速提升。二是利益相关者的利益得不到充分满足时，他们便会以各种消极的方式声称自己的权利，甚至以破坏性的方式阻碍生态资源的开发利用，如私挖盗采、恶性砍伐、聚众闹事、联名上访等，从而对区域生态资源的开发利用造成不可预料的成本增加和收益损失。

具体而言，避免“反公地悲剧”主要表现为，避免生态资源闲置或利用不足、避免潜在收益损失、避免生态资源浪费带来的直接损失。

（1）避免区域生态资源的闲置或利用不足。黑勒证明了反公共地的产生造成资源闲置，认为“反公共”资源的主要产权特征是“多个所有者拥有对稀缺资源的部分所有权”；“每个产权拥有者都有权利拒绝其他产权所有者拥有完整的产权”。[①] 黑勒用“闲置的莫斯科商店”案例来说明“反公地悲剧”造成的资源闲置。莫斯科店铺有许多拥有者，而且他们中每一个都有权阻止其他人使用，最终没有人能够使用，导致店铺资源的闲置。在区域生态资源的开发利用过程中，有以下两种情况需要改进：

其一，区域生态资源闲置。当几个部门同时拥有正式或非正式的排他权，并利用排他权阻止其他人对资源的使用，就会造成生态资源的闲置，如地方森林资源、矿产资源、河流资源、土地资源、旅游资源难以被开发利用等。据广西北部湾经济区规划建设管理委员会办公室公布，国土资源部对闲置土地秘密清查结果广西有 37 宗。[②] 以广西区矿产资源管理为例，其管理的多元状态仍未完全改变，管理权限被分别划归国土资源部门、政府、交通、经贸等若干个不同的部门，条块分割式的管理体制带来了各自为政、互相封闭、重复建设、资源闲置等现象。

其二，区域生态资源利用不足。在区域生态文明建设过程中，由于管辖权限不明或相互冲突，某些资源的开发和使用受多个部门管辖，需要多个部门审批，并且每一个部门都有权获得利益分成。如此造成两种现象：一是职责推诿，正如莫斯科街道的店铺有许多拥有者，他们都拥有阻止他人“开门”的“钥匙”，但谁都无法“开锁进门”；二是出于利益分成目的，生态资源的各个权利拥有者都存在“搭便车”的心理，都希望坐享其成，从而使协调和沟通难度增大，增加了管理成本。政府、组织缺乏“公共资源”意识，不可能建立制度化和规范化的政务环境及其他投资软环境，必然导致资源开发利用不足的现象；同时，出于“利益归己、损失归他”的心理，一旦生态资源开发利用过程中出现问题（如环境污染、地方冲突等），各部门各组织就会职责推诿、难以协调，加大区域合作管理成本。2012 年 1 月 15 日，广西河池市龙江河出现重金属镉含量严重超标的环境污染事件应该给我们警醒。当地环保部门对污染现象也早就知情，但他们在面临“要经济”还是“要环境”的尴尬时选择了逃避。

（2）避免区域生态资源的浪费。一方面，闲置生态资源的管理需要付出一定成本，无形中造成了资源的浪费。我们经常可以看到土地闲置、

---

① Heller, Michael A., *The Tragedy of the Anticommons: Property in the Transition from Marx to Markets* [J]. *Harvard Law Review*, 1998, Vol. III: 673, 675, 640 – 641.

② http://www.gxnews.com.cn/channel/2008/08kxfzgbbw/read.php? articleid.

丢荒的现象，或地区生态旅游资源开发被搁置、废弃的现象，如2000年以来，广西北海市委、市政府为了处置“烂尾楼”等遗留问题，花了大量的人力、物力和时间，才逐渐化解了空置商品房、闲置土地和历史债务等问题。另一方面，一些生态资源即使得到部分开发和利用，但是由于众多权利所有者处于一种“无知之幕”笼罩之下，信息的不对称造成资源使用必须付出巨大的信息成本。如某地区矿产资源丰富，但是如莫斯科街道的店铺——“6个政府机构共享出售权，3个机构有权出租店铺，5个机构有权得到出售款，5个机构有权收取租金，1个机构有权占用店铺”，要对该地区矿产资源进行有效开发，必须要付出巨大信息成本和交易成本去“摆平”。与此同时，信息成本和交易成本的权衡还有可能滋长“官商勾结”、权力寻租的丑恶现象。因此，如果不建立国内和国际合作机制，联合实施，是不可能共建良好的海洋生态环境的。

（3）避免区域生态效益潜在收益损失。布坎南（Buchanan）证明了反公共地造成的潜在收益损失，“由互补性要素构成的资源由非常多的成员所拥有，只有在所有权利人一致同意的情形下资源才能充分使用，当某个权利人行使排他权时，会导致其他权利人的经济产出下降。行使排他权的权利人越多，反公共地的价值越低。”① 质而言之，由于权利主体的“离心离德”，区域生态效益的整体性、系统性被人为分割而降低了。一方面，区域生态资源由于没有得到充分的利用开发，其经济社会效益无法充分显现；另一方面，区域生态资源的整体综合效益由于权利分割、系统性被破坏而下降，使得区域生态资源的整合与优化步履维艰。广西北海、钦州、防城港等市的土地、海洋、石油等生态资源丰富，并有类似的矿产资源和海岸资源，但在经济结构上，各城市之间存在着不同程度的同构竞争。与广西北部湾经济区规划的整体性相悖，出现了生产和投资分散以及大量的重复建设现象，导致资源浪费和生产能力闲置，严重削弱了地区的整体利益。

“反公地悲剧”将使区域生态文明建设禁锢于“资源魔咒”，某区域即使拥有再丰富的生态资源，却由于“反公地悲剧”而未能获得应有的经济增长和社会进步，造成“抱着金山哭穷”现象，使区域生态文明共

① 周清杰、杨芬：《“反公地悲剧”与创新型国家建设——谈如何进一步完善我国的专利制度》，《光明日报》2011年2月11日第11版。

享困难重重。

2. 区域生态资源开发“反公地悲剧”的防范对策

防范区域生态资源开发的“反公地悲剧”，是推进区域生态文明建设发展战略的重要理路。

（1）健全区域管理制度。首先，依据法规，从制度建设上加以防范。区域生态资源开发利用的协调进行需要完善的法律法规作保障。改革开放之后，我国出台了一系列推动区域合作的法规，如《关于清理在市场经济活动中实行地区封锁规定的通知》（2004 年）、《国家东中西区域合作示范区建设总体方案》（2011 年）等，反对地区封锁、部门分割，反对从本位利益出发阻碍跨地区、跨部门、跨行业的企业之间的经济联合。这些法规对于区域生态资源开发和利用中加强合作、避免条块分割具有重要指导和借鉴作用，如出台类似于《加强泛北部湾生态资源开发利用合作的规定》等制度。但是，从法律制度上避免条块分割的问题并没有完全得到解决。以《海洋环境保护法》的规定为例，涉及海洋环境保护除了军事船舶污染，共有 4 个部门：环保、海事、海洋、渔业水产部门。环保部门作为对全国环境保护工作统一监督管理的部门，负责“对全国海洋环境保护工作实施指导、协调和监督”，海洋部门“负责海洋环境的监督管理，组织海洋环境的调查、监测、监视、评价和科学研究”。“监督管理职责”不明确，显然容易造成海洋环保出现“信息不通，机构重叠，职责不明，盲点众多”的状况。

其次，建立职能明确的管理机构，从管理职能上加以防范。当前，区域经济管理体制上仍存在机构设置的空间重叠，并引发一系列的负面效应，如权力寻租、商业贿赂、矛盾扯皮、消极服务、开发效率低下等。要改变此种状况，必须建立职能明确的生态资源管理职能机构，主要负责经济区的整体生态发展规划、生态资源开发中的行为监督和管理协调等，搭建广西北部湾区域生态资源开发合作平台，加强区域经济发展与生态文明建设协调发展。

（2）完善区域生态资源开发的组织协调、信息交互与问题处置。

一是加强组织协调。为避免生态资源多个利益相关者使用排他性权利而造成资源开发利用过程中的推诿扯皮或某种生态资源开发利用不足，陷入“反公地悲剧”，就必须建立有效组织协调机制。组织协调机制包括目标机制、信任机制和协商机制，通过组织协调机制的作用可有效地实现区域生态文明共享的协调管理，提高生态资源利用效率。从和谐管理的角度而言，首先，各级政府部门和行政机关必须树立区域协作性的公共管理目标理念，致力于区域经济社会发展、生态资源开发和环境保护的有机统一目标；其次，各权利主体相互间应该建立合作信任机制；最后，各权利主体应建立协商机制，共同参与生态文明建设，分担区域生态责任。

二是加强信息交互。信息交互是避免“反公地悲剧”的必要条件。信息经济学认为，达到“帕累托最优”的条件是完全信息，而区域内部、区域与区域之间常常存在信息不对称的缺陷，造成合作不利。信息交互机制的建立不仅仅是生态资源信息交流，还包括对其信息利用、开发与服务推送等，以提高区域生态资源的共享效率。

三是加强问题处置联动。当前生态资源开发中的问题处置仍存在条块分割状况，矿产、能源、卫生、林业、渔政等各部门都有涉及，这种状况常常会造成问题“扯皮”现象。问题处置的联动机制首先必须以“生态安全”理念的确立为统领，以生态安全作为区域生态资源共享的重要理念；其次是在生态保护、管理、修复、应急处理、生态补偿、纠纷协调等问题上建立健全行政解决机制；再次是建立区域合作的常规性和长效性的组织协调机制，解决矛盾、纠纷和冲突。

（3）强化企业主导型区域合作在生态资源开发的作用。强化企业主导型区域合作在生态资源开发的作用，是有效防范区域生态资源开发“反公地悲剧”的重要方式。当前，我国区域合作存在的最大问题就是部门垄断和地方保护主义妨碍区域合作的深入开展。

首先，理顺区域内政府行政关系，消除区域藩篱。尽管广西北部湾经济区发展规划下区域间行政区划界限有所淡化，但区域内复杂的政府行政关系，给地区之间的协调仍会带来诸多掣肘，“共享”在一些人看来无异于“割肉”，各地都想从外地捞取生态资源尤其是稀缺生态资源利益，却对生态资源的使用推卸应有责任、对别人使用本地生态资源极尽阻碍之能事而不考虑如何互补合作。例如，广西北部湾经济区规划根据空间分布和岸线分区，划分成了“南宁组团、钦防组团、北海组团、铁山组团和东兴组团”。组团的划分是要凸显地方经济特色，而不是“画地为牢”。因此，区域内地方政府要避免口头上高谈产业分工、协调发展，实际仍然是以行政区划为主的“诸侯经济”情况，避免“小而全”、“大而全”雷同的产业结构出现，才能有效合理科学地使用区域生态资源。政府的“有限性”才能带来企业市场化的灵活性，实现生态资源要素的有效耦合、有效使用。

其次，建立企业联盟为依托方式的区域生态合作机制，实现区域合作地域范围从着眼内部、囿于周边向内外结合、越区跨境转变，不仅重视区域内合作，也要重视区域间合作和国际合作。北部湾经济区内海洋生物性保护、海洋渔业资源开发保护、海岸带管理、海洋环境资源调查、海洋灾害预警预报等，都需要进行多方面、多层次的合作。企业联盟方式的合作内容涉及加强区域环境保护规划、区域环境信息共享与通报、区域大气污染控制、饮用水水源保护、环境污染事故应急处置联动、环境经济政策制定、区域生态项目引进等方面，这样才能真正实现企业“责任共担、利益共享”。

总之，实现区域生态资源有效开发利用、避免“反公地悲剧”，既要使区域生态资源得到合理利用和开发，又要使区域生态资源得到充分有效利用开发，这是提升区域经济社会综合效益的必由之路，也是实现泛北部湾区域生态文明共享的题中应有之义。

二　生态安全：泛北部湾区域生态文明共享的保障问题

生态安全引起了众多研究者的关注。[①②③④⑤] 所谓生态安全是指“与国家安全相关的人类生态系统的安全”[⑥]，也表述为“生态安全网络”[⑦]、

---

① 方世南：《从生态政治视角把握生态安全的政治意蕴》，《南京社会科学》2012 年第 3 期。

② 丁丁、谷雨：《我国生态安全的现状和对策》，《环境保护》2010 年第 2 期。

③ 高中华：《国家生态安全的现实困境与对策思考》，《江苏社会科学》2007 年第 4 期。

④ 李锐、何彤慧：《区域生态安全格局构建的基础理论与实践意义》，《安徽农业科学》2012 年第 10 期。

⑤ 杨承训、承谕：《单靠市场不能确保生态安全》，《红旗文稿》2011 年第 13 期。

⑥ 李萍、王伟：《生态安全与治理——基于复杂系统理论嵌入经济学视角的分析》，《经济理论与经济管理》2012 年第 1 期。

⑦ 刘宗超：《全球生态文明观与生态安全》，巴忠倓：《生态文明建设与国家安全》，时事出版社 2009 年版，第 48—60 页。

“生态安全格局”。[①②] 从可持续发展角度看，生态安全就是经济发展与生态环境保护相适宜、无空间冲突的和谐状态；从国家安全角度看，生态安全指本国生态环境要素和生态系统功能能够有效维护国家经济社会健康、持续发展的安全状态；从生态系统功能角度看，生态安全是指生态资源得到合理利用和管理，使生态系统能够保持其结构与功能不受威胁的健康平衡可持续状态。维护泛北部湾区域生态安全，是保障国家安全、维护区域稳定协调发展和推进区域生态文明建设的迫切需要。

（一）泛北部湾区域面临的主要生态安全问题

生态安全包括国土安全、水资源安全、能源安全、环境安全、生物安全等基本内容。近些年来，泛北部湾区域生态安全问题日益凸显，不能不引起我们的警惕。

1. 土地资源生态安全问题

土地资源生态安全是最基本的安全，一是指国土生态安全，二是指国内土地资源利用对于本国或地区的可持续发展提供有效供给和良好保障状态。

从国土生态安全角度而言，泛北部湾土地资源生态安全问题主要是出于国家政治和利益争夺引起的。与泛北部湾区域在区位重叠的南海海域，有着丰富的矿产资源、油气资源、渔业资源、旅游资源。但是近些年中国与东盟各国在此区域的利益争端不断。如中越有关南海岛屿及其附近海域主权的争端主要原因是越南觊觎南海资源尤其是油气资源，据估计，越南海上石油的年开采量约为3000万吨，其中800万吨产自南海争议海域；中菲关于黄岩岛争端，也源于南沙丰富油气资源的争夺；马来西亚、文莱、印度尼西亚等国在中国南海岛礁问题上也提出了领土要求。以上事件说明，从维护国家主权的角度，保护国土生态安全正成为中国在泛北部湾区域面临的重大土地资源生态安全问题。

从国内土地资源利用的角度而言，泛北部湾土地资源生态安全问题主要是土地资源合理利用问题和土地资源保护问题。一是土地资源合理利用不强，造成生态安全压力大。如广西北部湾经济区土地总面

① 陈文田：《快速城市化新区生态安全格局构建策略》，《海峡科学》2009年第3期。
② 刘洋、蒙吉军、朱利凯：《区域生态安全格局研究进展》，《生态学报》2010年第24期。

积 4.25 万平方千米，林地和未利用土地比例占全区域 59.27% 左右①，区域内未利用土地较少，且都是难利用地，可利用扩展度不大，严重制约着经济建设的空间扩展。二是土地资源保护效率有待提升，森林的土地覆盖总量不高且分布不均、土地石漠化现象严重。以广西区为例，该区属多山地丘陵地区，山地丘陵面积占土地总面积的 68.30%，全区水土流失面积 281 万公顷（4215 万亩），占土地总面积的 12%。石漠化面积 238 万公顷（3570 万亩），占土地总面积的 10.10%，局部地区石漠化还在扩张。随着北部湾区域工业化和城镇化进程的加快，工业和农业污染对土地生态环境的破坏日趋显现。维护土地资源生态安全旨在更好地利用和发展土地资源与生态环境，实现土地资源的综合效益。如何统筹协调土地利用与生态建设矛盾，解决土地生态问题，如何加强国土资源科学利用和保护，优化土地供应结构，集约型合理利用开发土地资源，正成为泛北部湾区域土地资源生态安全的突出问题。

2. 海洋生态安全问题

随着泛北部湾区域经济建设广泛展开和世界海洋生态系统退化趋势的影响，北部湾海洋生态安全问题也面临严峻形势。主要问题有：

（1）海洋污染加剧，海洋生物资源遭到破坏，造成海洋生态系统退化。随着海岸带和海岛开发范围和密度加大，沿海工业项目纷纷上马带来的工业污染加重，海水养殖污染物排放，不仅造成近岸海域水环境质量下降，局部海域水质指标超标、局部海域成为污染区域（如防城港、钦州湾近岸局部海域受无机氮和石油类污染物污染严重）；还造成近岸的红树林生态系统、珊瑚礁生态系统和海草生态系统功能退化。

（2）海洋生物多样性面临威胁。由于内海捕捞过度、海水养殖、海岸湿地围垦和海洋环境污染等，造成了附近海区生物种群减少、一些珍稀海洋生物濒危，改变了海洋生物群落结构，降低了海区生物多样性。

（3）海洋捕捞造成北部湾海洋渔业，生态系统退化。捕捞对渔业种群及其栖息环境产生负面效应，导致渔业资源衰退甚至衰竭，并通过营养级联效应直接影响了生态系统结构和功能。② 北部湾海洋捕捞集中于沿

---

① 李巍、余婉丽、高芳：《广西北部湾经济区发展规划环境影响评价》，科学出版社 2009 年版，第 25 页。

② Marten, S., Steven, C., Brad, Y., Cascading effects of over-fishing marine systems. *Trends in Ecology and Evolution*, 2005, 20: 579 - 581.

岸、近海区域，对内海和中下层海产资源捕捞强度过大，达到90%左右，而外海捕捞不到10%。由于捕鱼船只、工具的改进，更由于渔民缺乏可持续性捕捞意识，渔业资源无法承受高强度的捕捞行为，鱼类、虾类、蟹类和贝类等渔业资源成长与捕捞能力速度无法匹配，捕捞增产只能靠大量捕获幼鱼和低营养级劣质鱼种，造成北部湾海洋渔业生态系统形势日趋严峻。

（4）海洋资源开发产业结构不合理、层次低，海洋生物资源利用率不高，严重制约北部湾海洋生物资源可持续发展。北部湾海洋生物综合开发层次和效率普遍较低，海洋捕捞和海水养殖占主导，而海产品加工、海洋生物医药开发、海洋生物产品贸易等第二、第三产业发展慢、规模小，加重海洋生物系统产出压力。

3. 能源安全问题

一方面，北部湾是能源和资源富集地，对其开发将为大西南地区发展和全国经济协调发展战略提供能源资源支撑。北部湾是海洋石油天然气富集区，近年来对北部湾海域油气资源的勘探已经探明油气储量达到万亿吨级，包括莺歌海盆地、琼东南盆地、北部湾盆地等地区油气储量大、类型多、保存好。仅广西北部湾经济区海洋矿产中探明有钛铁矿、金红石、锆英石、独居石、石英砂等28种矿产，石英砂矿远景储量10亿吨以上，钛铁矿地质储量近2500万吨，油气盆地预测资源量2259亿吨，是我国沿海已发现的六大含油盆地之一。①

另一方面，北部湾又是连接中国西南、东南亚、南亚及澳大利亚等能源资源丰富国家和地区的海上大通道，不仅可以建立新的能源和战略资源进口基地，也可以建立能源和资源联合开发基地，对于依托本国资源和利用外国资源发展能源工业、重化工业、钢铁和石油工业等具有重要的战略意义。随着中国在泛北部湾区域经济战略实施，能源安全问题凸显，主要表现为：能源的利益争夺和矛盾冲突加剧；能源供应与需求矛盾突出；能源开发利用方式粗放、综合开发利用不足、效率较低、浪费大；能源环境污染严重；能源贸易与世界市场脱节，能源价格存在不合理之处；工业能源、城市能源和生活能源供需紧张，等等。这些能源问题加剧了生态环境

① 广西北部湾经济区规划建设委员会：《广西北部湾经济区发展规划解读》，广西人民出版社2010年版。

压力，使得泛北部湾生态安全面临严重威胁。

4. 湿地生态安全问题

湿地被称为“地球之肾”和天然物种库，在提供水资源、调节气候、涵养水源、降解污染物、保护生物多样性等方面发挥重要作用，具有重要的生态效益、经济效益和社会效益。北部湾湿地面积大，共有湿地 47.78 万公顷。其中近海及海岸湿地 33.60 万公顷，河流湿地 5.20 万公顷，人工湿地 3.90 万公顷。[①] 但是，当前北部湾湿地面临严重问题：一是随着北部湾经济开发、基础设施建设、企业工厂兴建，使得湿地面积缩小。二是人为破坏。广西北部湾有红树林湿地 5.6×10^4 公顷，其中红树林面积约为 8374 公顷，是我国湿地优先保护区域。[②] 20 世纪 50 年代的围海造田、90 年代之后的滩涂围垦养殖，都是出于利益的需要，围垦的红树林面积就不下 3500 公顷、养殖塘达 2557 公顷。三是湿地功能由于遭受污染有退化趋势，主要原因是工厂污染、围垦、滩涂养殖污物排放。

5. 森林生态系统安全问题

北部湾区域地处亚热带，北部大明山和西南部十万大山等拥有丰富的森林资源。但是，沿海防护林体系的防护功能不强、岩溶区石漠化现象严重、森林系统整体功能较低，难以保障区域生态安全。北部湾森林生态系统安全的主要问题是：一是沿海防护林受破坏严重、沿海防护林生态系统功能低。自 1980 年以来，红树林被占用面积达 1464.10 公顷；基干林带断带多，达 903.30 千米；纵深防护林区有 6 万多公顷的宜林荒山荒地尚未绿化。[③] 二是森林树种单一、结构简单，主要有桉树林、马尾松林和杉木林，涵养水源和水土保护能力差，造成森林生态系统稳定性差。

6. 城市发展生态安全问题

主要是城市工业用地规模扩大、土地资源的承载压力加剧；具有高消耗、高排放和高污染特征的重化工业造成的结构性污染突出，城市生态化缺乏结构性优化。

---

① 广西林业勘测设计院：《广西壮族自治区湿地保护工程规划（2006—2030 年）》，2005 年。

② 张丽珍、徐淑庆：《广西北部湾红树林湿地生态功能的探讨》，《安徽农学通报》2010 年第 23 期，第 134—136 页。

③ 覃家科、符如灿等：《广西北部湾生态安全屏障保护与建设》，《林业资源管理》2011 年第 5 期。

北部湾面临的生态安全问题既是区域性生态安全问题，在一定程度上说也是全球性生态安全问题。

（二）维护泛北部湾区域生态安全刻不容缓

面对日趋严峻的全球性生态安全问题和区域性生态安全问题，维护泛北部湾区域生态安全已经刻不容缓。

1. 保障国家安全

毋庸置疑，维护泛北部湾区域生态安全是当前保障我国国家安全的重要任务：（1）不能忽视生态安全带来的恶果。近年来我国生态破坏和环境污染造成的经济损失值约占 GDP 的 14%。[①] 泛北部湾区域因为生态破坏和环境污染造成的损失也是不容忽视的。（2）泛北部湾区域内各国出于国家利益需要，对生态资源的争夺、对生态恶化的责任推脱，不能不引起我们的警惕。保障生态安全是维护中国在泛北部湾区域的国家利益需要。（3）某些国家打着“环境责任国际化”幌子，借环境安全之名干涉他国（尤其是发展中国家）主权，推行“环境殖民主义”，将区域问题国际化，这也是我们必须反对的。生态安全具有丰富的政治意蕴[②]，如日本最早提出“环境外交”，将环境问题上升到维护国家安全的国家发展战略高度。从政治角度而言，以人为本的生态执政观是政党执政理念的优化；各级政府在公共管理中树立绿色政绩观、打造生态型政府；用生态安全理念指导社会建设、推进生态型社会发展，具有重要的国家安全意义。因此，首先必须从国家安全的角度，维护泛北部湾区域生态安全。

2. 维护区域稳定协调发展

泛北部湾经济合作是国家区域协调发展总体战略和主体功能区战略的具体实施，经济合作的目的就是利用地缘优势，发挥沿海港口作用，开发海上资源，推动中国—东盟海上次区域合作，共同打造太平洋西岸新的经济增长极和经济高地，促进泛北部湾各个国家和地区经济的共同繁荣与进步。[③]

---

① 黄仁伟：《生态环境与国家安全》，巴忠倓：《生态文明建设与国家安全》，时事出版社 2009 年版，第 67—72 页。

② 方世南：《从生态政治视角把握生态安全的政治意蕴》，《南京社会科学》2012 年第 3 期。

③ 古小松：《北部湾蓝皮书：泛北部湾合作发展报告（2007）》，社会科学文献出版社 2007 年版，第 16 页。

就面临的生态安全严峻形势和艰巨任务而言，泛北部湾区域生态安全格局的构建刻不容缓，其主要目标就是保护和恢复生物多样性，维持生态系统结构过程的完整性，实现对区域生态环境问题有效控制和持续改善。[①]

3. 推进区域生态文明

维护泛北部湾区域生态安全是当前促进国内经济社会健康发展、建设“资源节约型、环境友好型社会”的主要任务。国家生态文明发展战略必须落实在具体空间[②]，生态文明发展战略的区域实现，就是要突出生态空间的区域性和特殊性。泛北部湾正成为中国新的经济增长极，改善该区域生态环境、建设区域生态文明，是当前实现国家生态文明发展战略的紧迫任务，具有国际性和区域性的战略意义，同时具有政治、经济和社会发展的多重影响。

（三）泛北部湾生态安全的主要对策

有效控制和持续改善泛北部湾区域生态环境问题，维护生态系统健康，必须建构区域生态安全格局。

1. 制定《泛北部湾生态安全公约》以完善政府或国家为主体的强制性生态安全保护制度

近40年来，国际社会制定了许多生态环境公约，对于有效协调解决全球生态环境问题提供了依据。迄今为止，尚无类似《泛北部湾生态安全公约》的环境安全协议或制度出台，致使相关环境问题或生态安全问题出现时缺乏“公约性”的制度解决方式。根据泛北部湾区域特点和经济合作的共同利益需要，区域内各国或地区应该本着“共同生存、共同发展、共同繁荣”的宗旨，协商制定具有限制性、规范性的《泛北部湾生态安全公约》。处置生态问题的历史记忆或现实告诉我们，生态安全的维护离不开国家或政府的主体作用。保障泛北部湾区域生态安全的当务之急，需要国家或政府发挥主体作用，完善以政府或国家为主体的强制性生态安全保护制度，制定具有合法性和法规约束力的《泛北部湾生态安全公约》。

---

① 马克明、傅伯杰、黎晓亚等：《区域生态安全格局：概念与理论基础》，《生态学报》2004年第4期。

② 邓玲：《生态文明发展战略区域实现途径研究》，《原生态民族文化学刊》2009年第1期。

2. 建立泛北部湾国家生态安全预警与防范体系

首先，要建立泛北部湾国家生态安全组织领导协调机构，负责和掌控泛北部湾区域生态安全状况和变化趋势。

其次，完善各级各类部门和机构职能，建立完整预警与防范体系。预警与防范体系应该不仅包括各级专门的监测、分析机构和相应的政府职能部门，还包括各类相关的科研机构和咨询机构，它们在泛北部湾国家生态安全组织领导协调机构的组织协调下，有效地获取、收集、发布相关生态安全信息，并通过分析、研究、预测、警报等方式，为泛北部湾国家生态安全决策提供必要的信息支撑。当前，我国对泛北部湾区域生态安全的相关信息尚缺乏足够的获取、分析、发布、预测能力，尤其是定量检测和分析评估的能力不足，说明生态安全预警能力亟待提高。

最后，实施动态监测，对泛北部湾资源与环境安全度及各项生态安全衡量指标进行适时的关注，及时启动应急预案，维护国家生态安全。加快建立完整的泛北部湾区域生态安全的监测系统，是提升该区域生态安全和环境保护的预警和防范适时性和及时性的重要保障。

3. 积极开展泛北部湾区域生态安全国际合作

首先，达成泛北部湾区域生态安全国际合作的伦理共契和价值共识。一方面，要积极倡导“不欲勿施”生态合作理念，强调资源拥有、使用、管理等权利主体之间共建、共生、共享、共赢，形成价值共契和实践合作，才能避免生态资源的恶性争夺，从而促成区域协调发展。另一方面，我们要警惕和防止一些别有用心的国家提出的“中国生态威胁论”和“中国生态入侵论”在泛北部湾区域生态合作上投上阴影，积极维护我国在生态安全国际合作的正义性不受挑战。

其次，建立强有力的生态安全协调机构。泛北部湾区域涉及中国和东盟各国、各地区跨境河流污染治理、跨区域物种入侵、跨区域生态失衡、海洋资源保护等问题，必须建立强有力的生态安全协调机构（如国际政府间组织）进行管理，才能有效解决。

最后，维护生态安全“集体行动”责任的合理划分与承担。生态安全问题显然是公共领域问题，中国与东盟各国对泛北部湾区域生态安全具有不可推卸的责任。里斯·卡彭（Risse－Kappen）认为，集体权责是解决气候变化等环境问题的主要途径。[①] 因此，第一，在维护泛北部湾区域生态安全的"集体行动"中，集体行动的参与各方都应该认识到合作必定会带来明显的国家净利。[②] 第二，集体行动的参与各方应该进行责任合理划分与承担。奥尔森的集体行动理论以"理性人"假设为逻辑起点，但在实际的集体行动中必然会出现"搭便车"现象，影响集体行动效果。所以，维护泛北部湾区域生态安全应该是责任共同承担但责任大小不同，体现公平合理原则。如通过制定《泛北部湾区域生态安全公约》或成立具有法律约束性的"泛北部湾生态安全专门委员会"，实施更加细致的"硬法约束"和"软法约束"。

4. 建立市场化生态安全保护体系，优化生态治理利益调节机制

泛北部湾区域生态安全既要依靠以政府或国家为主导的强制性制度安排作保障，也不能忽视通过市场的"看不见的手"进行利益调节。泛北部湾经济合作本身就是一个利益博弈的过程，利益机制的调节对于生态安全更具动力性。

一方面，在生态资源和环境产权明晰的基础上，各方通过协商、谈判，协调利益收益，降低生态资源管理成本，既要避免生态资源开发利用的"公地悲剧"，又要避免"反公地悲剧"，从而破解"资源魔咒"。

另一方面，建立区域性生态补偿机制。生态治理收益和生态破坏成本具有外溢性[③]，例如上游国家对河流污染的治理，会使处于中下游的国家享受好处；生态环境破坏若不及时补偿，就会因为累积而不断扩散，使污染范围扩大、程度加重，从而增大污染治理的经济和社会成本。因此，泛北部湾区域各方，必须按照"谁开发谁保护，谁破坏谁恢复，谁受益谁补偿"的原则，制定下游对上游、受益区对受损区、受益者对受损者的利益补偿政策，加快建立生态补偿机制。

5. 制定泛北部湾能源资源安全风险防范对策，维护能源资源安全

能源安全问题是全球性问题，在全球能源短缺的大背景下泛北部湾区

---

① Tomas Risse - Kappen, Bringing Transnational Relation Back. In*Non - State Actors*, *Domestic Structures and International Institutions*, Cambridge: Cambridge University Press, 1995.

② Inge Kaul, Isabelle Grunberg, Marc A. Stern, Global Public Goods: International Cooperation in the 21st Century. New York, 1999, p. 485.

③ 李萍、王伟：《生态安全与治理——基于复杂系统理论嵌入经济学视角的分析》，《经济理论与经济管理》2012 年第 1 期。

域能源安全正面临新挑战。泛北部湾能源资源安全风险防范对策主要有：一是区域各方应该树立和落实互利合作、多元发展、协同保障的新能源安全观；二是确立市场对能源资源配置的基础性作用，统一协调、规划，加强能源资源管理；三是加强能源领域的国际协商和合作，加强能源出口国和消费国的对话和沟通，强化能源政策磋商和协调，创造良好的能源安全区域政治环境；四是提高能源供给能力，各国应鼓励能源产业投资，扩大世界能源供应，形成先进能源技术的研发推广体系，尤其促进石油天然气资源开发，维护合理的国际能源价格，满足区域内各国发展对能源的正常需求；五是优化能源结构，提高可再生能源比重，鼓励研发和使用核能和水电等非化石能源，全面推进能源节约、促进能源产业与环境协调发展。

2008 年 6 月 19 日，中国欧盟商会圆桌会议能源工作组得出结论："在能源安全和环境的可持续性问题上，中国政府正面临着规模最大、难度最高的考验。"[①] 我国应该全面重视泛北部湾区域能源安全问题，尤其把广西北部湾经济区建设成为集石油加工与储备、进口煤炭交易与配送和电力生产于一体、服务三南（西南、华南、中南）地区的国家战略性能源安全生产基地[②]，为实现泛北部湾区域"互惠的能源安全"做出表率。

6. 提升民众生态安全意识，激发维护生态安全的自觉性和积极性

加大对泛北部湾区域生态安全的宣传和教育力度，通过新闻媒体、资料宣传、讲座、展览等方式，提升该区域民众的生态安全意识，自觉承担保护生态环境的公民义务，积极开展环保公益活动，广泛参与生态文化建设，从而形成维护泛北部湾区域生态安全的良好氛围。

7. 制定泛北部湾区域生态环境评估和考核体系

泛北部湾区域环境监管能力较弱，生态环境评估和考核体系尚未完善，因此：一方面，要建立全区域、标准一致的生态环境评估和考核标准体系，对诸如经济发展对资源能源的消耗状况、环境污染状况、生态安全状况等级、生态资源和环境影响等进行评估；另一方面，我国应该加大针对泛北部湾环境监测体系建设，尽快完善国家生态安全监测和预警系统，准确获取区域内污染排放和环境质量的实际情况，提升环境监测水平，及时掌握该区域生态安全的状况及变化趋势。

---

① 《中国能源安全正面临着难度最高的考验》，《中国青年报》2008 年 6 月 20 日。

② 杨逦裕：《广西北部湾经济区矿产资源与能源安全研究》，《广西广播电视大学学报》2011 年第 3 期。

泛北部湾区域生态安全不仅是维护中国和东盟各国乃至东亚生态安全的需要，也为维护区域国际生态安全提供重要保障。

（四）实现生态安全，保障泛北部湾区域生态文明共享

我们应该从维护民族生存和国家安全的高度来认识我国生态安全的严峻问题①，重视泛北部湾区域生态安全，推进该区域生态文明共享。

1. 生态安全是泛北部湾区域生态文明共享的实质内容

从生态系统功能角度而言，生态安全强调生态资源得到合理利用和管理，使生态系统能够保持其结构与功能不受威胁的健康平衡可持续状态；而泛北部湾区域生态文明共享最重要的就是强调资源拥有、使用、管理等权利主体之间共建、共生、共享、共赢，形成价值共契和实践合作，促成合理良性的自然物质向社会物质变换循环系统，避免生态资源使用开发的恶性行为和利益冲突。

区域经济增长过程显然也是自然物质向社会物质变换的过程。如果区域经济发展以一种不合理的方式如对自然资源疯狂开采、粗放型使用和污染物任意排放，就会势必破坏自然物质向社会物质变换的过程。泛北部湾区域生态安全就是要控制人们的行为方式，实现对生态资源的合理利用，实现泛北部湾区域自然物质向社会物质变换的合理性。因此，调整区域经济增长方式、产业结构和消费方式，加强资源合理有效利用，减少环境污染和破坏，修复区域自然生态系统，开发利用新的资源能源，既是维护泛北部湾区域生态安全的重要问题，也是区域生态文明共享的实质内容。

2. 生态安全为泛北部湾区域生态文明共享创造和谐稳定的发展环境

生态安全强调通过生态资源开发利用和生态问题解决的合作方式，维护共同利益、实现共同发展，这种方式有利于增进各方相互了解和信任、促进相互协调和支持，从而促进区域内各国建立良性互动的政治关系，优化泛北部湾区域国际环境。泛北部湾区域是石油、天然气等能源资源的重要产地和运输通道，维护该区域生态安全尤其保障其能源安全，不仅是中国能源安全和东盟国家能源安全的重要保障，也是维护东亚能源安全和区域国际安全的重要保障。

没有生态安全的维护，就不可能有实质性的生态合作和生态利益的实

---

① 李蒙：《建设生态文明，维护国家安全》，巴忠倓：《生态文明建设与国家安全》，时事出版社 2009 年版，第 4—11 页。

现。为谋求泛北部湾区域生态文明共享的和谐稳定发展环境，区域各方必须加强生态信息沟通、加强生态问题的共同处置。

3. 生态安全为泛北部湾区域生态文明共享提供持续动力

从可持续发展角度而言，生态安全就是经济发展与生态环境保护相适宜、无空间冲突的和谐状态。泛北部湾区域经济合作的战略目标强调：建成自然海洋资源、海洋生态环境得到有效保护，经济、社会与环境协调可持续发展的生态型次区域。[①] 可见，生态文明建设目标也是泛北部湾区域经济合作战略的重要目标之一。

泛北部湾区域生态安全尤其是南海区域生态安全，将为实现区域生态文明共享提供持续动力。推动《南海各方行为宣言》的有效落实，维护南海区域和平、稳定与繁荣，很大程度取决于生态资源、能源资源、海洋资源的合理公正的开发利用，从一定意义上说，生态安全是南海区域稳定，甚至是泛北部湾区域稳定的重要决定因素。只有维护区域生态安全，才能实现区域生态文明共享，最终促进泛北部湾区域经济合作的战略目标全面实现。如果泛北部湾区域内各国陷入生态资源的恶性争夺，丧失合作，离心离德，不仅各国利益会严重受损，最后由于连锁反应，各方利益会全面下挫，从而使区域发展丧失动力，陷入生态恶化的泥沼。

综上所述，保护泛北部湾区域生态安全，维护其生态环境优势，避免生态资源"占有式"或"排挤式"开发，化解生态资源利用的相关利益矛盾冲突，这是推进泛北部湾区域经济合作纵深发展和维护泛北部湾区域生态文明共享的重要保障。

三　生态正义：泛北部湾区域生态文明共享的公平问题

如何维护该区域生态正义，保障生态文明共享的公平实现，是当前面临的紧迫问题。

① 《泛北部湾区域经济合作的战略目标、基本定位及模式》，《广西日报》2007 年 7 月 20 日。

（一）生态正义与泛北部湾区域生态文明共享

生态正义是建设环境友好型社会的伦理基础[①]；生态权利是公民的基本权利，即公民或个人有要求其生存环境得到保护和不断优化的权利，生态权利的实现就是生态正义。[②] 所谓生态正义就是以发展伦理为价值指导，以生态资源开发利用遵循公平、公正原则为基本内容，旨在建立一种代际、人际关系和谐的正义观念或价值原则。作为一种正义观念，生态正义不仅强调生态资源开发利用和处置生态环境问题的制度公正，也强调作为生态行为主体的一种正义美德。一方面，生态正义首先是制度公正的实现。制度正义论者罗尔斯认为："正义是社会制度的首要价值"，"正义与否的问题只涉及现实的并且被公平有效管理着的制度。"[③] 生态正义首先需要公正的生态制度规范作保障。另一方面，生态正义还需要生态行为主体对正义的道德确认和践行。美德正义论者认为："作为人格美德的正义乃是制度正义的前提。"[④] "所谓公正，一切人都认为是一种由之而做出公正的事情来的品质，由于这种品质，人们行为公正和想要做公正的事情。"[⑤] 生态行为主体获得生态正义的美德品质，自然就会自觉主动地承担生态责任。作为一种价值原则，生态正义一方面以追求生态资源配置时的代际公平和代内公平为目的，建设良好的生态环境；另一方面生态正义还是处置人与人、人与社会、人与自然、国与国、地区与地区生态利益矛盾的基本原则，以实现社会和谐、健康、绿色发展为指归。

泛北部湾区域生态文明共享倡导资源共享、责任共担、发展共赢的发展理念，强调实现局部—全局共享、发达—后发共享、代内—代际共享、国内—国际共享。

综上所述，生态正义与泛北部湾区域生态文明共享在价值目标和实质内容是一致的：其一，二者的价值目标一致。生态正义的价值目标就是强

---

① 胡伟、程亚萍：《生态正义：建设环境友好型社会的伦理基础》，《青海社会科学》2006年第6期。

② 李惠斌：《生态权利与生态正义——一个马克思主义的研究视角》，《新视野》2008年第5期。

③ ［美］约翰·罗尔斯：《正义论》，何怀宏、何包钢、廖申白译，中国社会科学出版社1988年版，第1、54、55页。

④ ［美］阿拉斯戴尔·麦金太尔：《谁之正义？何种合理性?》，当代中国出版社1996年版，第80页。

⑤ ［古希腊］亚里士多德：《亚里士多德全集》第八卷，中国人民大学出版社1997年版，第94页。

调对生态资源合理、正当、适度以及可持续开发利用，实现人与自然和谐可持续发展。泛北部湾区域生态文明共享并不囿于区域经济与生态环境关系的应然性论证，而是强调权利与义务、责任与利益的有机统合，区域内各国各方实现资源共享、责任共担、发展共赢，实现区域经济社会可持续发展。其二，二者的实质内容一致。生态正义的基本内容就是生态资源开发利用的正当合理，即生态资源适度的开发利用与一定时期的经济发展水平相适应，既不超前，也不滞后；同时生态资源开发利用与自然环境相协调，考虑自然的承载力和未来发展。泛北部湾区域生态文明共享就是针对该区域的生态环境特点，在区域生态资源开发利用中承担共同责任、共同解决生态环境问题，使生态资源的开发利用与该区域经济社会良性互动、协调发展。当前，缩小域际差距，构建连续、和谐、可持续发展的经济轴带，促进区域互联、合作、共赢，发挥资源禀赋优势、克服地区产业结构雷同、协调域际分工效益，是泛北部湾区域生态文明共享的重要任务。

因此，从发展伦理视角看，泛北部湾区域生态文明共享就是要实现代内、代际、域际的生态正义。

（二）生态不正义：泛北部湾区域生态文明共享存在的公平问题

在泛北部湾区域生态文明共享的实践过程中，生态不正义问题逐渐凸显甚至恶化，如生态资源的争夺、生态环境破坏、生态问题处置以自我利益为中心、生态资源开发利用无节制等，这些问题严重影响着该区域生态文明共享，制约着经济社会全面发展。在环境伦理学的视野中，代内正义和代际正义是生态正义问题的两个维度。①

1. 弱化代内平等

代内生态正义意指生活在同时代的人们生态权益平等和生态责任共担的状态。泛北部湾区域生态代内不正义的突出问题就是弱化代内平等，表现为：

（1）一个国家内不同地区和群体生态利益的不平等，突出的现象就是忽略弱势群体。由于地理环境和生态资源条件不一样，在泛北部湾区域内的各国各地区发展状况不一样，往往造成了某些地区和某些弱势群体的生态利益受到漠视甚至损害。如广西北部湾经济区生态系统敏感而脆弱，

---

① 李培超：《多维视角下的生态正义》，《道德与文明》2007年第2期。

区域发展不平衡的状况较为严重，区域之间经济总量差距和人均发展水平差距呈扩大趋势，致使区域性贫困和脆弱环境问题相互交织，生态环境压力和扶贫解困的难度大，尤其是生态资源环境恶劣地区（如石漠化地区面积238万公顷，占土地总面积的10.10%）改善力度迟缓，贫困状况严重。统计资料显示，2011年是改革开放以来广西农民增收额最多的一年，农村居民人均纯收入首次突破5000元，达到5231元，但人均年纯收入只有全国平均水平的75%；除了人均收入水平低，广西还面临贫困人口多、城乡居民收入差距大的问题。按照国家新的扶贫标准，广西农村贫困人口高达1012万人，占了将近1/4的农村户籍人口。[①] 因此，泛北部湾经济区的发展不可能绕过弱势群体的发展问题，而贫困发展问题最大的制约因素就是生态资源条件和生态利益的分配公平。

同样，泛北部湾区域的东盟国家也面临生态利益不平等问题，如越南，20世纪80年代中期之前，其贫困状况和发展不平衡状况较为严重。由于人口剧增和发展经济的单一指标主导，不得不毁林造地、移民垦荒以扩大耕地，造成森林面积减少；不得不大规模开发和出口自然资源换取外汇，造成自然资源减少乃至枯竭。如据世界银行统计，广宁省和海防省在过去的30年时间里损失的红树林约4万公顷，因此造成的经济损失每年达1000万—3200万美元。[②] 越南南部的胡志明市、同奈、巴地—头顿、平阳、西宁、平福、隆安7省市，生态资源丰富，盛产橡胶、胡椒、咖啡、腰果等，因此成为经济社会发展的重点，人均收入和生活水平在全国居于领先地位；而贫困人口集中于资源贫乏地区或生态资源被开采殆尽的地区。

再如泰国社会的不均衡现象导致了严重的“街头政治”和社会分裂。联合国开发计划署（UNDP）的一项调查显示：仅占总人口20%的泰国富裕阶层，手里握有全国56%的财富；60%的民众生活在社会底层，他们的收入只有全国GDP的25%。大约有500万泰国人生活在官方划定的贫困线以下，大部分贫困人口居住在泰国北部和东北的农村地区，达到130万人。[③] 尽管泰国发展不均衡状况有很多原因，但是不能忽视的一个重要

① 《广西农村贫困人口逾千万，农民增收成核心问题》，中国新闻网，2012年2月15日。

② World Bank，Sep. 2002，Vietnam Envi-ronment Monitor 2002，p. 17.

③ 周晶璐、马毅达：《泰国社会已经严重分裂，不均衡现象导致街头政治》，《东方早报》2010年5月20日。

原因就是生态资源条件的差异和生态利益的非均衡化，造成贫困的弱势群体丧失发展的条件和机会。

（2）区域内国与国之间的生态利益不平等。尽管《曼谷宣言》确定东盟遵循的基本原则之一就是“以平等与协作精神，共同努力促进本地区的经济增长、社会进步和文化发展”，但是由于历史和现实的原因造成区域内各国经济发展不平衡现象突出。东盟老成员国如泰国、印度尼西亚、马来西亚和菲律宾处于工业化中期阶段，经济发展较好，大力发展外向型经济，生产出口劳动密集型初级产品，而北方印支三国和缅甸致力于改革开放和市场经济体制转轨，以资源产品、初级农产品和劳动密集产品出口来刺激国内经济增长。由于经济发展所处阶段和特征不同，区域内各国对生态资源的开发利用和占有的程度也不同，必然造成生态利益不平等状况，最后引发利益冲突：如越南与中国在南海争端，就是由于越南对南海丰富的石油、天然气等生态资源的觊觎和占有野心造成的；缅甸、泰国与中国在大湄公河流域的利益冲突等。由于区域内各国社会制度、经济发展、政治文化的不同，如何协调区域内国与国之间的生态利益，使其公正健康发展将是一个长期的问题。

（3）区域内各国与发达国家之间的生态利益不平等。发达国家对发展中国家环境问题一直存在偏见或者歧视，其焦点集中在两个方面：一是生态危机的成因，二是环境问题的责任。如美国等发达国家认为生态危机的真正原因在于人口过多使得地球难以承载，世界上2/3的人口都生活在贫穷的发展中国家，而发展中国家人口正是世界人口暴涨的主要原因。美国甚至制订了一个详细的控制发展中国家人口的计划①，即《国家安全研究备忘录第200号：世界人口增长对美国的安全及海外利益的意涵》（简称《NSSM2—200》），用以指导美国国务院的全球政策。发达国家表达了直接的观点，即发展中国家应该为世界环境问题承担更多的责任。美国学者加勒特·哈丁的“救生艇理论”表明了全球环境恶化背景下的南北政治观。他指出，当发展中穷国向发达国家求救时，最理性的做法就是谁也不救，因为如果接纳救助所有的人，那么救生艇就会覆灭；如果接纳救助一部分人，部分的正义也会带来“歧视”。“谁也不救”的做法虽然冷漠

① 易富贤：《发展中国家人口曾被美国“计划”》，《社会学家茶座》2010年第1辑。

或令人憎恶，但“彻底的冷漠就是彻底的正义”。[①] 显然，这种所谓的“正义”蕴含了对发展中国家的“不正义”。发达国家对在泛北部湾区域内发展中国家生态利益的主导企图、利益占有、领土争端等，无不显示了发达国家的生态不正义现象。如美国、日本、俄罗斯、韩国等国家在泛北部湾区域某些国家和地区的政治渗透、生态资源攫取、能源安全影响等，都是值得区域内各国，尤其是中国密切关注和警惕的。

2. 忽视代际公平

所谓代际公平就是指现在的每一代人与过去或将来的每一代人，在开发、利用自然资源和享有良好生态环境都具有平等的权利。实现可持续发展是代际公平的指归。

泛北部湾区域关涉代际公平的生态问题不容忽视：（1）海洋污染加剧，海洋生态系统退化。（2）海洋生物资源遭到破坏，海洋生物多样性面临严重威胁。（3）与之相对应，相应的环境风险防范、监控管理、管控制度、应急反应预案等未建立或完善。资源是有限的，环境破坏的后果是长久的，当前，维护泛北部湾区域生态的代际公平，必须把保护海洋生物多样性、海洋渔业资源开发、海岸带管理、海洋环境资源调查、海洋环境监测、海洋灾害预警等作为重点领域，开展泛北部湾区域跨国专题研究与合作，共建良好陆海生态环境。

（三）维护正义：泛北部湾区域生态文明共享的公平实现

维护生态正义，确保生态文明建设中的公平正义，是实现泛北部湾区域生态文明共享的题中应有之义。

1. 营建生态正义的文化价值共识，实现生态文明共享的伦理共契

一方面，要确立生态正义的文化价值共识，推进泛北部湾区域生态文明共享。“在通往自我认识之路上，文化因素是第一个路标。”[②] 美国著名的环境史学家唐纳德·沃斯特也指出：“我们今天所面临的全球性生态危机，起因不在生态系统自身，而在于我们的文化系统。”[③] 泛北部湾区域各国如何站在区域发展的立场，统一思想目标，达成文化价值共识，这是实现区域生态文明共享的前提。美国生态批评家卡米罗·莫拉指出：“必

---

① Garett Hardin, Living on a Lifeboat [J]. *Bioscience*, 1974 (24): 10.

② [美] 乔纳森·布朗：《自我》，陈浩莺等译，人民邮电出版社2004年版，第43页。

③ Donald Worster, *Nature's Economy: A History of Ecological Ideals* [M]. Cambridge University Press, 1994, 27.

须培育对自己的文化身份富有见地的一套共同的语言、象征和意义的自豪感，这不是因为留恋往昔或浪漫主义的情怀，而是因为这种自豪感对我们的生存至关重要。”[①] 泛北部湾区域合作不仅是地域的条件所致，更重要的是发展的诉求、文化的影响、价值的目标具有一致性。形成泛北部湾区域生态文化价值共识，是实现区域经济、政治、文化、社会、生态等各方面的全面合作和健康开展的认识论前提。

另一方面，要打破狭隘的思维定式，以发展伦理正义指导泛北部湾区域生态文明共享的逐步实现。发展伦理指明，在历时性、多样性、境遇性发展过程中，生存关怀的目标指向总是确定、深远和终极性的。[②] 发展伦理正义是发展正当性的基本保障，也是生存关怀目标实现的前提。泛北部湾区域生态文明共享就是基于生态资源开发利用共同协作，实现生态利益均衡，共同促进区域发展，提升区域内各国各地区各民族的生活水平和生存质量。人类发展的历史以及区域经济发展的现实表明，在发展的过程中总会出现各种各样的“发展问题”或“发展危机”，因此，遵循发展的生态正义维度，才能矫正发展问题，实现生态文明共享。

伽达默尔指出：“人类的未来不仅要求我们做我们能做的事，而且要求我们为自己应该做的事做出理性的解释。”[③] 营建生态正义的文化价值共识，正是为实现泛北部湾区域生态文明共享做出理性的解释。

2. 用法律维护正义：加快制定完善泛北部湾区域生态环境的法律法规，保障区域生态文明共享实现

泛北部湾区域经济合作在另一个层面而言就是利益分配与竞争。由于区域内各国各地区经济发展不平衡；同时历史上国与国之间存在的领土、领海争端；民族、文化、宗教的冲突；作为资源富集地，外部政治、军事势力的介入；一些国家内部政治矛盾激化，影响对外合作等等，这些因素也反映在生态资源开发利用上。为了规范生态利益竞争、保护生态环境，就必须用法律法规来约束。

生态利益竞争不仅表现在一个国家或地区的局部范围的生态利益之

---

① Patrick D. Murphy ed., *Literature of Nature*: *An International Sourcebook*. Chicago: Fitzroy Dearborn Publishers, 1998, 145, 132.

② 肖祥：《生存关怀：发展伦理学的当代视界》，《中州学刊》2008 年第 1 期。

③ ［德］伽达默尔：《哲学解释学》，夏镇平、宋建平译，上海译文出版社 1998 年版，第 194 页。

争，如广西北部湾防城港、钦州港和北海港关于铁矿石货源的竞争，以及三港口与广东湛江港的竞争；同时还表现在国家之间的竞争，如新加坡和马来西亚之间，越南、泰国和中国之间的海洋生态资源、河流资源等竞争。如果这些竞争不受规约，必然会不断升级甚至恶化。

美国当代西方地理学家大卫·哈维指出："公正的规划政策的实行要清楚地认识所有社会工程必然引起的生态后果。"① 因此，泛北部湾区域各方应该以《国际环境法》为依据，加快制定《泛北部湾区域环境保护法》、《泛北部湾区域海洋保护法》，以及其他相关的法律法规，诸如《清洁生产促进法》、《节约能源法》、《可再生能源法》、《水污染防治法》、《固体废物污染环境防治法》、《循环经济促进法》、《资源节约与合理利用法》、《生态环境综合保护法》、《环境污染综合防治法》等，用法律维护正义，保障泛北部湾区域生态文明共享实现。

3. 抵御生态不正义：创造实现生态文明共享的外部优良环境

生态不正义主要指生态利益分配和生态责任承担在生态利益相关人之间造成的不公平现象。生态不正义行为一是来自区域内某一国之中，二是来自各国之间，三是来自发达国家。

（1）抵制区域内某一个国家或地区的生态不正义行为。区域内某一国家或地区对生态资源的无节制开采、无节制浪费，造成生态资源耗费、生态环境破坏，就是生态不正义行为。如北部湾湿地问题是重要的生态问题。北部湾共有湿地 47.78 万公顷。其中近海及海岸湿地 33.60 万公顷，河流湿地 5.20 万公顷，人工湿地 3.90 万公顷。② 但是由于沿海港口、工厂、基础设施建设的占用，围垦、建塘养殖、工厂污染物破坏，北部湾湿地生态系统面临严峻考验。再如，森林资源的破坏问题，不仅在中国的广西较为严重，在越南也是一个较为严重的问题。1943—1993 年，越南的森林面积从 1430 万公顷减少到 930 万公顷，平均每年减少 10 万公顷。③ 越南革新开放以来，森林面积仍在大量减少，1990—1995 年共损失了 160

① Harvey, David, *Justice, Nature and Geography of Difference*. Oxford: Blackwell Publishers, 1992, p. 601.

② 广西林业勘测设计院：《广西壮族自治区湿地保护工程规划（2006—2030 年）》，2005 年。

③ Forest Inventory and Planning Institute, 1993, 参见 World Bank, September 2002, Vietnam Environment Monitor 2002, p. 9。

万公顷的森林，即每年减少2.6万公顷。[①] 同样的问题，在泰国、缅甸等国也不同程度存在。因此，各国各地区采取积极的生态环境保护措施，保护本国本地区生态环境和生态资源，消除生态不正义行为，实现局部生态正义，是实现泛北部湾区域生态全面正义的重要基础。

（2）抵制各国之间的生态不正义行为。一方面是对生态资源的掠夺或非正义占有，另一方面是对生态责任的推脱和对生态问题的漠视。近几年，在泛北部湾区域内尤其在南海矿产资源、油气资源、渔业资源、旅游资源的争夺呈上升态势。如油气资源引发的中越有关南海岛屿及其附近海域主权的争端；中菲关于黄岩岛争端；马来西亚、文莱、印度尼西亚等国在中国南海岛礁问题争执等。但同时，各国对于海洋污染、河流污染等生态环境问题却缺乏积极的态度，没有积极承担应有的生态责任。因此，加强泛北部湾区域各国生态合作，合理开发利用生态资源，缓和与生态资源的紧张关系，保持对生态资源开发利用与生态供给和恢复能力的协调，是维护生态正义的最重要的实践。

（3）抵制发达国家对泛北部湾区域的生态不正义行为。当代生态学马克思主义者戴维·佩珀指出："环境质量是同物质上的穷或富联系在一起的，而西方资本主义越来越通过对第三世界财富的掠夺来维护和改善自身，使自己成为令世人仰慕的样板。"[②] 国际发展问题独立委员会也指出："发达国家在对发展中国家进行资源控制和掠夺的同时，为了保持高消费的生活水平和经济稳定，至今仍需依赖发展中国家。"[③] 一些发达国家如美国等试图插手泛北部湾生态利益的争夺，转嫁生态危机，主导生态政治走向，应该引起警惕。比较突出的问题：一是对生态资源和生态利益的插手。如美国在"黄岩岛事件"对菲律宾的暧昧支持，美国与越南的"亲密接触"，不仅是出于政治的需要，也是出于生态资源战略的需要。另一突出问题就是发达国家把污染密集型的企业转移到泛北部湾一些发展中国家或者转嫁有毒的废弃工业原料，让其承受生态危机的后果。再生资源的回收与利用是一个有利有弊的问题。近年来，我国固体废弃物进口量日益

---

① Vietnam General Statistical Office, 1999, *Environment Statistics Compendium of Vietnam* (1990－1997). Vietnam Statistical Publishing House, 1/1999.

② ［英］戴维·佩珀：《生态社会主义——从深层生态学到社会正义》，伦敦洛特雷出版社1993年版，第140页。

③ 国际发展问题独立委员会报告：《北方和南方：一个争取生存的纲领》，1980年版。

增多，仅 2010 年实际进口废纸、废塑料、废五金等可用作原料的固体废弃物就达 4000 多万吨。很多废弃物是通过非法走私的渠道进入我国，2011 年全国海关查处涉及进口固体废弃物案 1121 起，重点走私货物是废金属 1.04 万吨、废塑料 1.6 万吨，其他固体废弃物 25.05 万吨。[①] 广西北部湾地区由于港口资源丰富，也成为发达国家转嫁废弃工业原料的重灾区。例如，2010 年，马来西亚籍华人叶某与东兴市的黄某“合作”，取道越南走私废旧“洋垃圾”体废弃物 110.42 吨废轮胎从东兴海关入境被海关缉私部门查获。我们不能忽视废弃物进口带来的生态污染问题，更要对这种转嫁的潜在生态危机影响的长期性以及对北部湾经济区生态环境的破坏性保持足够的警惕。

4. 加强国家政府合作：广泛深入开展国际生态合作以共同解决生态环境问题

保护环境和保护公民的生态权利是政府义不容辞的责任。泛北部湾区域生态文明共享不仅是利益的共享，更重要的还有责任的共同承担；不仅意味着区域内各国各地区资源开发和所得收益的机会均等，也意味着各方平等地享有生态资源使用权利和环保责任的义务。由于泛北部湾经济合作是在不同主权国家的条件下的区域经济合作，因此生态环境问题需要加强国家政府之间的合作，共同面对、共同承担、共同努力。当前，泛北部湾区域各国应该在尊重国家主权和不干涉他国内政原则下，着力建立公平合理的国际环境政治制度，倡导协调和合作，保护生物多样性，维护区域可持续发展，确保各国平等地参与解决区域环境问题。

在泛北部湾区域内，中国与缅甸、越南、老挝是陆地邻国，与菲律宾、马来西亚、文莱、印度尼西亚是海上邻国，在陆地生态资源、矿产资源和海上资源各国均有共同的利益，搁置争议、加强合作、共谋发展，是实现泛北部湾区域生态文明共享的重要途径。

泛北部湾各国应该融入世界生态合作体系，积极参与世界生态环保活动。生态环境问题具有相互依存性，区域内各国生态系统内部的子系统相互依存，与国际生态大系统也是相互依存的。泛北部湾区域各国不仅要加强本国环境保护建设，同时还要积极参与国际环境保护工作。中国近十年

① 《洋垃圾辗转进大陆　市民购物需谨慎》，《经济参考报》2012 年 6 月 1 日，中国环保网(www.huanbao.com)。

来陆续参加了各种国际组织并签署了25个国际协定，在环境保护工作方面取得了卓著成就；同时通过多、双边国际组织的信贷和无偿援助进行环境合作，充分利用国际社会对环境保护项目的支持。中国在环境保护取得的成绩值得泛北部湾各国学习借鉴。

5. 各国各地区要重视弱势群体的生态利益诉求以实现代内基本平等

生态正义的一个重要内涵就是保护弱势群体利益。世界银行和国际货币基金组织倡导的一个重要概念即“PPG”（Pro - Poor Growth），意思是“有利于穷人的增长”。尽管目前的现实状况中不存在PPG这一增长模式，但是，作为一种生态正义的价值理想，却是值得推崇的。

中国和越南等国在重视弱势群体的生态利益诉求，实现代内基本平等方面做出了较好的榜样。统计显示，近几年广西通过造林绿化工程、退耕还林、珠江防护林、森林生态效益补偿等林业重点生态工程项目，加大资金投入，加快植树造林，同时还通过大力发展特色产业，积极推进林业生态扶贫，使得全区增加森林植被2000多万亩，全区覆盖率已从2005年的52.7%提高到了2011年的60.5%，石漠化地区每年提高森林覆盖率1个百分点以上，[①] 有效解决了石漠化地区生态贫困问题。亚洲开发银行2007年数据显示，1990年越南贫困人口占总人口比重为50.66%，到2005年降低到6.48%，减少了44.18个百分点。据不完全统计，1993—2009年，越南陆续实施“消灭贫困工程”、“发展山区和偏远地区特困乡经济与社会工程”等，促进落后地区经济社会发展。越南将消除贫困定义为头号优先的国家发展战略，采取多种措施减少贫困，促进少数民族和落后地区发展，成功走出了一条有利于穷人的“共享式”发展道路。联合国《人类发展报告》认为，越南是“一个同时达成发展与均衡的国家”，是“人类成功发展的范例”。[②] 2011年，越南GDP增幅为5.89%，财政收入增长20.6%，财政赤字约占年度GDP的4.9%，低于5.3%的预期目标，CPI增速高达18.58%（见图5－1）。越南在开发生态资源具有巨大优势的同时，兼顾了生态经济利益的弱势群体，使发展保持了基本的平衡。

正如挪威生态哲学家阿伦·奈斯所指出：“一个绿色社会，在某种程度上，不仅要解决生态可持续问题，而且要能保证和平与大部分的社会

① 庞革平：《加快植树造林 活化治理机制 推进生态扶贫——广西石漠化综合治理成效显著》，人民网，2012年6月13日。

② 樊继达：《越南如何消除贫困》，《学习时报》2010年5月11日。

公正。”① 唯其如此，正义才不会再像“普洛透斯似的脸”变幻无常。②

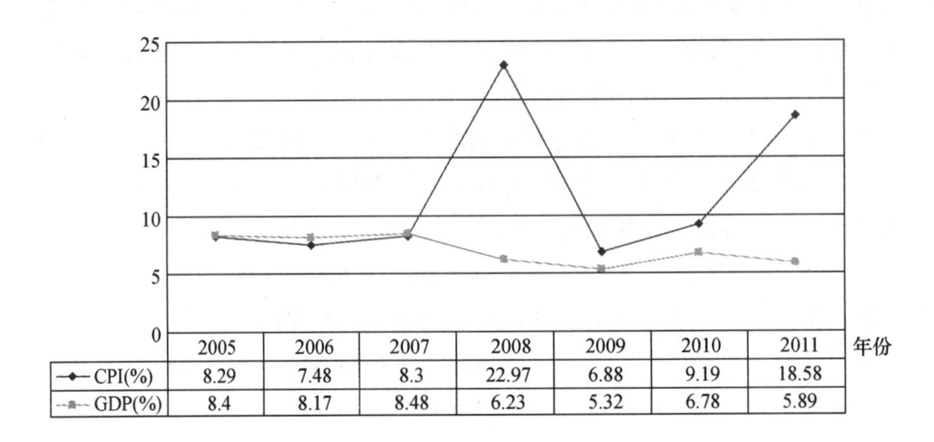

	2005	2006	2007	2008	2009	2010	2011
CPI(%)	8.29	7.48	8.3	22.97	6.88	9.19	18.58
GDP(%)	8.4	8.17	8.48	6.23	5.32	6.78	5.89

图5-1 2005—2011年越南GDP与CPI增长情况

资料来源：越南统计总局。

四 域际和谐：泛北部湾区域生态文明共享的合作问题

推动泛北部湾区域内外和谐发展，不仅是促进经济社会“包容性增长”的需要，更是实现区域生态文明共享的重要基础。

（一）域际和谐：泛北部湾区域生态文明共享的战略基础

1. 何为域际和谐

所谓域际和谐，是指合作区域内各国各地区之间、次区域合作之间、发达国家与次区域合作之间所保持的一种和平稳定、平等互信、合作共赢的状态。作为泛北部湾区域经济合作的战略基础的域际和谐包括三个层面：

（1）建立与大湄公河次区域合作相呼应的泛北部湾区域合作机制。

① Amme Naess, “The Third World, Wilderness, and Deep Ecology”, in George Sessions ed. Deep Ecology For The 21 st Century, Shambhala, 1995, pp. 397 -407.

② ［美］E. 博登海默：《法理学——法律哲学与法律方法》，邓正来译，中国政法大学出版社1999年版，第252页。他指出：“正义有着一张普洛透斯似的脸，变幻无常，随时可呈现不同形状并具有不相同的面貌。”

以海上联系为纽带的泛北部湾次区域经济合作，将与以澜沧江—湄公河流域为纽带的大湄公河次区域经济合作，形成海陆呼应，共同推动中国—东盟战略伙伴关系向纵深发展。

大湄公河次区域合作始于20世纪90年代初，是由亚洲开发银行牵头，中国、缅甸、越南、泰国、柬埔寨和老挝共同参与的经济合作机制，旨在改善该地区基础设施，扩大贸易和投资合作。其合作范围覆盖交通、能源、通信、人力资源开发、环境、旅游、贸易投资和禁毒等领域。① 大湄公河次区域合作旨在次区域共同发展、增加发展机遇、实现互联互通，促进次区域经济社会全面发展和人民生活水平的不断提高，共同营造和平稳定、平等互信、合作共赢的次区域环境。②

2006年7月，广西首次提出了泛北部湾概念，倡议促进泛北部湾中国—东盟“一轴两翼”区域经济合作新格局的战略构想。所谓“一轴两翼”即“由泛北部湾经济合作区、大湄公河次区域合作两个板块和南宁—新加坡经济走廊一个中轴组成，形成形似英文字母‘M’的一轴两翼大格局。从内容看，有海上经济合作（Marine economic-operation）、陆上经济合作（Mainland economic-operation）、湄公河流域合作（Mekong sub-region co-operation），由于其英文表述的第一个字母都是‘M’，因此，可称为中国—东盟‘M’型区域经济合作战略。”③ 从南宁到新加坡经济走廊所形成的“一轴”，以铁路、高速公路和高等级的公路为载体，把6个国家、9个城市串联在了一起。“一翼”的大湄公河次区域合作区，以澜沧江、湄公河为载体，涵盖中国、越南、老挝、泰国、柬埔寨和缅甸六个国家。另外“一翼”是泛北部湾经济合作区，以海洋为载体，包括中国、越南、马来西亚、新加坡、印度尼西亚、文莱和菲律宾。

连续举办了八届泛北部湾经济合作论坛，以促进泛北部湾区域合作发展为目的，旨在搭建一个长期性、开放式的研究、交流和沟通平台，为泛北部湾区域协调发展战略提供了广阔合作空间。今后，积极推动泛

① 杨祥章：《大湄公河次区域合作与泛北部湾经济合作比较研究》，《东南亚纵横》2010年第3期。

② 参见《中国参与大湄公河次区域经济合作国家报告（2008年）》。

③ 刘奇葆：《推动泛北部湾开发合作，构建区域经济发展新格局——在环北部湾经济合作论坛上的致词》，《广西日报》2006年7月21日。

北部湾经济合作的制度化机制、组织机制、决策机制、交流机制等，将是实现域际和谐的重要内容。泛北部湾区域合作机制的建立，为构筑泛北部湾域际和谐提供了重要保障。

（2）泛北部湾区域各国之间和谐发展。泛北部湾区域囊括了所有"南海问题"相关国家，在区域经济合作的利益博弈中不可避免地发生各种各样的矛盾甚至冲突。而所有的矛盾和冲突，都是国家政治和利益的争夺，其中资源争夺是热点。与泛北部湾区域在区位重叠的南海海域，有着丰富的矿产资源、油气资源、渔业资源、旅游资源。但是，近些年中国与东盟各国在此区域的利益争端不断。例如，中越有关南海岛屿及其附近海域主权的争端主要原因是越南觊觎南海资源尤其是油气资源，据估计，越南海上石油的年开采量约为3000万吨，其中，800万吨产自南海争议海域；中菲关于黄岩岛争端，也源于南沙丰富油气资源的争夺；马来西亚、文莱、印度尼西亚等国在中国南海岛礁问题上也提出了领土要求。这些争端既有历史原因，也有现实利益冲动原因。

维护泛北部湾区域各国和谐发展，中国做出了积极努力，如为创造和谐国际环境和周边关系我国调整了对外战略，制定了"睦邻、安邻、富邻"政策。

（3）泛北部湾区域与外部影响因素的协调。外部因素的影响主要来自美国、日本和印度等国。美国重返亚太战略对于中国—东盟各国关系的负面影响不可小觑，尤其是像菲律宾、越南等和中国存在南海利益纷争的国家可能以此来平衡与中国的关系，压制中国的快速发展和在泛北部湾区域合作的主导地位。2009年7月22日，美国国务卿与东盟国家外长签署了加入《东南亚友好合作条约》的文件；7月23日，美国与湄公河下游的柬埔寨、老挝、越南和泰国举行了第一次外长会议，旨在与4国建立"美湄合作"新框架。除此之外，日本已经成为东盟大湄公河次区域国家的最大投资国和援助国；印度20世纪90年代初开始推行"东向政策"，对东南亚的影响也越来越大。这些外部影响因素不同程度地影响着泛北部湾区域协调发展。

2. 域际和谐是泛北部湾区域协调发展的战略基础

首先，域际和谐为泛北部湾区域协调发展提供了良好的合作环境。实现泛北部湾域际和谐具有良好的政治基础、历史基础和地缘优势。从政治角度而言，中国与东盟国家已经建立面向和平与繁荣的战略伙伴关系，中国—东盟自由贸易区建设深入推进，日益成为区域经济共同体。①从交流合作的历史基础而言，中国与东盟国家之间经贸往来有2000多年的历史，曾建立发达的海上“丝绸之路”。从地缘优势而言，泛北部湾区域是中国—东盟自由贸易区的核心部位，是连接东盟各国的海陆交通中心，泛北部湾域际和谐有助于推动区域经济合作与发展、推动中国—东盟自由贸易区的建设和成长。

其次，域际和谐是我国区域协调发展总体战略的重要任务，必将推动泛北部湾区域可持续性协调发展。2010年10月十七届五中全会提出的“构筑和谐区域发展格局”的战略目标，实施区域协调发展总体战略，推进区域合作、交流、共赢、发展，增强区域可持续发展能力。中国应该积极发挥在维护泛北部湾区域和谐发展中的主要角色作用，与东盟各国齐心协力、共创美好未来，提升合作层次以推动泛北部湾区域经济合作向纵深发展。

最后，域际和谐为泛北部湾区域协调发展拓展了广阔国际发展空间。一个区域要实现顺利地融入经济全球化，提升本区域的经济社会发展水平和人民大众的利益福祉，首先要有一个和谐的内部环境，才能有效地赢取一个公平的外部环境。美、日、印等域外大国和相关国际组织对东盟各国的战略投入呈现与日俱增的态势，势必加大泛北部湾区域合作的复杂性和竞争性。能否保持域际和谐，是使泛北部湾区域协调发展推动东南亚、整个亚洲乃至世界和平发展得以实现的新动力。

（二）域际和谐与泛北部湾区域生态文明共享的互动机理

域际和谐与泛北部湾区域生态文明共享之间是互促互赢的关系。一方面，域际和谐不仅是实现经济合作的必要条件，也是实现泛北部湾区域生态文明共享的重要基础和积极动力。另一方面，共享生态文明能够提升域际和谐的发展水平，实现可持续发展。

1. 域际和谐促合作，构筑泛北部湾区域生态文明共享的合作基础

域际和谐促合作，就是要针对利益矛盾问题，强化生态文明建设中多个权利拥有者加强协作，既合理利用资源，又充分保护环境，实现区域经济社会效益最大化。

---

① 辛夷、陈璇、覃翠：《泛北部湾区域特征与合作基础》，广西新闻网（http：//news. QQ. com），2008年7月23日。

一方面，域际和谐才能有效地促使区域合作各方维护生态正义，避免生态资源掠夺式开发和无节制浪费，实现生态文明资源和责任共享。域际和谐需要机制作保障，如召开首脑会议、举行泛北部湾部长级会议、成立泛北部湾合作委员会、建立信息交流平台、建立专业联盟、发挥联合专家组作用等等，由此来共商经济合作发展过程中生态文明建设问题。“开放包容、平等互利、务实渐进、合作共赢”为原则的域际和谐，强调生态资源共享合理性的同时更强调责任共享的公平性。

另一方面，域际和谐才能为区域合作各方创造有利条件，拓宽合作领域、丰富合作方式、深化合作层次，实现生态文明发展和机会共享。没有和谐就没有合作的心理基础和基本环境。泛北部湾区域合作旨在构建和谐发展的中国—东盟格局，中国—东盟格局和谐发展旨在构建和谐亚洲，亚洲的和谐发展旨在为世界和谐发展作出努力。因此，“和谐北部湾”—“和谐 CAFTA”（中国—东盟自由贸易区）—“和谐亚洲”—“和谐世界”的发展链条，成为域际和谐层次性递进的主题。实现域际和谐，区域合作才具备基本的有利条件，区域合作各方在合作领域、合作方式、合作层次上才容易得到推进，同时也为解决发展中出现的生态问题创造条件。

当前，泛北部湾区域生态文明共享要解决两个基本问题：一是生态治理，二是生态发展。生态治理就是要采取相应生态保护措施，重点解决泛北部湾区域发展中生态环境问题。泛北部湾区域生态治理不能停留在“灭火”式治理方式上，应该实现“治病向预防”、“局部治理向整体治理”、“单一治理主体向多元合作主体治理”的转变。尤其是泛北部湾区域生态文明建设仅靠某一政府的努力是不够的，必须建立区域各国政府的合作机制；同时，紧靠政府的努力也是薄弱的，还必须推进多元治理，即发挥区域内政府、企业、非政府组织以及公民的合力作用，通过协商、合作共同维护良好的生态。生态发展就是要促进泛北部湾区域生态文明建设朝向良性方向运动。随着经济全球化推进，国与国、区域与区域之间相互影响增加、相互依存增强，加强国家之间、区域之间的交流与合作，形成生态文明建设联动机制，最终推动泛北部湾区域生态文明共享的发展。

2. 共享生态文明促发展，提升泛北部湾区域域际和谐层次水平

首先，共享生态文明，促进泛北部湾区域局部与全局协调发展，实

现域际和谐的基本格局。泛北部湾区域东盟各国在生态资源上存在着各种利益矛盾和争端，每一个局部矛盾争端都有可能影响整个泛北部湾区域的和平与发展。例如，关于南海问题的争端，很大程度上是生态资源利益的矛盾引起的。南海问题涉及六国七方，不仅南海周边国家与中国在岛礁问题上存在争议，南海周边国家之间也存在着主权争议。在南沙群岛已有命名的岛礁中，有 43 个岛礁分别被越南、菲律宾、马来西亚等国占据，其中越南占据 29 个岛礁，菲律宾占据 9 个岛礁，马来西亚占据 5 个岛礁，中国台湾控制着南沙群岛最大的岛屿——太平岛，中国大陆有效控制的岛礁仅 11 个。近年来，中越、中菲等关于岛礁的争端，马来西亚、越南、菲律宾等对声称拥有主权的岛屿、岛礁相互重叠部分的争端，都影响着泛北部湾区域域际和谐。如何实现泛北部湾区域域际和谐，需要各国各方本着谅解、互让、共享的原则，克制自己、实现互利，尤其是中国作为泛北部湾区域经济合作战略构想的倡导者和发起者，在维护国家主权不动摇的前提下，应该率先维护生态正义，共享生态文明，共同构筑域际和谐的基本格局。

其次，共享生态文明，促进泛北部湾区域发达与后发协调发展，优化域际和谐的利益分配。发达与后发地区的根本矛盾实质上是由利益引发的。泛北部湾区域的东盟各国发展表现为发达与后发的差距存在并有扩大趋势。新加坡较早实行出口导向战略，有广阔的国际市场，经济社会发展领先；越南由于实行经济体制转轨，经济社会发展较快；菲律宾和泰国主要和美国、日本来往，经济社会发展受外界因素制约较大；相比较而言，印度尼西亚主要立足于国内市场，缅甸、老挝、柬埔寨三国是著名的农业国，实行内向型经济，主要依靠外援，发展相对缓慢。共享生态文明，一方面，发达与后发各方必须既要实行生态资源的合理开发利用，避免抢夺或掠夺式开发，尤其要避免“对稀缺资源的争夺将增加民族主义情绪，从而使问题的解决更不可能”的情况出现。① 另一方面，又要共同承担生态环境问题，避免因为“经济民族主义”对生态环境问题相互推诿指责，推卸责任。因此，建立有效的利益协调机制，谋求使集体获利最大化的地区合作框架建构，从利益分配的层次提升域

① Hans H. Indorf, Impediments to Regionalism in Southeast Asia, Institute of Southeast Asian Studies, Singapore, 1984, p. 19.

际和谐水平，是共享生态文明的重要任务。

再次，共享生态文明，促进泛北部湾区域代内与代际协调发展，推进域际和谐的可持续发展。一方面，共享生态文明首先要关注代内平等。一是实现一个国家内不同地区和群体生态利益的平等，保护弱势群体；二是维护区域内国与国之间的生态利益平等实现，避免冲突升级造成地区不稳定。另一方面，共享生态文明还要关注代际公平。泛北部湾区域生态资源开发利用应该遵循合理适度的原则，即“既能满足当代人的需要，又不对后代人满足其需要的能力构成危害的发展。”具有可持续性发展的代内与代际协调发展将有利于构建持久和平、共同繁荣的泛北部湾区域发展格局。

最后，共享生态文明，促进泛北部湾区域国内与国际协调发展，拓展域际和谐的国际空间。共享生态文明，避免区域内各国争端和冲突，不仅能促进泛北部湾区域各国的发展，还能带动区域内周边国家发展，进而推进环太平洋经济带发展，给东盟各国和亚洲各国拓展新的更大的发展空间。当前，发达国家对在泛北部湾区域内发展中国家生态利益的主导企图、利益占有、领土争端等，显示了泛北部湾区域国内与国际协调尚存在诸多问题共享生态文明，拓展域际和谐的国际空间，既是维护泛北部湾和谐稳定发展的必要条件，也是融入全球化经济大潮的必然要求。共享生态文明，不仅有利于区域内资源共享，促进产业转移与合理分工，创造新的、更多的经济增长点；也有利于区域内各国充分发挥比较优势，互补互利，共同提升区域整体竞争力；还有利于共同吸纳与合理地运用国际资本和外部资源，提升国际经贸合作的水平和层次。

泛北部湾区域经济合作不应该局限于经济、政治、文化和社会交流，更应该朝着“绿色生态”、“绿色幸福”目标前进，从而提升区域发展的核心竞争力。

（三）实现域际和谐以促进泛北部湾区域生态文明共享的合作对策

合作是泛北部湾经济发展的主题，也是实现生态文明共享的主要方式。

1. 明确合作实质：解决当前泛北部湾区域生态文明共享面临的问题

合作的实质决定了合作的目的。实现域际和谐以促进泛北部湾区域生态文明共享的合作实质就是解决当前面临的问题。

（1）同质化竞争突出。同质化竞争是指同一类系列的不同企业、不同品牌的产品等，在生产特征、产品类型、营销手段、市场取向上相互模仿，以致产生逐渐趋同的现象。泛北部湾区域各国由于地理位置、资源结构、产业类型等具有相似之处，所以非常容易产生发展的同质化竞争。

例如，泛北部湾各国如中国广西、广东、海南等省区与新加坡、柬埔寨、泰国、越南各国都有丰富的港口资源、旅游资源、海洋生物资源、矿产能源资源、动植物资源等，在开发、港口、航运、物流、产品出口等同质化竞争比较突出。由于泛北部湾区域内各国不少港口距离较近、航线相交错、港口功能相同、服务区域相同、服务客户对象一致，尤其在中国—东盟自由贸易区“零关税”背景下，各国的海上运输资源争夺日趋激烈。发展的同质化不仅使区域合作缺乏双赢的利益纽带，而且容易产生条块分割、区域性壁垒和地方保护主义，造成恶性竞争，使区域合作“利害相抵”甚至“害大于利”。

泛北部湾各方应从优化经济结构、改善生态资源开发方式、加强资源产品生产合作、拓展对话交流方式等方面入手，改善同质化竞争的状况。

（2）统筹协调能力不足。当前，泛北部湾区域经济合作各方对于生态资源争夺、生态环境问题处置、生态环境改善、生态与经济矛盾解决、生态安全维护等各种问题，缺乏强有力的约束和激励机制，统筹协调能力严重不足。提高统筹协调能力需要加强政府间对话与磋商。泛北部湾各国一方面需要合理规划和利用区域内国家丰富的生态资源，形成一个高效率、高效益的运作系统，争取更大利润和发展机遇；另一方面，需要在产业链上整合生态资源开发和生态资源产品生产，形成高效的生态资源生产网，提高统筹协调能力，为泛北部湾区域生态文明共享提供良好的服务平台。

（3）地区分割与行政藩篱。由于东盟各国之间存在政治、文化和经济发展水平的差异，泰国—柬埔寨、中国—越南、中国—菲律宾以及南海其他东盟国家之间，存在着领土、资源开发、航线营运、港口贸易等诸多方面的争议，针对相关争议缺乏国与国的信任机制、缺乏一体化的沟通协调机制、缺乏统一联合行动机制。显然，要建立整体优化、生态良好、可持续发展的泛北部湾区域生态文明建设良性循环机制，没有各国明白明确的共同努力是无法实现的。

(4) 竞争合作环境复杂化。随着美、日、欧等国家和经济体纷纷加大对中国周边地区的战略投入，尤其是美国在亚太地区介入力度的加大，2009 年 7 月与东盟签署了《东南亚友好合作条约》，加大了对东盟事务的影响。以美国为首的西方发达国家从来就没有意识自身应该承担的生态责任，尤其是对发展中国家的战略性的生态资源掠夺，更应该让泛北部湾各国有所警觉。加之各国生态文明建设的政策、策略受制于本国经济社会发展状况，经济发展与生态环境的矛盾日益突出，给跨国、跨境生态保护和生态问题解决带来了重重困难。

(5) 开放合作领域和水平有待拓展提升。当前泛北部湾区域合作多是经济贸易、交通设施、投资等经济层面的合作，生态合作领域和合作水平尚未提上议事议程。

拓展生态合作领域，就是要加强生态相关方面的实质性工作。生态合作包括丰富的内容：如生态资源开发、生态资源利用、生态环境保护、生态问题处置、生态旅游、生态安全等。

提升生态合作的水平，就是要加强生态建设的国际合作（与东盟各国）、国内合作（泛北部湾各省）、区域合作（与泛珠三角区域）、次区域合作（大湄公河次区域合作、南宁—河内经济走廊、南宁—新加坡经济走廊、中越“两廊一圈”、跨境合作[①]等）等合作力度，丰富合作形式，提高合作层次。生态合作领域和合作水平的拓展提升是泛北部湾区域生态文明共享的重要内容。

2. *合作主体：加强泛北部湾区域各国政府间的互信互助*

加强各国政府的互信互助，充分发挥区域内合作主体作用，实现泛北部湾区域生态文明共享。

当前，泛北部湾区域各国政府间因为利益争端引起的矛盾甚至冲突的状况亟待改变。存在的主要问题：一是生态资源争夺激烈。与泛北部湾区域区位重叠的南海海域，各国对矿产资源、油气资源、渔业资源、旅游资源的利益争端不断。二是国家生态领导协调机构不健全。泛北部湾区域合作至今没有建立强有力的生态建设领导协调机构，因此无法快速有效地解决跨境河流污染治理、跨区域物种入侵、跨区域生态失衡、

① 跨境合作如 2010 年广西与越南谅山省签署《中国凭祥—越南同登跨境经济合作区协议书》，10 月 18 日签署《中越跨境经济合作区建设框架协议》，10 月 20 日签署《会议纪要》提出合作建设凭祥—同登跨境经济合作区，标志着跨境合作取得了实质性进展。

海洋资源保护等生态问题。三是尚未建立泛北部湾区域生态合作制度。完善以政府或国家为主体的强制性生态保护制度，制定具有合法性和法规约束力的“安全公约”或“安全条例”迫在眉睫。

要加强泛北部湾区域各国政府间的互信互助，一要建立和优化政府首脑对话磋商机制。对话磋商是互信互助的强力黏合剂。如定期召开泛北部湾生态问题的政府首脑会议，就生态环境保护、生态资源利用、生态问题处置等方面加强协商，争取更大价值共识。对话协商机制的一个重要原则就是尊重“互主体性”[①]，也就是说，区域合作各方没有大小之分、没有强弱之别，都是合作参与的主体，都应该发出自己的声音、承担各自的责任。二要健全生态合作制度规约。泛北部湾区域各国应该在共同制定的“生态公约”下开展生态合作。各方应该按照互惠互利、合作共赢的原则，加强沟通协商、求同存异，共同推动泛北湾部区域生态合作步伐，共同研究建立生态环境重大问题的决策和协调机制；成立生态问题联络处或相应的常设专门机构，促进泛北部湾区域生态合作逐步制度化。三要丰富生态合作实践形式。合作实践是增强互信互助的主要载体。内容上，如开展生态安全信息交流、生态环境监控、环境污染防治、生态资源开发利用等方面的合作；形式上，如制定协议、对话会、联合执法、交流活动等。通过生态合作实践，有针对性地解决泛北部湾区域生态环境问题，增强区域内各国之间生态合作信任、积累生态合作经验、提高生态合作能力。

3. 合作主题：加强中国与泛北部湾各方的生态利益协调

实现域际和谐以促进泛北部湾区域生态文明共享，必须加强中国与泛北部湾各方的生态利益协调。

（1）勇于担当、积极主导、勤于行动。一方面，中国政府应该率先垂范，成为生态文明建设和泛北部湾区域生态利益共享的主角。中国与国际先进水平相比，生态文明建设差距较为明显，建设任务艰巨（见表5－1）。[②]

---

① 哈贝马斯商谈伦理学的最大特色就是把“互主体性”提高到了中心位置。尽管哈贝马斯是从个体理性的角度建构实现主体间相互理解的交往伦理，但“互主体性”强调交往主体的平等却是有积极借鉴意义的。

② 北京林业大学生态文明研究中心：《中国省域生态文明建设评价报告》，社会科学文献出版社2011年版，第57页。

表 5 – 1　　中外生态文明水平比较

	二级指标	三级指标	中国的相对排名	指标解释	比较国家和地区总数
生态文明建设国际比较	协调程度	城市生活垃圾无害化率	72	城市生活垃圾无害化率	78
		单位 GDP 能耗	2	单位地区生产总值能耗	131
		单位 GDP 水耗	93	地区用水消耗量/地区生产总值	156
		单位 GDP 二氧化硫排放量	60	二氧化硫排放量/地区生产总值	95
	转移贡献	能源自给率	48	能源生产量/能源消耗总量	136
		淡水自给率	103	淡水资源量/淡水抽取总量	154
		人口密度	70	地区总人口/国土面积	213

数据显示，中国生态文明建设任重而道远。在泛北部湾区域生态文明建设中和共享实现过程中，中国政府应该积极主动地倡导和协调与泛北部湾区域各国政府的生态利益合作。正如美国生态后现代主义的奠基人查伦·普斯瑞特克指出："参与到生态社会的世界观中去，中国的社区和地区就可能在种种超越现代性的意识形态，走向绿色未来的道路上成为典范。"①

另一方面，广西北部湾经济区各级政府应该成为泛北部湾生态文明建设和生态文明共享的积极行动者。尤其强调"加强泛北部湾海洋生态环境保护国际合作"，在海洋生物多样性保护、海洋渔业资源开发保护、海岸带管理、海洋环境资源调查、海洋灾害预警预报等重点领域展开合作，建立国际合作机制，联合实施保护项目，共建良好陆海生态环境。广西北部湾经济区各市、县政府应该紧紧围绕生态文明建设目标，抓住中国—东盟交往和泛北部湾经济区建设的良好机遇，加强内部与外部双重合作，推进泛北部湾区域生态文明共享取得实质性进展。例如，泛北部湾各国在加大合作力度，共同探索"跨国减贫"的过程中，中国与

① ［美］查伦·普斯瑞特克：《生态后现代主义对中国现代化的意义》，张妮妮译，《马克思主义与现实》2007 年第 2 期。

越南、泰国等东盟国家积极开展旅游资源整合；中国与越南之间建立了跨边界保护世界珍稀物种东黑冠长臂猿栖息地合作机制；广西农垦集团与泰国、缅甸、老挝等东南亚国家开展农业技术领域的合作，共同应对世界“粮食危机”与“能源危机”，等等，这些都是在政府主导下的生态合作实践。

（2）敢于应对、善于协调、化解矛盾。首先，积极营造生态利益认同，让各方认识到推动泛北部湾生态文明共享的平衡互利，符合的共同利益。倡导生态合作、区域生态文明共享，不是出于某个国家利益单边的需求，而是泛北部湾区域各方共同的利益追求。中国作为泛北部湾区域合作的大国，要促成各方达成利益共识、增强价值认同。其次，敢于应对生态利益及相关问题挑战，应该成为中国在泛北部湾区域生态战略的基本原则。一方面，要遵从国际关系中的国际道义和国际公认的规则，处理各方的生态利益矛盾及相关问题。如中国与越南、菲律宾、泰国、缅甸等东盟国家的领土、海洋和资源争夺，污染治理等生态环境问题，非常复杂。中国政府应该积极倡导国际法则去解决问题。另一方面，充分展现中国在维护国家生态利益的决心和能力。中国在解决诸如中越的油气资源争端，中菲关于黄岩岛争端，中国与马来西亚、文莱、印度尼西亚等国的南海岛礁争端等问题，涉及原则问题绝不让步，对于外来的侵犯坚决回击，这样才能充分展示大国的风范。最后，善于协调和积极化解因为生态利益引发的矛盾，是维护中国在泛北部湾区域生态安全的重要任务。泛北部湾区域合作中，为了共同的生态利益，各方在建立“和平发展、合作互利”的生态理念基础上，通过协商、合作、领导会晤、专家组会议、论坛等方式，协调和化解生态利益矛盾。

增进生态利益的相互认同，营造相互沟通、理解与尊重的良好国际生态文明氛围，达成“平等公正、互利共赢”的生态共识，形成区域协调发展的凝聚力，实现区域系统良性发展。

4. 合作机制：完善泛北部湾区域生态合作的机制建设

当前，泛北部湾经济合作机制主要基于经济合作、解决经济合作问题，主要形式如表5－2所示。

表 5 – 2　　　　　　　　　　　泛北部湾经济合作机制

<table>
<tr><th colspan="5">现有合作机制</th></tr>
<tr><th></th><th>名称</th><th>成立时间</th><th>机构组成</th><th>现有合作机制功能</th></tr>
<tr><td>1</td><td>中国—东盟博览会</td><td>2004 年 11 月</td><td>东盟 10 国经贸主管部门及东盟秘书处</td><td>宗旨：“促进中国—东盟自由贸易区建设、共享合作与发展机遇”，涵盖商品贸易、投资合作和服务贸易三大内容</td></tr>
<tr><td>2</td><td>中国—东盟商务与投资峰会</td><td>2004 年 11 月</td><td>中国—东盟 10 国</td><td>推动中国与东盟全面经济合作与自由贸易区建设</td></tr>
<tr><td>3</td><td>泛北部湾经济合作论坛</td><td>2006 年 7 月</td><td>中国、越南、马来西亚、新加坡、印度尼西亚、菲律宾、韩国等</td><td>“共建中国—东盟新增长极”，构建泛北部湾区域经济合作区</td></tr>
<tr><td>4</td><td>泛北部湾经济合作联合专家组</td><td>2008 年 8 月</td><td>中国与东盟 10 国、亚洲发展银行</td><td>以“开发包容、平等互利、务实渐进、合作共赢”为原则，研讨合作范围、目标、优先领域、机制安排、行动计划、项目合作等</td></tr>
<tr><td>5</td><td>泛北部湾智库峰会</td><td>2010 年 5 月</td><td>中国与东盟 7 国</td><td>研讨泛北部湾区域合作新构架与新愿景、机制建设与发展战略、智库在区域合作中的角色、智库合作机制建设</td></tr>
<tr><th colspan="5">有待加强合作机制建设</th></tr>
<tr><td rowspan="2">1</td><td rowspan="2">组织机制</td><td colspan="3">①政府首脑会议</td></tr>
<tr><td colspan="3">②泛北部湾部长级会议</td></tr>
<tr><td rowspan="2">2</td><td rowspan="2">决策机制</td><td colspan="3">①泛北部湾合作委员会</td></tr>
<tr><td colspan="3">②泛北部湾生态文明共享合作机构</td></tr>
<tr><td rowspan="3">3</td><td rowspan="3">制度化机制</td><td colspan="3">①信息交流平台</td></tr>
<tr><td colspan="3">②港口、城市等专业联盟</td></tr>
<tr><td colspan="3">③泛北部湾发展基金会</td></tr>
</table>

当前泛北部湾区域合作机制主要是经济合作与协调，而且泛北部湾合作机制尚未走向制度化，机制建设薄弱状况亟待改变；而至今未有针对生态问题的专门合作机制。针对当前状况，生态合作机制的建立应该注意：

（1）生态问题研讨常态化。现有合作机制中对生态文明建设问题鲜有研讨，而是关注于经济合作、贸易区建设、航运港口物流合作等经济问题。随着泛北部湾区域经济合作的范围扩大，生态问题也开始凸显，如何共建和维护泛北部湾区域优良的生态环境、共担经济发展带来的生态环境保护责任问题、共享生态利益，应该成为现有合作机制关注的重要问题。

（2）现有合作机制的有效利用。从2006年泛北部湾区域经济合作提出以来，泛北部湾区域各方积极致力于经济合作，建立了许多有效合作机制，有些合作机制经过多年运行已经逐渐成熟，推动了泛北部湾区域经济社会发展取得了新成效。因此，有效利用现有合作机制，将会促进区域生态问题得到富有成效的解决。

（3）推进更高层次的合作机制建设。尽管现有合作机制已经逐步建立，但是关注的基本上都是经济问题，要想使生态合作取得新进展，必须有效推动和完善更高层次的合作机制，尤其是专门的泛北部湾生态合作机制建设。如跨境生态合作、生态旅游示范区建设、一体化生态问题处置联动机制、边境生态文化交流活动等。

（4）组织、决策、制度化机制的完善。生态合作必须建立切实有效的组织、决策和制度化机制。组织机制就是指组织管理系统的结构及其运行机理，如要建立泛北部湾区域生态合作首脑会议或部长级会议等；决策机制如成立泛北部湾区域生态委员会，对区域生态利益问题进行裁决；制度化机制如建立生态行为约束和激励机制、生态资源合作管理机制等。

5. 合作方式：丰富合作形式，推动泛北部湾生态合作向纵深发展

合作应该采取多种多样的形式，才能有效推动泛北部湾生态合作向纵深发展。

（1）充分发挥泛北部湾经济合作联合专家组在生态合作中的重要作用。2008年10月24日，《泛北部湾经济合作联合专家组行动方案》在泛北部湾经济合作联合专家组第二次工作会议上获得通过。联合专家组对泛北部湾经济合作的重大问题出谋划策、积极协商，有效地推动了经济合作进程。但是，对于生态问题处置、生态环境保护、生态资源利用开发等，没有进行过专门的磋商。因此，泛北部湾经济合作联合专家组应该把生态问题作为重要的议事议题，通过设立专门的生态问题联络员，使生态合作成为常态化工作。充分发挥泛北部湾经济合作联合专家组在生态合作中的作用，主要任务就是：对泛北部湾生态合作的优先领域、范围、目标、机制安排、行动计划、合作项目等进行磋商、研究，实现生态文明的合作

共赢。

(2) 充分发挥泛北部湾经济合作论坛的作用，关注生态问题、重视生态合作。2006—2014 年已经举行了 8 届泛北部湾经济合作论坛（见表 5 -3）。

表 5 -3　　　　2006—2014 年泛北部湾区域经济合作论坛

历届	时间	地点	论坛主题	主要议题
第一届	2006 年 7 月 20—21 日	南宁	共建中国—东盟新增长极	①环北部湾区域合作的未来发展。②环北部湾区域合作机制的建立与路径。③环北部湾区域合作的启动与实施
第二届	2007 年 7 月 26—27 日	南宁	共建中国—东盟新增长极——新平台、新机遇、新发展	①南宁泛北部湾经济合作与中国—东盟自由贸易区建设。②泛北部湾合作的机制、路径、产业发展与金融支撑。③泛北部湾交通、港口、物流和旅游合作
第三届	2008 年 7 月 30—31 日	北海	共议沟通、合作、繁荣	①世界经济发展不平衡不确定背景下的泛北部湾经济合作。②泛北部湾次区域合作的重点、难点和趋势。③广西北部湾经济区开放开发与泛北部湾经济合作
第四届	2009 年 8 月 6—7 日	南宁	共建中国—东盟新增长极——拓展合作、化危为机	①全球金融危机与泛北部湾经济合作。②泛北部湾区域基础设施项目建设与合作。③北部湾地区与东盟各次区域的合作发展
第五届	2010 年 8 月 12—13 日	南宁	中国—东盟自由贸易区建设与泛北部湾区域经济合作	①中国—东盟自由贸易区建成与南宁—新加坡通道建设。②泛北部湾对话世界 500 强——泛北部湾经济合作中的国际投资与产业发展。③泛北部湾航运、港口、物流合作
第六届	2011 年 8 月 18—19 日	南宁	中国—东盟自由贸易区建设与泛北部湾区域经济合作	①泛北部湾区域智库峰会——区域联通与跨境合作。②泛北部湾金融合作峰会——跨境贸易和投资。③泛北部湾旅游合作峰会
第七届	2012 年 7 月 12—13 日	南宁	泛北部湾区域经济合作与共同繁荣	①泛北部湾区域智库峰会——全球经济再平衡。②泛北部湾区域城市发展。③泛北部湾区域电子信息产业发展。④中国—马来西亚产业合作

续表

历届	时间	地点	论坛主题	主要议题
第八届	2014 年 5 月 15—16 日	南宁	携手推进泛北部湾区域合作，共建海上丝绸之路	①21 世纪海上丝绸之路的战略构想、重点领域和实现路径。②共建泛北部湾区域产业和基础设施投资金融体系。③连接·共荣：开创伙伴关系新纪元。④从贸易到相互投资，泛北部湾区域产业跨境投资的模式创新。⑤泛北部湾区域港口合作与区域物流网络建设。⑥泛北部湾区域文化传播的合作与创新

综观以上历届论坛情况，区域生态文明共享没有受到泛北部湾区域合作各方重视，甚至可以说没有对此问题有所认识。

可喜的是，中国率先觉察到了泛北部湾区域生态问题，并开始付诸讨论。2012 年 8 月 10 日，由广西科学院主办的“第一届泛北部湾海洋环境论坛”在南宁召开。来自国内外多所重点高校与研究所的 30 多位专家、学者及有关部门负责人在首届以“泛北部湾海洋环境现状和未来趋势”为专题的学术论坛上共商海洋环境问题。要把生态环境问题和生态文明建设问题研讨作为泛北部湾合作论坛的一种常态化主题，推动区域生态文明共享。

（3）充分发挥中国—东盟博览会的重要平台效应作用。2004—2014 年，由中国和东盟 10 国经贸主管部门及东盟秘书处共同主办，广西区人民政府承办的国家级、国际性经贸交流盛会——中国—东盟博览会，在南宁共举办了 11 届。中国—东盟博览会以“促进中国—东盟自由贸易区建设、共享合作与发展机遇”为宗旨，涵盖商品贸易、投资合作和服务贸易三大内容，成为中国与东盟商贸合作的最重要平台。如何利用好这一平台，开展生态产品展销、生态合作洽谈、生态旅游交流、生态建设成就展等，是值得探索和深化的研究课题。

（4）拓展生态合作的形式多样化。除了建立泛北部湾生态合作论坛等机制外，还要积极建立泛北部湾生态问题处置联络机构，成立泛北部湾生态专家工作组，搭建生态信息交流平台等，从而多元化、更有效地推动泛北部湾区域生态文明共享。

6. 合作内容：拓展生态合作领域实现生态优化发展和利益共享

生态合作必须以利益为导向，利益既是合作的基础，也是合作的目的，更是合作的动力。

（1）秉持“互利共赢”基本原则。泛北部湾区域生态合作必须兼顾合作各方的生态利益诉求，全面平衡和协调各方之间的生态利益关系，促进各方在互利共赢基础上实现生态利益最大化。当前，泛北部湾区域合作各方存在的主要问题是：一是合作仍停留在以经济利益为“标杆”，对生态环境问题未加以有效重视。二是受国家或区域经济利益驱动，缺乏可持续发展的全局意识和合作价值认同基础。三是缺乏生态决策管理的伦理共契和制度约束。四是利益矛盾冲突未能有效解决，比如南海各方的资源利益争夺引发的矛盾冲突。

（2）拓展生态合作领域，优化生态环境。如何协调发展与环境的关系、推动并实施可持续发展战略，是泛北部湾周边国家和地区共同面临的巨大挑战。泛北部湾区域生态合作领域包括：生态工业合作、生态农业合作、生态旅游合作、北部湾海洋生态环境保护国际合作、生态资源开发利用合作、生态问题处置合作、生态信息交流合作、生态安全维护合作、生态城市建设合作等。泛北部湾区域各方多领域、多方面开展跨境、跨国生态问题专题研究，建立跨境合作机制，联合实施生态项目，共建良好陆海生态环境。

域际和谐不仅是泛北部湾区域各方和平发展的需要，更是实现区域生态文明共享的需要。加强生态合作，共建区域和谐，实现共同繁荣与可持续发展，应该成为泛北部湾区域合作的紧迫课题。

五　Eco2 城市建设：泛北部湾区域生态文明共享的城市发展问题

城市是一个生态经济系统，生态与经济协调发展是城市现代化的重要标志。世界银行组织在《Eco2 城市》一书中提出“Eco2 - City”概念，即生态经济城市。在科学发展观和建设生态文明的指引下，融合经济发达并生态友好的 Eco2 城市发展路径成为理想选择。①

① 王萍、王新军：《Eco2 城市：城市发展的一种理想模式》，于法稳、胡剑锋：《生态经济与生态文明》，社会科学文献出版社 2012 年版，第 116—128 页。

（一）生态经济学视角下泛北部湾城市发展面临新形势

Eco2 城市是指以生态经济学理论为指导，通过综合协调城市经济活动与生态环境之间的关系，建立一种经济持续稳定发展、资源能源高效利用、生态环境良性循环的城市发展新模式。生态经济学视角下泛北部湾城市发展面临新形势：

其一，新目标。生态经济城市观念是把城市、生态和经济三要素作为一个有机系统综合考虑。生态经济城市是经济发达并生态友好的城市，是生态环境优化与经济可持续的城市发展新模式。显然，仅仅关注自然环境、人居环境已经不能适应城市发展的新形势。泛北部湾城市发展目标应该定位于生态环境优良、经济可持续发展，二者平衡协调、相得益彰。

其二，新要求。以广西北部湾地区为例，2010 年广西做出了“加快生态文明示范区建设”的重要决定，提出了要“培育发展城市群和城镇带”，即建设“以南宁为核心的北部湾城市群”，“加强南宁、北海、钦州、防城港四市功能互补和产业分工”。Eco2 城市发展要求彻底改变依靠低效率的能源和资源使用方式改变城市的发展途径，从而使城市成为环境友好的经济中心，因此广西北部湾 Eco2 城市建设应该即使地方生态系统得到有效保护，又使可持续和高资源使用效率的方式成为经济发展的主要模式，同时还要体现包容性和公平性，为市民提供更多的公共物品和发展机会。

其三，基于以上的新目标和新要求，泛北部湾城市发展有了新任务。一是改变经济发展、生态建设、社会进步不相协调的状况。二是提升泛北部湾城市可持续发展能力。三是协调局部发展与泛北部湾区域全局的关系。四是做好城市发展的近期、中期和长期的规划，处理好三者的关系。五是加强体制机制创新，充分发挥政府引导和市场调节的功能。唯其如此，才能在城市建设中避免“有增长无发展”或“高增长低发展”的怪圈。

（二）泛北部湾 Eco2 城市建设面临的利弊因素分析

1. 发展背景

从世界城市发展的新趋势而言，生态经济城市已被国际众多城市确定为战略目标。2011 年世界银行在北京发布《Eco2 城市：生态经济城市》指出：“我们可以通过城市的规划、发展、建设和管理，使城市同时兼有生态可持续性和经济可持续性。"[①] 从区域经济合作发展战略而言，Eco2城市建设是泛北部湾经济区功能定位的题中应有之义。

以广西北部湾地区为例，《广西北部湾经济区发展规划》将广西北部湾城市建设的目标定位为按照统筹城乡、合理布局、节约土地、完善功能、以大带小的原则，以增强综合承载能力为重点，以南宁市为依托，建设具有浓郁亚热带风光和海滨特色、辐射作用大的南（宁）北（海）钦（州）防（城港）城市群。[②] 2010年3月国家住房和城乡建设部正式批复《广西北部湾经济区城镇群规划纲要》，明确了促进城镇协调和一体化发展、推进城乡统筹和新农村建设、构建生态网络格局、重大行动计划等战略思路。

遵循生态经济理念，建设Eco2城市，将成为泛北部湾发展战略顺利推进的内在要求和重要任务。

2. 泛北部湾Eco2城市建设的有利因素

（1）生态资源丰富、生态承载能力较强。泛北部湾经济区不仅区位优势明显，而且自然生态环境与资源禀赋优越独特，具有发展Eco2城市的比较优势。一是海洋生态环境优越。二是海洋生物资源丰富。三是矿产资源丰富。

（2）具有坚实的经济社会发展基础。泛北部湾经济合作建设8年左右时间，经济社会发展突飞猛进。2011年，泛北部湾区域生产总值3862.33亿元，同比增长15.9%，6年年均增长约16%。[③]

（3）城市旅游资源和民族特色文化资源丰富。泛北部湾城市旅游资源优势巨大。南宁市旅游资源分布广、种类齐、数量多，具有浓郁的壮族风情和南亚热带风光特色，全市共有旅游景区景点100多个，其中国家4A级旅游景区6个，全国工农业旅游示范点6个。北海市有国家级旅游度假区北海银滩、火山岩地质地貌景观涠洲岛、斜阳岛、山口国家级红树林生态自然保护区。防城港市拥有"三岛"（江山、企沙、渔万半岛）和"三湾"（东湾、西湾、珍珠湾），以及中国面积最大的海湾红树林和城市红树林，还有总面积达3000多公顷的国家级北仑河口海洋自然保护区等，

---

① 《Eco2城市：生态经济城市》，中国贸易金融网，美讯在线网（www.m6699.com），2011年11月9日。

② 《广西北部湾经济区发展规划》，国家发改委网站，2008年2月21日。

③ 《广西北部湾经济区的发展报告》，《人民日报》2012年8月27日。

可谓“天赋异禀”。钦州市有被誉为“海上大熊猫——中华白海豚故乡”的三娘湾和有着“南国蓬莱仙岛”与“水上桂林”美称的“七十二泾”景区，景区内有全国最大的面积为1.8万平方公里的红树林区；另有龙门诸岛等特色旅游资源。

（4）城市生态建设成效显著。南宁以创建符合国家考核标准的生态城市为目标，强化污染物减排和环境保护，优化生态环境，打造宜居城市，先后荣获“国家园林城市”、“联合国人居奖”和“全国文明城市”等荣誉称号，探索了一条西部城市实现人与自然和谐发展的可持续发展之路。北海市是中国第一批优秀旅游城市、先后荣获“中国十佳宜居城市”和“中国人居环境范例奖”，当前正围绕打造“中国最适宜人居的滨海生态城市”目标，贯彻“生态立市”的城市发展思路，提升城市形象和城市品位。钦州城市生态建设急追猛赶，2011年该市中心城区绿地面积1751公顷，绿化覆盖率达34.13%，人均公园绿地面积7.05平方米，荣获“广西园林城市”和“2011年中国十佳绿色城市”荣誉称号。防城港市实施“三岛”、“三湾”城市发展战略，准确地定位城市性质、产业布局、城市发展方向，科学合理开发利用海岸线，打造“城在海中，海在城中”的全海景生态海湾城市品牌。“南北钦防”四市均制定了《生态市建设规划》，倾力打造经济、社会、环境和谐发展的生态城市，山清水秀、碧海蓝天的良好生态环境已经成为广西北部湾城市群的品牌特征。

3. 泛北部湾Eco2城市建设的不利因素

（1）Eco2城市发展理念不强。Eco2城市发展理念强调城市、生态、经济三者的统一。区域各国城市建设现阶段主要还是以量的增加为主，粗放型增长方式仍没有根本改变，土地、水等资源利用率偏低。尤其是城市的重化工重新布局，如中国石油广西石化钦州千万吨炼油基地建设；在防城港建设中国最大的粮油加工基地、最大的磷酸出口加工基地和世界最大镍产品加工基地等，致使城市工业用地规模扩大、土地资源承载压力加剧；同时这些具有高消耗、高排放和高污染特征的重化工业造成的结构性污染突出，对生态环境的压力将逐步凸显。

（2）城市生态化缺乏结构性优化。当前泛北部湾城市生态化建设主要集中在两个方面：一是对已造成的环境问题进行治理；二是绿色城市及相应配套措施建设。但是拆旧建新以扩展绿地、以景观代替生态、以局部环境改善代替整体结构协调、先建设后进行生态布局，造成的结果是生态空间拓展却缺乏整体布局，很难实现结构性生态优化，也无法保证给市民的生态实惠具有长期性和可持续性。

(3) 城市生态化的经济效益尚未充分体现，生态与经济的互动活力有待激发。城市生态化建设当前较多停留于“宜居”、“绿色”的发展目标，一方面，生态在才智经济竞争中的作用有待充分发挥。经济全球化背景下，一个城市是否具有才智经济吸引力，很大程度上取决于城市生态在吸引外资、吸引人才、发展第三产业发挥的作用如何。另一方面，在经济发展模式上尚未完全实现自然生态系统物质循环和能量流动方式运行的经济模式，即“资源—产品—废弃物”的经济活动流程没有实现向反馈式的“资源—产品—再生资源”模式的转变。

(4) 城市经济与生态发展的协调统一性有待进一步提升。泛北部湾区域由于土地、海洋、石油等生态资源丰富，并有类似的矿产资源和海岸资源，在经济结构上，各城市之间存在不同程度的同构竞争。与区域规划的整体性相悖，出现了生产和投资分散以及大量重复建设现象，导致资源浪费和生产能力闲置，严重削弱地区的整体综合效益。区域发展不平衡、区域之间经济总量差距和人均发展水平差距呈扩大趋势，致使区域性贫困和脆弱环境问题相互交织，生态环境压力和扶贫解困的难度大。

(5) 可持续发展的配套保障能力不强。由于区域内城市工业经济和生态状况不一，并有跨地区和跨流域特征，发展中面临较大的环境压力而环境保护能力却相对有限，区域环境综合管理能力有待提高。强化省级城市环保管理部门、建立一致的管理体制机制，促进信息交互，增进合作层次，增强可持续发展的配套保障能力，是提高城市生态资源的社会效益和经济效益的重要途径。

(三) 推动泛北部湾 Eco2 城市建设的发展战略

推进泛北部湾 Eco2 城市建设发展战略应落实在指导思想、战略任务和实施策略三个方面。

1. 指导思想：坚持科学发展，实现经济、人口、资源、环境协调发展

以开放合作为重点，以体制、机制和科技的改革创新为动力，进一步解放思想，更新观念，抓住机遇，发挥优势，着力优化城市经济结构和转变发展方式，大力发展循环经济，保护生态环境，打造整体协调、生态友好的可持续城市发展空间结构；强化城市间功能分工、联合协作，不断提

高城市综合实力和竞争力；把区域内城市建设成为生态环境良好、人居环境优美、经济良性发展、社会文明进步、市民生活幸福指数高的可持续发展城市。

2. 战略任务：生态工业、农业、旅游、消费、文化统筹发展

（1）生态工业：泛北部湾 Eco2 城市发展的经济支柱。生态工业是泛北部湾 Eco2 城市发展的主题。①提升产业发展水平。在发展壮大传统制糖、铝加工、水产品加工、电力、造纸等产业的同时，积极探索产业发展新模式，不断优化产业结构，要大力发展生物、新材料、新能源、电子信息、光机电一体化、环保、现代中医药等先进制造业、高新技术产业，尤其是扶持发展海洋生物、海洋化工、海洋药物、海水综合利用等新兴海洋产业。近些年，泛北部湾区域各城市在现代化工、轻纺、新型建材、特色造纸及纸品深加工、电子信息、农产品加工、新能源、生物医药、节能环保等优势产业方面加强合作，推动产业转型升级，加快形成区域性产业优势。②调整优化产业结构。基本取向是走科技含量高、经济效益好、资源消耗低、环境污染少的新型工业化发展路子，推广绿色化工、无废工艺和延伸产业链，加快工业结构调整，形成有利于资源节约和环境保护的工业体系。③严格实行绿色工业指标评价。制定和实施资源能源利用效率和污染物排放限制等准入制度，严格限制资源能源利用效率低、污染物排放强度高的产业发展，坚决淘汰技术落后、浪费资源、污染严重的产业、企业和产品。④按照“减量化、再利用、再循环”的要求建设循环经济型企业和工业园区。通过废物交换、循环利用、清洁生产等手段，形成企业共生和代谢的生态网络，促进企业之间横向耦合和资源共享，物质、能量的多级利用、高效产出与持续利用，将泛北部湾城市建设成为循环经济的典范区域。

（2）生态农业：泛北部湾 Eco2 城市发展的配套支撑。生态农业就是在农业生产中兼顾农业的经济效益、社会效益和生态效益。2012 年泛北部湾城市发展峰会与会专家指出，农业和纺织业可望成为沿线城市重点合作领域。随着中国—东盟自由贸易区的建成运营，免税后的东盟国家水果正源源不断输入中国市场，中国农业设备和技术日益受到东盟国家青睐，而沿线城市之间的农业合作成为新视点。以广西北部湾区域生态农业发展为例，“十一五”期间广西实施农业生态富民“十百千万工程”，每年为农民增收 40 多亿元。一是将生态旅游同新农村建设相结合。广西已建设

各类休闲农业园 288 个，休闲农业从业人员 9.86 万人；农民从中收入 2.96 亿元。二是大力推广“猪 + 沼 + 超级稻 + 灯 + 鱼 + 菇”小水体生态养殖产业模式及配套技术，年推广数十万亩。目前广西已建设 9 万多个小水体生态养殖池，每年为农民增收近 3 亿元；杀虫灯覆盖面积超过 11 万公顷，年节支 1.5 亿元；年生态农业无公害农产品生产模式达 1000 多万亩，每年为农民增收节支逾 20 亿元。[①] 泛北部湾区域生态农业发展要推广应用生态农业技术，按照结构合理化、技术产品标准化、生产环境生态化和资源利用高效化要求发展生态农业集群，提升生态农业科技水平，实现农业集约化、产业化和规模化发展，为 Eco2 城市发展提供强有力支撑。

（3）生态旅游：泛北部湾 Eco2 城市发展的活力基点。泛北部湾区域各城市生态旅游资源丰富，加强生态旅游合作是 Eco2 城市发展的活力基点。一方面要加强城市旅游建设，优化整合旅游资源，打造旅游品牌、发展旅游相关产业；另一方面要加强外部旅游资源交流，整合泛北部湾生态旅游资源，延伸生态旅游产业链，加强区域各国旅游交流合作，构筑环北部湾生态旅游圈。如南宁以“东盟博览会”、“广西东南亚风情夜”、“民歌节”等为文化载体，提升旅游品质；北海正着力彰显浓郁的北部湾海洋风情，建设生态与休闲旅游融为一体、历史文化、海洋文化、渔家民风民俗文化相结合、人居环境优美舒适的海滨商贸旅游城市。利用泛北部湾区域优越的资源发展旅游和休闲度假以及会展活动，是 Eco2 城市建设的一个新增长点。

（4）绿色消费：泛北部湾 Eco2 城市发展的生活方式。绿色消费就是指符合人的健康和环境保护标准的各种消费行为和消费方式，不仅包括绿色产品，还包括物资的回收利用、能源的有效使用、对生存环境和物种的保护等，涵盖生产行为、消费行为的各方面。Eco2 城市建设还需要每一个市民增强绿色环保意识并落实在日常生活行为实践中。泛北部湾 Eco2 城市建设必须提高市民绿色消费意识、提升企业绿色生产水平和环保能力、强化政府相关的绿色制度机制，多管齐下，共同促进。如建立政府绿色采购制度和绿色产品循环使用机制；鼓励企业开发和营销生态产品，推进环保标志产品和绿色企业认证制度，加强绿色产品生产的监督管理制度；加强绿色消费宣传教育，让市民签订“绿色消费微行动宣言”，绿色

① 《广西生态农业富民工程每年为农民增收 40 亿元》，《人民日报》2011 年 6 月 19 日。

环保从每一个人、每一件小事做起。

（5）生态经济文化：泛北部湾 Eco2 城市发展的生态文化意识培育。生态经济文化是生态经济城市建设的灵魂。生态经济文化建设应该致力于市民生态文化意识培育。一是要让市民认识到改善生态环境是城市经济持续、快速、健康发展的基础，城市经济发展是优化生态环境的支撑，生态与经济的双维度增长是实现城市现代化的必要条件。二是培养自觉的生态经济道德，树立强烈的自我约束意识和生态经济责任感，并自觉地身体力行，切实转变社会生活行为方式。建设"资源节约型、环境友好型"社会，要在全体市民中倡导生态伦理价值观，推动形成生态生产生活方式，营造崇尚绿色生产和绿色消费的社会氛围。三是开发具有北部湾山水、民族、人文特色的生态文化产品，发展生态文化产业，让每一个人切实感受到生态经济的实惠。

3. 实施策略：科学规划、着眼长远、创新机制、科技引领等齐头并进

（1）统一规划、整体推进、实施城市建设系统工程，处理好局部与全局关系。其一，建设 Eco2 城市要从整体范围强调系统发展和协调发展。Eco2 城市建设是一个包括经济、社会、生态环境在内的生态经济系统工程，既包括城市生态工业发展，也包括生态农业基础夯实；既包括城市经济、社会和生态环境协调发展，也包括城乡一体化协调发展，因此区域各国、各级政府部门要有 Eco2 城市建设大局观念，在建设实践中既要注重局部城市或城市局部生态经济发展，又要在统筹规划下有所取舍、主次分明。泛北部湾城市在生态经济条件、经济结构、发展水平上具有一定相似性，因此统一协调、整体推进、避免雷同、拒绝资源浪费、加强合作，是实现泛北部湾 Eco2 城市新跨越的必要基础。

其二，建设 Eco2 城市要立足城市资源，实施科学产业布局。要根据国内、国际市场的需要，打破行政区划界限，体现产业布局区域化和经营规模化的要求，避免产业同构化和分散化。在国际上，成功的 Eco2 城市都是因特点而成为典范，如丹麦卡伦堡、西班牙的 PareBIT 凸显生态经济特色；巴西库里蒂巴、法国巴黎凸显绿色交通特色；瑞典哈默比湖城、巴塞罗那凸显资源管理特色。[①] 整体科学布局、发展主导产业将成为推动泛

---

① 根据中国城市科学研究会（2009）、狄福安（2008）、国家统计局《中国统计年鉴》（2009）、国家环境保护部《2009 年中国环境状况公报》等相关资料统计。

北部湾 Eco2 城市发展的重要主题。如南宁市重点发展高效益、低消耗和低污染的高技术产业、加工制造业、商贸业和金融、会展、物流等现代服务业。北海市重点发展电子信息、生物制药和海洋开发等高技术产业及出口加工业。防城港和钦州市要发挥深水大港优势，特别注重临海重化工业和港口物流产业的生态监控，保护碧海蓝天，发展绿色口岸经济，依托边境口岸开展边境贸易与旅游。

（2）立足实际、着眼长远，处理好近期、中期和长期发展关系。首先，泛北部湾 Eco2 城市建设要立足泛北部湾区域经济合作和经济社会发展实际。泛北部湾区域经济合作致力于“构筑区域经济优势互补、主体功能定位清晰、国土空间高效利用、人与自然和谐相处的区域发展格局”。[①] 在此背景下，泛北部湾 Eco2 城市建设要抓住难得机遇、立足原有基础、统筹城市规划，在发展经济的同时保持碧水蓝天。

其次，泛北部湾 Eco2 城市建设还要着眼长远，把转变经济增长方式与聚集生态产业结合起来，增强北部湾城市群可持续发展整体能力，打造区域乃至世界的 Eco2 城市发展品牌。美国经济学者 H. 钱纳里和 M. 塞尔奎因指出：工业化水平越高、城市化水平也越高，工业化与城市化呈现明显的正相关性。[②] 泛北部湾 Eco2 城市建设既要避免“超前城市化”（“过度城市化”），又要避免“滞后城市化”，而应该走“适度城市化”发展道路。因此，着眼长远，制定近期、中期和长期目标，发展生态效益型经济、调整经济结构、优化产业结构、坚持走新型工业化道路，是打造泛北部湾 Eco2 城市群的必由之路。

（3）体制机制创新，处理好政府引导与市场调节的关系。其一，政府管理服务的体制机制创新。一方面，政府要加强领导、统筹规划，如成立北部湾生态城市群政府领导协调机构，加强环保、资源开发、产业布局和跨行政区域的重大项目建设的协作、问题处置和联动。另一方面，政府要努力创造公平、提高服务保障质量，为 Eco2 城市建设创造良好环境。如政府通过建立健全法律制度、监督机制、民主科学决策机制、经济政策支持机制等，确保生态城市建设战略顺利推进。其二，发挥市场调节作用，充分发挥市场配置生态经济资源的决定性作用。市场调节就是要建立

---

① 《中华人民共和国国民经济和社会发展第十二个五年规划纲要》，2011 年 3 月 16 日。

② ［美］H. 钱纳里、M. 塞尔奎因：《发展的型式：1950—1970》，经济科学出版社 1988 年版。

城市土地资源使用的节约机制、相关生态补偿机制和投资融资机制，鼓励和引导社会资金投向城市环保、生态建设和资源高效综合利用的产业。例如，BOT（Build - Operate - Transfer，建设—经营—转移）的融资方式用于生态补偿项目的建设，引导企业的力量投入 Eco2 城市建设，可以极大减少建设资金的压力；再如，建立以国家投入为主体、多渠道筹集的城市生态补偿基金制度，将生态补偿基金进行市场运作，政府对投资者投资经营环保产业的收益应给予一定的税费减免优惠政策，等等。

（4）科技引领、科技兴市，提高北部湾 Eco2 城市建设的科技水平。Eco2 城市建设要以科技为先导，实现科技兴市，尤其要提高产品的科技含量和市场竞争能力，使自主创新能力显著增强，科技引领产业发展和促进经济社会发展能力明显提高，提升科技进步对城市经济增长的贡献率。

实现城市生态经济协调发展，提高城市聚集的生态经济效益，实现城市公平和谐，是当前泛北部湾 Eco2 城市建设基本理念。细节决定好坏，而战略决定成败，泛北部湾 Eco2 城市建设既需要精雕细琢，也需要深思熟虑。

第六章　泛北部湾区域生态文明共享的基本内容

区域生态文明共享是区域协调发展与生态文明建设统一的发展新模式的新要求。区域生态文明共享的基本内容是一个权利与义务、责任与利益统合的综合体系（见图 6－1）。

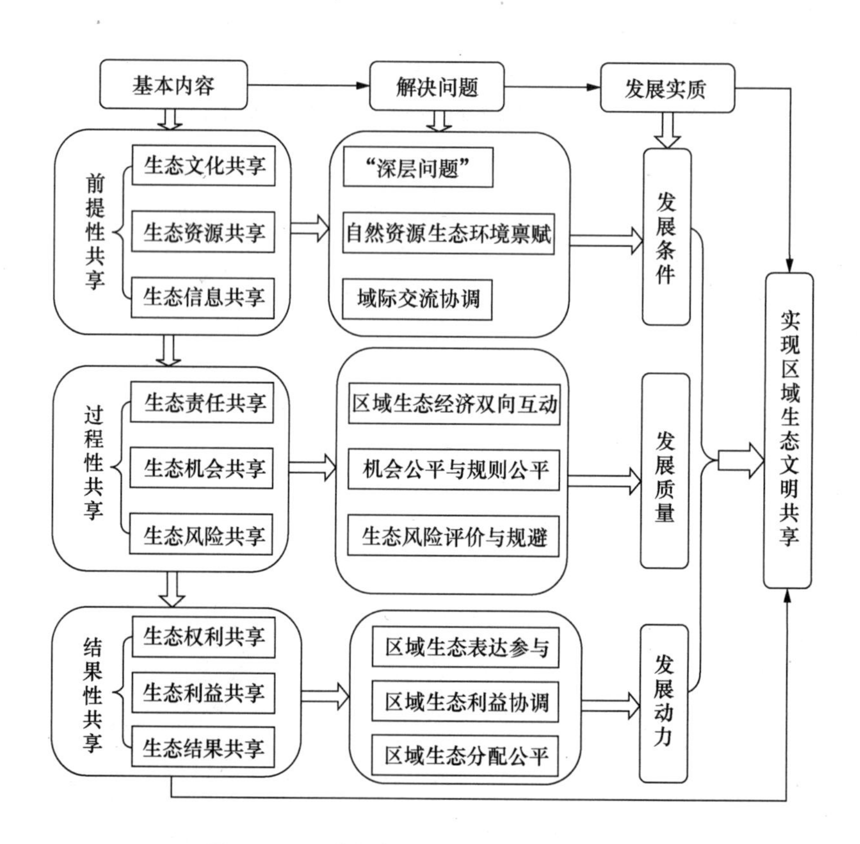

图 6－1　区域生态文明共享的基本内容框架

一　前提性共享

前提性共享是指共享的价值基础、资源基础和信息交流基础，它们共同呈现出一个国家和地区的生态禀赋差异，并构成生态文明共享的前提。前提性共享包括生态文化共享、生态资源共享、生态信息共享。生态文化共享旨在形成生态价值共契，解决生态环境的“深层问题”；生态资源共享旨在共用生态环境自然资源禀赋，解决充分利用生态文明建设的外部条件问题；生态信息共享旨在加强沟通和交流，解决生态文明建设合作便捷化问题。

（一）生态文化共享

生态文化是生态文明建设的核心和灵魂，生态文化是代代沿袭传承下来的针对生态资源进行合理摄取、利用和保护，使人与自然和谐相处，知识和经验等文化积淀可持续发展，它涉及人们的生活方式、生产方式、宗教信仰、风俗习惯、伦理道德等文化因素。

1. 生态文化共享的“深层问题”

生态文化共享主要解决生态环境的“深层问题”，即生态价值观问题。

所谓生态环境的“深层问题”是指那些“引发自然生态逆向演替、资源环境剧烈退化、地球生物圈非稳态的人类传统观念、价值取向、经济机制和社会体制层面的问题。”① “深层问题”是对生态危机背后隐藏着的生态伦理道德观念缺失、生态价值观变异和经济机制变形等原因的概括。众所周知，各国越来越严重的生态危机是指由于人的活动所引起的环境质量下降、生态秩序紊乱、生物维持系统瓦解，从而危害人的利益、威胁人类生存和发展的现象。在这些生态危机背后隐藏的真正原因是价值观念问题。

造成泛北部湾区域生态环境“深层问题”的主要原因有：一是发展增长模式原因。泛北部湾区域内发展中国家的经济增长模式基本上还是“高消耗、高排放、高污染、低效率”的传统的粗放型经济增长模式。区

① 姜学民、任龙、刘锦：《深层生态经济问题研究》，于法稳、胡剑锋主编：《生态经济与生态文明》，社会科学文献出版社2012年版，第24页。

域内除了新加坡和文莱两国经济发展较发达之外，其余国家基本上属于发展中国家，而在这些发展中国家中又有差异，中国、越南等国经济发展较快，菲律宾、柬埔寨、马来西亚等国经济发展较慢。各国政府在追求GDP高速发展的过程中，逐渐暴露了生态环境的“深层问题”。例如，越南在过去四十多年中，森林面积平均每年消失163000公顷。特别是革新以来，开辟新经济区，盲目开荒造田，每年摧毁的森林达225000公顷，南方各省毁林现象尤为严重，有些地区森林面积减少达50%，有些地区甚至高达86.7%。尽管近几年越南经济增长迅速，越南计划投资部称，2011年越南GDP按实际价格计算约为2275万亿越盾（约合1138亿美元），同比增长7.5%，人均GDP约为1300美元；出口金额约为748亿美元，同比增长10%。但是，在经济快速增长的同时，必须警惕经济发展背后生态资源减少、生态环境危机，这是实现可持续发展的重大问题。再如，菲律宾、马来西亚、越南、中国广西北部湾区域等沿海水产资源过度捕捞、工业污染、空气污染、水污染、矿渣污染等问题非常严重。二是发展不平衡的原因。在泛北部湾区域内各国发展不平衡，新加坡、文莱属于发达国家之列，其余国家都属于发展中国家，且发展状况差异巨大。仅以2010年统计公布的数据情况看，新加坡全年经济增长率为14.7%，越南全年GDP增长6.78%，马来西亚GDP增长7.2%，菲律宾年度增幅达7.3%，泰国经济增长率高达7.8%，柬埔寨经济增长率为5%[①]，印度尼西亚GDP增长达6.1%。[②] 由于经济发展不平衡，各国对于经济发展的主要任务、经济增长模式、生态资源争夺都具有不同的急切心理，严重影响泛北部湾区域生态保护共识的形成。因此，培育泛北部湾区域共同生态价值观，是实现区域生态文明首先要解决的问题。

2. 生态文化共享的基本要求

受区域经济利益驱动，泛北部湾区域生态文明共享在文化价值观念上存在的主要问题是缺乏可持续发展伦理意识、合作价值认同基础、决策管理伦理共契。

（1）可持续发展伦理意识融合。生态文化源于生态意识的觉醒。融合泛北部湾区域各国文化差异，建设一致的可持续发展伦理意识，是生态

① 新加坡、越南、马来西亚、菲律宾、泰国、柬埔寨等国经济增长数据整理于吕余生主编《泛北部湾合作发展报告（2011）》，社会科学文献出版社2011年版，第132—176页。

② 《2010年国内生产总值增长达6.1%》，印度尼西亚中央统计局，2011年2月7日。

文化共享的首要任务。可持续发展伦理以人类的可持续生存和发展为根本价值原则，它是区域性生态文明共享模式与实现机制的价值指导和内驱力。可持续发展伦理意识的一个重要主题是国家和地区的发展平衡是代内公平。长期以来，生态伦理学的研究没有重视作为群体的国家、地区或民族在解决生态环境恶化问题时必须面对的道德伦理问题。[1] 泛北部湾区域民族众多、地区差异明显，而可持续发展伦理意识融合就是要树立统一的生态价值观，即改变以破坏环境为代价的粗放型、资源消耗型的经济发展模式，采取可持续发展能力强、资源节约型的经济模式，以实现人与自然共生，发展与环境双赢。

（2）合作价值认同。合作价值认同是多元价值观下的价值共识。价值认同是泛北部湾区域各方生态实践合作的认识基础。首先，生态文明共建共享是维护区域整体良好发展环境的价值诉求。作为一个“环境共同体”，泛北部湾区域各方有责任为维护区域共同的生态环境达成共识并付诸实践。其次，生态文明共建共享是泛北部湾区域各国政府共同的价值诉求。实现本国经济社会可持续发展、建设环境友好型社会是泛北部湾区域各国的发展目标和追求。再次，生态文明共建共享是各个企业、社会组织、团体等健康发展的共同价值诉求。泛北部湾区域内各个企业、组织和团体既享有共同的发展优越条件，也承担着共同的生态保护责任。最后，生态文明共建共享是发展民生，实现区域内人民“绿色幸福”的价值诉求。提高健康标准和幸福指数，越来越离不开生态环境，清新的空气、洁净的水源、幽雅的环境、舒适的气候等生态条件已经成为民生幸福的有机组成部分。

（3）决策管理伦理共契。当前，泛北部湾区域生态文明建设缺乏具有强制性、协调性的有力决策管理机构。决策管理的伦理共契就是要寻找决策管理机构成立的认识基础，为决策管理提供伦理支撑和佐证力量。泛北部湾区域由于涉及的国家和地区范围广，统一的决策管理难度大，如果没有伦理共契，就丧失了合作基础和动力。

生态文化共享旨在培育可持续发展伦理共识、共筑生态合作价值基础、形成决策管理共契，从而在泛北部湾区域建立科学的生态思维理论，

---

① 杨立新、高原、吴定怡：《生态文化建设中的生态伦理文化发展》，《环渤海经济瞭望》2008年第8期。

促进生态文明的发展。

（二）生态资源共享

生态资源共享要解决的主要问题是生态资源禀赋条件和基础问题，为区域生态文明共享提供重要条件。

1. 泛北部湾区域自然资源生态环境禀赋

自然资源生态环境禀赋分为自然资源禀赋和生态环境禀赋两类，二者共同构成了经济社会发展的重要外部条件。

自然资源禀赋指各国的自然资源蕴藏等方面的不同条件，如水资源、土地资源、森林资源、草原资源、动物资源、矿藏资源等，它反映了一个国家或地区资源的整体素质和状况。泛北部湾港口资源、旅游资源、海洋生物资源、矿产和能源资源、化学资源、动植物资源非常丰富。区域内各国资源禀赋各具优势，产业结构各有特点，互补性强，合作潜力大。

生态环境禀赋指各种天然的和人工改造过的自然因素并由此构成的自然条件，其在经济运行和增长中起到外部条件作用。生态环境禀赋揭示了一国环境资源供给的丰缺状况，当环境作为一种生产要素使用时，其利用强度受环境禀赋制约。① 泛北部湾集陆地、海洋、半岛、岛屿为一体，具有宁静的海湾，优良的港口，岸线、土地、淡水、海洋、农林、旅游等资源丰富，环境容量较大，生态状况良好，生态环境禀赋具有先天的优越性。美国学者格罗斯曼和克鲁格指出，生产影响环境禀赋的特征受经济发展阶段影响。当劳动力密集型产业与资源密集型产业占主导地位时，生产影响环境禀赋的主要方式是破坏自然资源；当重工业和石化工业占主导地位时，生产影响环境禀赋的主要方式则是废气、废水和固体废物排放的大量增加；只有当高新技术产业与服务业占主导地位时，生产对环境禀赋的影响才是有利的。② 显然，泛北部湾区域大部分国家基本处在工业和重工业占主导地位阶段，如何发展高新技术产业、转变生产方式和消费方式，是提升泛北部湾区域生态文明建设水平主要路径。利用好泛北部湾区域自然资源禀赋和生态环境禀赋，才能使其共同成为经济增长的基础和条件。

---

① Siebert，H.，Environmental Protection and International Specialization [J]. *Weltwirtschaftliches Archio*，1974，110 (3)：494－508.

② Grossman，G. M.，Krueger，A. B.，Economic Growth and the Environment [J]. *Quarterly Journal of Economic*，1995 (2)：353－377.

2. 自然资源生态环境禀赋对泛北部湾区域经济发展的影响

一方面，区域生态资源禀赋对经济发展具有积极作用。区域生态资源禀赋为泛北部湾区域经济发展提供坚实的物质基础。如中国北部湾经济区具有丰富的港口资源、旅游资源、海洋生物资源、矿产能源资源、动植物资源，环境容量和开发潜力巨大。再如，菲律宾有丰富的旅游资源、渔业资源，尤其是矿产资源，是东南亚最大的黄铜生产国和世界前10名黄金生产国，铜、镍、金、银、铁、铝矿产都具有很好的开发前景。这些生态资源禀赋给予当地国家和地区经济发展强有力的支撑和相应的特色。自然生态资源不仅是决定经济增长的物质基础，还影响国家和地区产业结构布局，并推动资源所在国家和地区劳动生产率的提高。正如马克思指出的：很明显，如果一个国家从自然界中占有肥沃的土地、丰富的鱼类资源、富饶的煤矿（一切燃料）、金属矿山等，那么这个国家同劳动生产率的这些自然条件较少的另一些国家相比，只要用较少的时间来生产必要的生活资料。①

另一方面，警惕区域生态资源禀赋对经济发展的消极作用。既要避免由于产权不明晰而导致的生态资源过度使用而造成的“公地悲剧”，更要重视当多个利益相关者同时对公共资源拥有排他性权利时而导致资源利用的“反公地悲剧”。

（三）生态信息共享

泛北部湾区域具有区域整体性特征，生态信息共享成为区域生态文明建设的交流前提，其基本目标应该是“互动、共享、交流、提高”，实现域际交流协调，它包括生态信息交流、生态信息知情、生态信息公平、生态信息服务等基本内容，如图6－2所示。

1. 生态信息交流

所谓生态信息交流就是泛北部湾区域各方基于生态优化目的，加强生态环境资源等相关资讯的沟通与合作，寻求生态环境保护和生态资源开发利用的相互理解和支持。生态信息交流有如下三种方式：

（1）生态信息传播。泛北部湾区域范围广、国家多、民族各异、地理环境多样、资源条件不同，因此加强生态信息传播，提高生态信息的时效性和价值性，是有效利用生态资源、保护生态环境的重要媒介手段。例

---

①《马克思恩格斯全集》第47卷，人民出版社1979年版，第287—288页。

如，沿海各国对入海污染物排放总量、近海水质、海水污染度、溢油、赤潮等相关数据的相互传递，不仅可以增进各国对区域环境状况的共同关注，同时为采取联合行动增强警惕性和紧迫感。

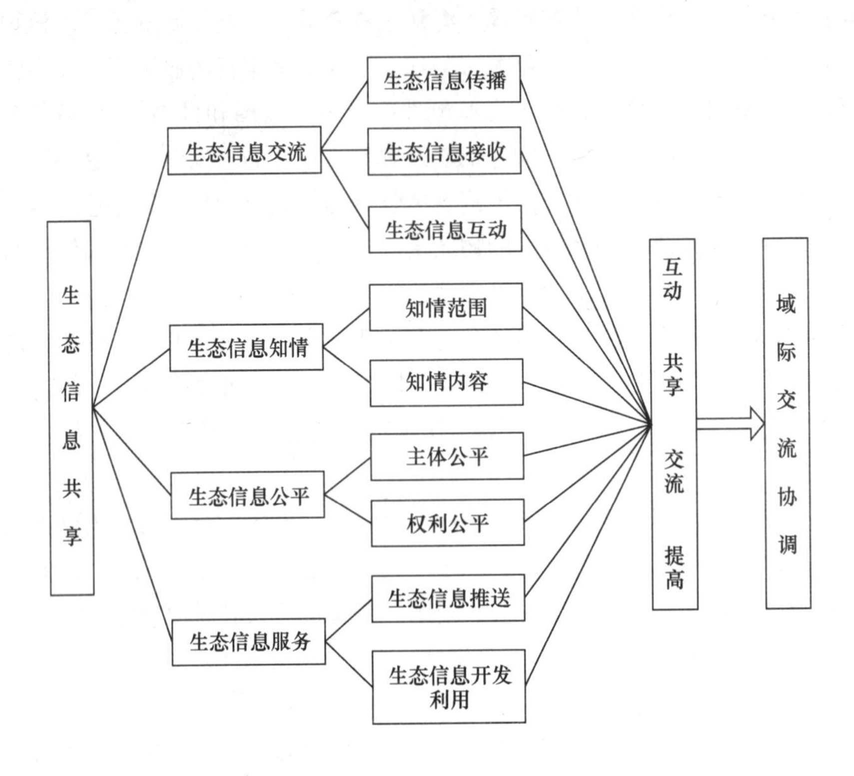

图 6-2 生态信息共享示意

（2）生态信息接收。生态信息接收实际是对生态信息的了解和获取，从而为区域生态环境保护提供信息支持。如作为泛北部湾区域重要组成部分的广西北部湾经济区，了解和获取了区域内东盟各国的工业总产值、农业总产值、旅游收入、资源消耗状况、污染治理投入等相关信息，就可以提升融入区域经济合作的主动性、对策性和积极性。

（3）生态信息互动。生态信息互动是信息获取之后的交流反馈，为生态环境保护提供优化的交流途径。泛北部湾区域生态信息互动最重要的任务就是要通过信息交流，加强海洋生物多样性保护、海洋渔业资源开发保护、海岸带管理、海洋环境资源调查、海洋灾害预警预报等重点领域的合作互动，开展跨国生态合作实践，建立泛北部湾生态国际合作机制，联合实施保护项目，共建良好陆海生态环境。

2. 生态信息知情

生态信息知情意指泛北部湾区域各国民众有权利知晓区域内本国或其他地区生态信息状况，尤其是关切生存健康、日常生活的生态环境和污染状况相关信息，如图6-3所示。

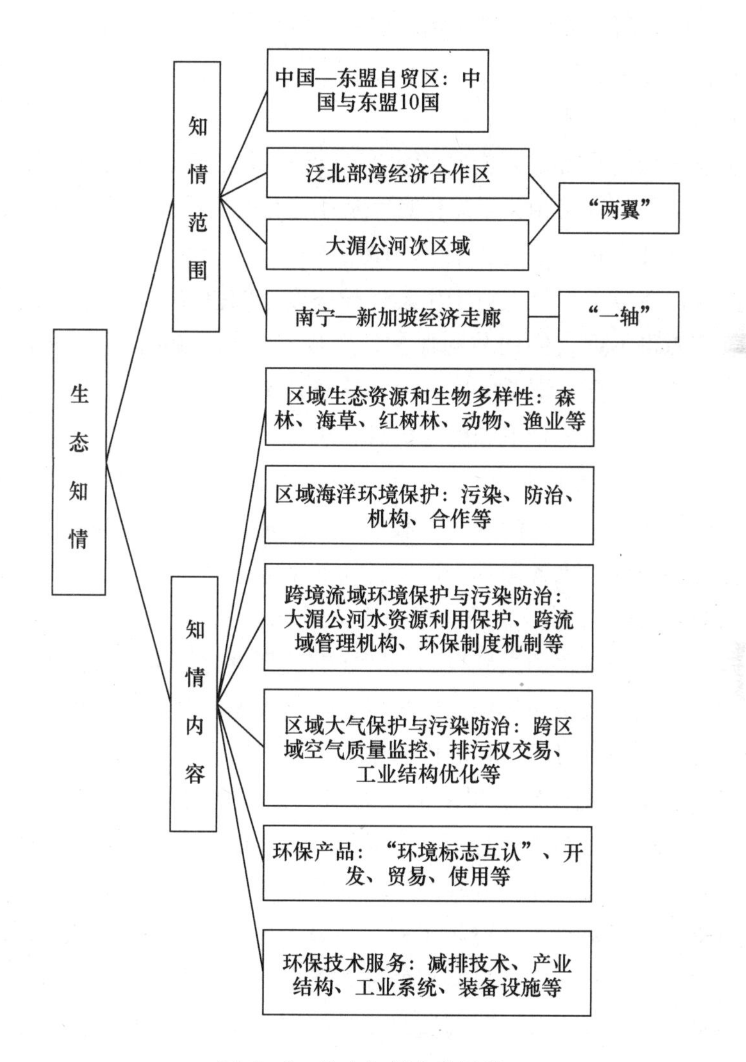

图6-3　生态知情内容示意

2013年中国环境保护工作会议强调指出：要强化信息公开，把信息发布情况作为突发环境事件应急处置工作的重要考核指标，切实满足人民群众的知情权，推进信息公开工作的法制化规范化。[①] 同样，对于泛北部湾区域而言，生态信息知情对于推进区域整体环境优化至关重要。生态知情包括：(1) 知情范围。泛北部湾区域生态信息知情不仅涉及泛北部湾次区域内，还涉及大湄公河次区域以及整个中国—东盟经济合作区域。(2) 知情内容。不仅涉及区域内生态资源保护，还涉及区域海洋环境污染防治、跨境流域环境污染防治、区域大气污染防治、环保产品开发、环保技术合作等诸多方面。

3. 生态信息公平

生态信息公平就是人们对于生态环境相关信息获取时具有平等的权利，并能够公平利用相关生态信息。从生态信息公平的视角来分析，生态矛盾的激化其实是由生态信息不公造成的。它“导致了人们对于生态保护的漠视，造成了人与人对于生态保护态度上的差异，使得本该人人共享的生态资源得不到人们的共同保护，造成了生态的破坏”。[②] 泛北部湾区域生态整体性特征，赋予了区域生态信息公平的宽松环境。生态信息公平内含着生态信息主体公平和生态信息权利公平。

(1) 生态信息主体公平。一是从国家层面而言，区域内每一个国家无论强弱、大小、社会制度、发展状况等差别，都应该具有同样的主体地位。泛北部湾区域内各国都是区域合作的平等主体，所以具有对区域生态信息共享的同等权利。二是从每一个人的角度而言，在自然生态环境面前，每一个人的生存和发展权利是同样的，都具有神圣不可侵犯性。泛北部湾生态环境是区域内各国人民赖以生存与发展的基础，每个人都应享有资源信息，了解自身的生存环境和生态威胁状况。

(2) 生态信息权利公平。从生态信息公平视角来分析，生态矛盾的激化很大程度是由生态信息不公造成的。生态信息不公导致了人们对于生态保护责任的漠视，使得共享的生态资源得不到共同保护。生态信息公平的关键就是公平地享有环境知情权、环境参与权、环境监督权、环境利用权。环境知情权是生态信息共享的基本要求，环境参与权是权利主体生态实践活动的责任和义务，环境监督权是权利主体有效行使生态环境保护的

---

① 周生贤：《强化信息公开　满足民众知情权》，中国新闻网，http：//gb. cri. cn/40151/2013/01/25/6351s4002844. htm，2013 年 1 月 25 日。

② 姜素红、焦梓烜：《生态信息公平视角下生态矛盾化解的法律途径构想》，《湖南大学学报》（社会科学版）2012 年第 3 期。

监察权利，环境利用权是权利主体享用生态环境资源的利益获取权利。生态信息权利公平为维护泛北部湾区域生态环境公平公正提供了重要的资源信息支撑。

4. 生态信息服务

生态信息服务是加强泛北部湾区域经济合作、有效优化生态环境的重要手段。生态信息服务主要包括生态信息的有效推送和利用。

（1）生态信息推送。生态信息推送服务的基本过程是用户信息需求了解、专题信息搜索、信息定期反馈。泛北部湾生态信息推送，首先须联合成立生态信息处理专门机构，建设区域生态信息数据库；然后运用网络技术平台，针对用户信息需求，将检索结果通过信息互联网络发送到用户手中。

生态信息交流不畅往往是因为生态信息推送不及时和缺乏常态化。生态资源信息流转的不畅，往往使得一些掌控或把持生态信息的国家和地区不顾弱势的国家和群体，造成生态利益的掠夺或破坏；同时，也使得一部分人得不到充分有效的信息，加剧生态价值观的冷漠，加深对环境的破坏。生态信息有效推送，将极大地改变生态信息交流不畅状况。

（2）生态信息开发利用。生态信息开发利用就是在经济和社会活动中通过普遍采用信息技术和电子信息设备，更有效开发和利用生态信息资源，推动泛北部湾区域经济发展、社会进步和环境保护协同提高。泛北部湾区域各国应该共同协商，成立专门生态信息处理机构，同时加强生态信息基础设施、生态信息资源搜集、生态信息技术研发和生态信息体制法规的制定，为维护一个良好的泛北部湾区域生态环境共同努力。

综上所述，只有以生态文化共享、生态资源共享、生态信息共享为基础条件，泛北部湾区域生态文明共享才有可能成为必然。

二　过程性共享

过程性共享是泛北部湾区域生态文明共享建设发展的质量保障。泛北部湾区域生态文明建设的过程性共享包括生态责任共享、生态机会共享、生态风险共享。

（一）生态责任共享

生态责任共享实质上是责任共担，为维护泛北部湾区域生态文明共同承担相应的生态责任。从不同的主体而言，生态责任共享可以划分为国家责任、政府责任、企业责任和公民责任的承担。

1. 国家生态责任共享

泛北部湾经济合作既是在不同主权国家条件下的区域经济合作，又是在不同关税区之间、介于自由贸易区与关税同盟/经济联盟之间的一种区域合作，甚至还涉及经济体部分领土、机制灵活的次区域合作。[①] 要想实现泛北部湾区域生态文明建设的合作共享，各国必须致力于：

其一，勇于承担生态责任——各国要加强沟通协调，消除历史遗留问题及意识形态差异性影响，消除区域内各国不信任状态，在区域生态文明共享上达成最大限度共识。泛北部湾区域各国既有陆地相邻，也有海上相连，处于共同的生态环境中；但由于历史原因和发展现状等原因，各国经济发展状况差异较大，各国在生态资源开发利用、生态环境保护合作、生态问题处置等各个方面仍存在一定的分歧，导致区域生态共识和信任不够。

其二，能够承担生态责任——各国要加大合作实践力度，建立国家与国家之间的生态实践合作机制，推进泛北部湾区域生态文明在实践中走向更高水平。泛北部湾各国存在着巨大的利益联系，建立国家级生态实践合作机制，如成立具有环境立法性质的泛北部湾生态委员会，委员会的领导由各国首脑组成，使各国生态责任的承担具有国家行为的性质。一方面，使得区域生态环境立法具有强大效力；另一方面，使各国在解决区域生态利益矛盾和生态环境保护中共同行使决议权，确保泛北部湾区域各国的利益能够得到制度保障，实现公平。

2. 政府生态责任共享

政府具有树立和倡导生态文明理念，提供和保障生态文明制度供给和主导生态文明建设的责任。泛北部湾区域生态环境保护和共享实现，需要充分发挥各国政府、各级政府的主导作用，搭建政府之间、政府与民间组织之间、政府与公民之间对话合作平台，使生态责任的承担具体化。具体

---

① 《泛北部湾区域经济合作的战略目标基本定位及模式》，中央政府门户网站，http：//www. gov. cn，《广西日报》2007 年 7 月 20 日。

如表6－1所示。

表6－1　　政府生态责任共享的基本内容

各国政府生态责任	促成理念共识	①区域环保意识；②区域生态文明建设理念
	建立和完善法规体系	①区域整体性生态法律法规体系；②一国与另一国之间的生态法规；③区域生态问题的司法实践
	制度供给	①建立健全合作管理机构：如北部湾海洋环境管理机构；跨境、跨区域环境保护与污染防治机构；生态资源保护与开发利用管理机构等；②建立健全泛北部湾区域生态保护与防治制度；③计划设计；④实施规划
	提升生态合作实践能力	①生态项目合作；②环保产品研发；③生态园区建设；④生态旅游项目开发；⑤生态技术转让等
各级政府生态责任	领导责任	①将生态环境纳入经济社会发展的整体规划；②政府引导企业转变经济发展方式；③积极调整产业结构，加快发展第三产业和新型产业；④遵循市场经济规律，加大宏观统筹力度；⑤政府加强生态工业建设的规划和技术指导，充分发挥协调指导作用；⑥发展布局：开展生态功能区划，根据地区环境功能与资源环境承载能力，确定优化、重点、限制和禁止开发的差异性发展模式；⑦完善政府问责制
	管理责任	①构建科学、合理、全面、系统的环境保护法律制度体系，使生态文明建设法制化；②逐步完善环境保护制度体系，建立“谁受益，谁补偿”和“谁污染，谁治理”的生态环境补偿制度；③建立区位准入制度，以绿色核算和生态创新为核心，严格控制新增高耗能、高污染项目；④制定和实施严格的环境审批制度；⑤提高环境监管能力；
	拓展责任	搭建政府与民间组织合作平台，拓展生态文明建设的力量
		加强各级政府与公民之间对话，调动民众参与力量

（1）各国政府之间生态责任共担。首先，各国政府要加强沟通和实践交流，达成环保合作共识，积极推动泛北部湾区域生态文明共享在思想观念上达到高度一致。其次，各国政府要促成区域整体性的生态法律法规体系建立和完善，为区域生态文明提供法律支撑。再次，各国政府要加强统一的生态制度、计划设计和实施规划制定，同时考虑各成员国经济发展水平参差不齐特点，调动参与各方的积极性。最后，各国政府积极开展生态合作项目，在环保产品研发、生态园区建设、生态旅游项目开展、生态技术转让等实践中，提高泛北部湾区域生态合作的实践能力。

(2) 各级政府之间生态责任共担。各级政府不仅承担地方经济社会发展的管理、建设重任，同时还承担着不可推卸的地方生态文明建设重任。需要说明的是，在充分发挥地方政府组织领导和管理的责任之外，各级政府还承担着两个重任：一方面，搭建政府与民间组织合作平台，拓展生态文明建设的力量。生态环保非政府组织（NGO）在近些年来逐渐成为推进生态环保事业的重要力量。政府要积极组织环保 NGO 的力量，加强环保项目合作，集思广益、加强交流，不仅有利于了解地方生态建设的各种问题，也有利于选择更有效的生态保护模式。另一方面，加强各级政府与公民之间对话，要了解民众生态利益需求，还要发挥组织主导作用，引导民众关心和参与生态文明建设。

3. 企业生态责任

泛北部湾海域是世界少有的洁净海域，但随着周围国家工业化发展，这片洁净的海域正面临日趋严重的污染威胁。例如，随着冶炼、石化等大工业项目上马，沿海工业污染加重，海水养殖污染物排放，不仅造成近岸海域水环境质量下降，局部海域水质指标超标甚至成为污染区域，中国泛北部湾区域广西、广东、海南三省区都已经不同程度受到工业化带来的污染。再如，越南、菲律宾等国，随着沿海加工业快速发展，所产生的污染对南中国海产生巨大污染。企业生态责任源于三个方面的要求：

其一，对自然生态环境保护的要求。企业以消耗大量的生态资源换取经济利润，但是随着生态环境问题凸显，资源消耗型发展道路已经受到多方质疑。因此，泛北部湾区域内企业发展必须走可持续发展道路，要求企业充分考虑环境的生态价值，走技术进步、提高效益、节约资源的道路。

其二，市场健康发展对企业生态责任提出更高要求。由国际上已认定的环境标准对产品进行挑选，已经成为一种趋势，通过环境标准的产品才能进入国际市场，而没有通过环境标准的产品及其生产企业将无法在竞争中得到平等地位甚至会被淘汰。泛北部湾区域各国基本属于发展中国家，企业产品的环境标准都比较低，如何降低发达国家“绿色壁垒”的阻滞作用，如何与国际接轨，积极融入国际市场，提升企业实力，是企业生态责任无法绕过的问题。

其三，民生改善对企业生态责任也提出了更加严格的要求。民生改善已经不再是单纯经济指标就能衡量的，生存环境质量已经越来越引起人们的重视。一些企业依靠技术优势和企业规模优势，大肆占有和挥霍地方生态资源而获取高额利润，造成一部分人的“发展”严重影响另一部分人，甚至大多数人的发展，不仅破坏了生态环境，也破坏了生态公平。泛北部湾各国发展状况不同，有些差距比较大，企业在发展的同时不能不考虑广大民众的生存环境权利和发展权利。

对于泛北部湾区域各国企业而言，当前生态责任主要包括两个方面：

（1）就企业内部而言，主要有：①企业生态责任教育。通过教育使企业管理者和企业员工了解泛北部湾生态状况及其生态责任重要性，增强环保意识和责任意识，使推进企业绿色发展与区域生态文明建设相结合。②推进企业生态责任标准化建设。标准化建设已经成为企业科学发展重要理路。对于泛北部湾区域企业而言，最为关键的是加大绿色环保企业生产、产品和评估标准化建设。③建立生态考核指标体系和生态责任报告制度。企业管理要融入环保理念，加快建立资源利用率、排放等指标体系，制定清洁生产的环保经济和节约资源与再生资源的循环经济指标体系，规范绩效考核，将企业生态责任的承担进一步规范化。

（2）就企业外部而言，主要有：①建立完善的企业生态责任法律法规监督体系。企业生态责任立法，要加大对企业生态环保责任的追究力度。随着泛北部湾区域开发和发展，企业数量和规模都在急剧扩大，如果没有生态责任承担的法律规定和监督，势必造成企业对区域生态环境保护的漠视，加剧区域生态恶化。②企业投资的生态责任引导。政府应该加大对那些绿色环保企业、循环经济发展模式企业的投资导向，鼓励银行、投资公司将资金注入这些企业，而对那些低产出、高能耗的企业减少或拒绝投资，以此将企业的生态责任延伸到投资方。③企业履行生态责任的公众督促。一是充分发挥生态环保非政府组织（NGO）对企业生态责任的监督。生态环保非政府组织既可以是本国公民组成，也可以由多个国家组织、协会组成。它们可以根据国际生态相关法律法规、区域生态法规或者本国生态法规，代表公众对企业的破坏生态环境的违规行为行使监督权甚至诉讼权，从而有效捍卫公众的环境权益。二是加强社会公众舆论的监督力量。如通过新闻报道、宣传教育等形式，强化对企业的舆论监督力量，促使企业更好地承担和履行生态责任。④加强企业产品消费的绿色引导，通过公众的消费对企业生态责任实施适时评价，达到鼓励或贬抑的社会效果。如果在消费者形成一种良性的消费心理——对不负生态责任的企业生产的产品大家抵制消费或拒绝消费，而对具有良好生态责任的企业生产的产品大家积极消费，形成一种对企业的压力，促使相关企业自觉地承担生态责任、履行生态义务。

4. 公民生态责任

公民生态责任实质上是要求每个公民自觉地承担生态责任。

泛北部湾区域内各国由于经济、社会、文化发展程度不一，生态文明建设状况不平衡，公民生态责任还存在一些突出问题：其一，公民生态环保意识和生态素质存在着地域性差别；其二，公民生态环保参与度不高；其三，公民生态环保行为缺乏法律和制度保障，责任和权利不清晰。

因此，加强泛北部湾区域公民生态责任共享，还需要继续努力：①培育公民的区域生态文明意识。提高人们的区域生态文明意识，使每一个公民都意识到保护生态环境是公民的基本义务和责任，充分发挥生态文明建设积极性。②完善相关法律制度，明确公民生态建设的权、责、利，保障公民区域生态环保行为"有法可依"。区域内各国公民首先都享有知情权、参与权、监督权和诉讼权等相关生态权利；同时有义务承担保护生态环境、同生态破坏行为做斗争的责任；也享有生态资源开发利用的利益，如原住居民对当地旅游开发利益的分享。③拓宽公民参与生态决策和治理的渠道。首先要从制度上保障公民能够参与到生态决策、地方经济项目、生态治理等实践中；其次要多途径、多方式参与，如通过听证会、陪审会、代表会等方式。④降低公民环境保护的参与成本，激发民众参与的积极性。公民参与生态环境保护以及反对生态破坏行为，要降低公民参与的经济代价和时间成本，这样才能激发民众的参与积极性，使得生产参与成为一种常态。

（二）生态机会共享

对于泛北部湾区域经济合作和生态文明建设而言，生态机会公平与权利公平、规则公平都是过程性共享的关键要素和主要目标。泛北部湾区域生态文明共享必须营造最大限度和范围的生态机会共享，共同推进区域生态文明建设。

1. 世界发展机会

随着全球生态环境问题的凸显和恶化，生态文明建设已经成为全人类的共同责任。世界环境与发展委员会在1987年发表关于人类未来报告——《我们共同的未来》，从"共同的问题"、"共同的挑战"和"共同的努力"三个方面阐释了支撑全球人类进步的可持续发展路向。1992

年，联合国环境与发展大会发表宣言指出，“和平、发展和保护环境是互相依存、不可分割的，世界各国应在环境与发展领域加强国际合作，为建立一种新的、公平的全球伙伴关系而努力”。2006 年 6 月，由中国发起并由成员国政党组织、国家议会、政府机构依据联合国千年发展目标在中国创建了国际生态安全合作组织，并确立了“支持不发达国家和发展中国家的扶贫计划、负责全球生态安全状况的调查和分析、促进生态安全领域的基础研究和发展”等十余项目标任务，推进了生态文明的国际实践深入进行。

随着生态文明建设国际共识和实践的深化，为世界各国积极参与国际生态环境保护与国际生态合作提供了新契机。在此国际背景下，泛北部湾区域经济合作在“共建中国—东盟新增长极”、打造区域经济合作新平台建设中，生态文明共建共享也成为区域合作的重要主题。

国际生态环境保护与国际生态合作为泛北部湾区域生态文明共享提供了崭新机会：①转变传统观念，实施创新思维；②加快与国际接轨的生态法律法规及其相关制度建设，立足区域发展，着眼国际融合；③积极融入国际生态文明建设，加强生态合作；④推动传统产业的改造，催生新产业，创造新的经济增长点；⑤区域内各国应积极寻求后发优势，开拓国际生态产品市场。各国不仅要加强国际经济合作与生态合作，还应着眼于未来全球经济贸易合作模式的变化趋势，抓住跨越式发展的机会，合理开发利用生态资源，打造绿色企业和绿色产品的国际品牌。

2. 区域发展机会

区域发展不仅推动了经济快速增长，而且为区域生态文明带来了新契机，主要表现在中国—东盟自由贸易区建立和泛北部湾区域自身发展带来的双重区域发展机会。

（1）中国—东盟自由贸易区对泛北部湾区域生态建设和生态合作的影响。2010 年 1 月 1 日，拥有 19 亿人口、6 万亿美元 GDP 和 4.5 万亿美元贸易额的中国—东盟自由贸易区正式启动。它是目前世界人口最多的自贸区，也是发展中国家间最大的自贸区，推动中国与东盟国家区域经济一体化进程迈入新发展阶段，给泛北部湾区域生态合作带来了新的发展机遇。

其一，扩展了生态文明建设交往渠道与合作平台。中国—东盟自由贸易区中有一半国家属于泛北部湾区域国家，泛北部湾国家成为中国—东盟贸易的主体。中国—东盟自由贸易区建立，为泛北部湾区域生态文明建设提供新机会：一是增进了区域内各国政府、企业之间的对话与合作，为解决生态环境问题提供了增进了解、交流、协商的机会；二是促进区域内各国的贸易与投资联系，为拓展生态产品市场、生态技术市场搭建了新平台。

其二，为共同参与区域生态环保提供经济物质支持。一方面，中国—东盟自由贸易区中尤其是泛北部湾区域中各国生态自然资源极其丰富，为区域生态文明建设提供了丰富的资源条件；另一方面，中国与泛北部湾主要成员国之间贸易持续增长（见表6－2），借力经济合作方式途径，可以探寻更加丰富的生态文明合作共享方式。

表6－2　2003—2009年中国与泛北部湾区域主要成员国贸易情况

单位：亿美元

年份	文莱	印度尼西亚	马来西亚	菲律宾	新加坡	泰国	越南	泛北部湾区域贸易	中国东盟贸易	比重（%）
2003	3.5	102.3	201.3	94.0	193.5	126.6	46.3	767.5	782.5	98.1
2004	2.9	134.8	262.6	133.3	266.8	173.4	67.4	1041.2	1058.8	98.3
2005	2.6	167.8	307.0	175.5	331.5	218.1	81.9	1284.4	1303.7	98.5
2006	3.2	190.6	371.1	234.1	408.5	277.3	99.5	1584.3	1608.4	98.5
2007	3.6	249.9	464.0	306.1	471.5	346.4	151.2	1992.7	2025.5	98.4
2008	2.2	315.2	534.7	285.8	524.4	412.5	194.6	2269.3	2311.2	98.2
2009	4.2	283.4	519.6	205.3	478.6	382.0	210.5	2083.6	2130.1	97.8

资料来源：中国商务部统计数据整理。

世界将证明，泛北部湾区域中尚未完成现代化转型的大多数国家，应该而且可以实现对传统工业文明的超越，实现向生态工业文明的转型。努力实现泛北部湾区域生态保护和经济发展双赢，走出一条不同于西方发达国家的工业化道路，这对泛北部湾区域各国既是严峻的挑战，更是难得的机遇。

（2）泛北部湾区域合作发展为区域生态文明共享带来的机遇。其一，区域经济合作积累了丰富的合作方式与合作平台，可以为生态合作提供有益借鉴，甚至直接使用。在现有的泛北部湾区域经济合作机制中，已经有中国—东盟博览会、中国—东盟商务与投资峰会、泛北部湾经济合作论坛、泛北部湾经济合作联合专家组、泛北部湾智库峰会等多种形式，为深化泛北部湾区域经济合作发挥了巨大作用。如果将合作的主题由“经济”转变为“生态”，这些方式是可以直接运用的。

其二，随着区域经济合作发展，泛北部湾区域各国领导人已经开始重视生态环境问题，并致力于解决区域生态环境危机。尤其是作为泛北部湾经济合作发起国的中国，更是将区域生态文明纳入国家发展战略，并积极倡导区域生态合作。2011 年世界环境日，中国主题倡导“共建生态文明 共享绿色未来”。在中国的积极倡导和努力下，泛北部湾各国逐渐认识到经济发展对本国和区域整体带来的严重影响，积极寻求解决生态环境问题、加强区域生态合作的办法。

其三，随着各国对生态环境问题的重视以及生态合作实践的展开，泛北部湾各国已经积累了丰富的环境保护合作经验。这种合作既有与发达国家合作，又有区域内邻国之间的合作（如跨境流域环境污染防治与保护，比较典型的是泰国、老挝、柬埔寨、越南 4 国于 1995 年成立湄公河委员会，开展湄公河流域的水资源开发利用和保护），不仅在生态合作理念上有所提升，而且在环境保护合作模式达到了更高的契合。

其四，泛北部湾区域各国经济持续发展，为区域生态文明建设提供了物质基础。随着经济的持续发展，区域各国对环境保护和生态建设的投资力度明显加大，有效地推动了区域各国生态文明建设步伐。以中国为例，从 2006—2010 年，中国北部湾区域三省环境污染治理投资逐年增加（见表 6 – 3）。

表 6 – 3　　环境污染治理投资额　　单位：万元

省份	2006 年	2007 年	2008 年	2009 年	2010 年
广西	412000	655000	930000	1323000	1641000
海南	84000	149000	127000	197000	236000
广东	1604000	1536000	1646000	2401000	14162000

资料来源：根据“各省市环境保护发展概况”数据整理、中国环境保护与经济社会发展统计数据库，http：//tongji. cnki. net/kns55/addvalue/。

（三）生态风险共享

生态风险共享实质上就是要求泛北部湾区域各方要有生态风险意识、

积极开展生态风险评价与规避，实现区域生态健康发展。

1. 泛北部湾区域生态风险共享的利益主体博弈

泛北部湾区域生态风险尚未受到学界重视，但是其生态风险的存在却应该引起重视。泛北部湾区域生态风险实质上是利益主体相互博弈的结果。

（1）各国政府之间的利益博弈：避免“公地悲剧”。最初，泛北部湾经济合作就是出于经济利益发展需要而提出来的；随后，泛北部湾区域经济与发展的合作平台、合作机制不断建立完善，也是出于经济利益的需要。非常典型的例子就是南海争端，争端的起因都是生态资源的争夺引起的。南海海域有含油气构造200多个，油气田大约有180个，大概在230亿—300亿吨之间，相当于全球储量的12%，约占中国石油总资源量的1/3。仅仅在南海的曾母盆地、沙巴盆地和万安盆地的石油总储量，就将近200亿吨。而南海区域1/2的石油天然气储量分布在中国所主张管辖的海域之内。除新加坡之外，其余几个国家与中国都有相应的争端，其目的不外乎是生态资源的占有和生态利益的主张。另外，美国、印度、日本等大国试图并已经介入南海问题，使得南海的利益博弈有向国际化发展的不良趋势。生态利益博弈加大了泛北部湾区域生态风险形势，一定程度恶化了区域生态风险环境。

各国政府之间的利益博弈常常会造成“公地悲剧”，加大区域生态风险。出于自利动机，就会造成对生态资源的过度占有和使用，同时漠视和放弃生态责任，而对区域生态资源环境公共问题的自利和不合作必然加重区域生态风险。

同时需要指出的是：区域生态资源具有公共性特征，能否实现公平共享，也是影响区域生态风险的重要因素。例如，区域内河流资源利用过程中，如何避免上游国家为了追求最大的经济利益过度使用环境资源，破坏生态环境，而把成本转移给下游来承担；或者如何协调上游国家致力于生态环境建设，而下游国家坐享其成的现象。大湄公河作为泛北部湾区域内亚洲最重要的跨国水系，流经柬埔寨、老挝、缅甸、泰国、越南和中国部分地区。大湄公河流域生态资源丰富，每年在流域内发现的新物种数量都在呈增长趋势；但是近些年大湄公河地区的温度正在升高，天气多变也导致当地洪水、干旱和风暴更为频繁。如何处理好生态资源开发利用和保护区域独特的生物多样性，降低流域生态风险，是流域内各国面临的重要问题。

（2）各国内部政府部门之间的利益博弈：走出“囚徒困境”。各国地方政府部门之间的利益博弈，实际上就是在“生态风险治理”与“生态风险不治理”之间权衡选择，往往容易陷入“囚徒困境”。

生态风险治理中政府部门之间博弈如果用“胜、负”术语来表示，其情况如表6－4所示。

表6－4　　　　生态风险治理中政府之间的利益博弈

	合作	背叛
合作	胜—胜	大负—大胜
背叛	大胜—大负	负—负

“负—负”的状态实现了纳什均衡，但这场博弈的纳什均衡显然不是顾及团体利益的帕累托最优解决方案。萨缪尔森和诺德豪斯认为这是一种“理性的无知”，它表明“利己之心是如何导致不合作的、污染的和扩军备战的世界——一种恶劣的、野蛮的和使生命短促的生活方式”。

生态风险治理中的博弈分析，目的是“实现集体理性与个人理性的统一，达成一个具有约束力的协议，即合作型的博弈，从而避免由于人们自利的动机而造成的生态失衡、环境退化的后果。”① 生态风险治理的博弈分析揭示了一个核心理念，那就是“博弈双输，合作双赢”。因此，注重合作，力求双赢；注重策略选择，善于换位思考，提高政府及各部门之间的合作是有效化解生态风险的主要途径。

（3）政府与风险企业之间的利益博弈：防范生态风险。政府应该扮演监管角色，企业应该负有防范生态风险的责任，而监管和防范都是必须付出成本的，影响政府监管效益的获得和企业利益的获得。设政府监管的成本为M_1；企业防范的成本为M_2；企业罚款额为N和企业利益为L；P表示企业在生态破坏后的损失（见表6－5）。

表6－5　　　　政府与风险企业之间的利益博弈

	企业防范	企业不防范
政府监管	$(-M_1)$，$(-M_2)$	$(-M_1)+N$，$L-N-P$
政府不监管	0，$(-M_2)$	0，L

① 张鑫：《区域生态风险治理中主要利益体间的博弈分析》，《天水行政学院学报》2011年第6期。

显然，当 $M_1 > N$ 时，即政府监管成本大于企业罚款额，政府监管部门没有利益动力，就会采取不监管企业；而企业在这种情况下就会千方百计地选择逃避风险防范，这样企业就可以获得企业利益 L 而同时不需要付出防范成本 M_2，企业就有可能不顾生态环境风险盲目追求自身利益最大化。即使是政府部门有所监管，但是只要监管不力，企业仍然会设法规避风险防范。所以，政府部门不监管或监管不力，企业就会不防范，带来的生态风险是最大的。

当 $M_1 < N$ 时，即政府监管成本小于企业罚款额，政府监管部门因为利益动机就会积极采取监管行动。对于企业而言，采取风险防范措施尽管付出了成本，但是获得的长远利益最终必然会大于防范成本，对于保障企业可持续发展、保障利益可持续获得是一件大好事。

综上可以得出结论：一是政府部门不监管，企业不防范，生态环境被破坏的风险增大。二是政府管理部门处罚力度越大，监管的可能性就越大。三是政府管理部门处罚力度越大，企业采取风险防范就越有效。四是风险防范和利益获取二者是对立统一的，企业采取风险防范获取的是长远利益和可持续发展。

（4）企业与公民之间的利益博弈：强化公民的生态监督。企业的生产行为直接影响着公民的利益获得，决定着公民的生态权利质量。

企业与公民之间的利益博弈主要表现在公民行使监督权时利益和成本孰大孰小。当公民对企业的生态参与（监督、检举）成本大于收益，公民自然就没有动力。长此以往，就会造成公民对企业的环境破坏行为的漠然置之、听之任之；如果成本小于收益，公民才会有参与监督和检举的意愿，并且通过对企业生态破坏行为的监督检举不仅获得社会舆论的赞扬，同时还获得相应的收益，公民的生态监督和参与行为才会常态化。

因此，首先，要加大政府对公民监督行为的奖励。不仅要精神激励，还要给予必要的物质奖励，使奖励制度化、常态化。通过奖励，鼓励更多的公民参与对企业行为的监督，树立保护生态环境的责权意识。其次，建立透明、规范的环境信息公开制度和公众参与环境决策机制、监督的平台，鼓励公民积极参与环境决策和对企业加强监督。再次，加大社会舆论宣传力度。对公民的企业监督行为进行宣扬，树立学习榜样；同时对企业生态违规行为进行曝光，充分发挥各类媒体的宣传引导和舆论监督作用。最后，在公民中大力弘扬生态文化，倡导绿色生活和消费，引导和推动公众参与。

2. 泛北部湾区域生态风险的特点

利益主体的复杂性，使得泛北部湾区域生态风险呈现出不同特点。

（1）危害性。区域生态风险的危害性是指区域生态风险的相关事件对区域生态系统和环境组成具有的负面影响。这些负面影响将有可能导致整个区域生态系统结构和功能的损失、生态系统内物种的病变、生物多样性的减少等严重后果。随着泛北部湾区域经济的发展，对资源的过度开发利用、对环境的污染破坏正呈现加重的趋势，使得泛北部湾作为全球最后一片生物多样性以及大量热带和亚热带物种保护区域正面临严重的生态风险。例如，区域内各国的海洋发展战略推行，加大了对海洋生物资源的开发利用力度；沿海工业的发展造成了对海洋环境污染加重。区域海洋生态风险，要求区域内各国必须加大海洋环境保护力度：一是严格海洋工程环境影响评价制度，抓好陆源污染物排海控制；二是着力保护好红树林、珊瑚礁、海草场等重要海洋生态系统；三是加快规划海洋环境保护，减轻重点海湾环境压力；四是加大海洋生态建设投入；五是加强海洋环境监测技术体系建设。

（2）不确定性。风险是随机的，具有不确定性。一方面，生态危害事件的发生时间、地点、强度和范围事先一般很难做出准确判断。另一方面，不确定性还表现在灾害或事故发生之前对风险虽然有一定了解，但准确推断它将要给某一生态系统带来何种风险及其风险程度如何也是困难的。正因为如此，泛北部湾区域生态风险防范必须从以下几个方面努力：其一，强化区域生态风险防范意识。区域各国及其联合组织应该有目的、有意识地通过计划、组织、控制和检察等活动来阻止生态风险损失的发生，削弱损失发生的影响程度，以获取最大生态利益。其二，建立区域生态风险防范制度。区域各国应该通过协商，加快制订生态风险防范的策略、计划、方案、组织制度等，使生态风险方法“有章可循”。其三，完善区域生态风险机制。尤其是建立一套生态风险预警机制、应急机制和处置机制。改变生态风险防范中“自私自利”状况，必须建立区域内各国政府、企业、公民等超越各自的局部利益的更为广泛的合作机制。其四，加强区域生态风险管理。泛北部湾区域生态风险管理的一个显著特征就是主体的多元性，因此如何协调多元主体，共同参与，建设生态风险管理的多主体参与模式是主要趋势。即需要形成政府、企业和公共多方参与模式。在多方参与情况下，有效地将监测、预警、应急处理、反馈等多环节联系起来，提升生态风险管理的效能和作用[①]。其五，丰富区域生态风险措施。提高生态风险防范的科学化水平，共同研发防范生态风险的科学技术手段，丰富多样化措施。

（3）跨区域性。生态风险具有跨国界、跨省界的跨区域特点，并且随着经济的发展而呈现出多样性和复杂性。1987 年，联合国环境与发展委员会在《我们共同的未来》中指出："孤立的政策和机构不可能有效地对付这种相互联系的问题。任何国家采取单方面的行动也不可能解决问题。"离开了区域内各个成员国之间的精诚合作，解决区域生态风险防范问题只能是痴人说梦。当前，生态风险已经超出了任何某一个民族国家的发展及其疆域边界，生态风险治理也不可能再由某一个国家政府来承担。生态风险的跨区域性正在说明，"焦虑的共同性替代了需求的共同性。在这种意义上，风险社会的形成标示着一个新的社会时代，在其中产生了由焦虑转化而来的联合。"[②]

（4）突变性。生态风险的呈现及其破坏性影响并不一定遵循量变和质变规律的常态，某一地区局部生态风险积累到一定程度，往往造成整个生态系统的崩溃。泛北部湾区域内由于生态资源禀赋得天独厚、生态系统质量先天优良，区域内某一个生态环境破坏行为不一定会造成深重的破坏，但是一旦生态环境污染和破坏积累，其后果可能就是灾难性的。即便是生态系统单个破坏性行为没有引起普遍性的恶果，一旦生态系统的某个"吸引子"点燃系统恶化的"发动机"，就会给生态系统及区域经济社会系统带来"蝴蝶效应"的震荡。

（5）长期性。一方面，生态风险的存在是长期的，只要有发展，就有生态风险伴随；另一方面，生态风险的治理也是长期的。治理的长期性是因为治理具有艰难性，一旦生态风险爆发，其危害和破坏性影响很难在短期内肃清。例如禽流感、SARS 等灾难性影响，造成的心理恐惧是长期的。

---

① 李书舒、李瑞龙、陈锐：《区域生态风险管理研究热点展望》，《生态经济》2011 年第 11 期。

② 薛晓源：《生态风险的现象学展现——关于生态文明研究的战略思考（一）》，《学习时报》2009 年第 3 期。

三　结果性共享

结果性共享不仅包括生态权利获取，还包括生态利益的分享和生态成果的分配，主要解决区域生态权利、区域生态利益协调、区域生态分配公平的问题。区域生态文明的结果性共享为泛北部湾区域生态文明建设提供持续的发展动力。

（一）生态权利共享：表达与参与

生态权利在今天应该被看作是公民的基本权利，即公民或个人有要求其生存环境得到保护和优化的权利。[①] 生态权利是一个集知情权、表达权、参与权和监督权为一体的综合性的生态环境基本权利。

尽管泛北部湾区域各国尚未有“生态权利”的明确表述，但随着区域生态环境问题日益受到关注，生态权利问题也将逐渐凸显。对于泛北部湾区域而言，不同的主体（如国家、政府、企事业单位、社会组织、公民个体等）生态权利的内容具有一定的差异性；与此同时，随着可持续发展生态观念逐渐深入人心，生态权利的主体扩展到了同代人与后代人。

1. 生态知情权利

生态知情权利是每个公民了解政府对于生态环境相关政务运作信息的权利。为了避免经济市场运行的盲目性，同时避免企业和个人对生态资源肆意掠夺所带来的生态环境破坏，生态利益分配的决策权往往更多地配置给公权力的行使者——政府。但是对于政府的相关生态事务运行，公民是有权了解并进行监督的，避免因为政府的独断或刻意隐瞒带来的生态利益伤害。例如，我国公民依据《政府信息公开条例》和《环境信息公开办法》，公民可以向环保部门申请环境信息公开，包括环境质量状况及变化趋势、污染物排放状况、潜在的环境风险等。

一方面，域内各个组织和公民有权利就泛北部湾区域整体生态状况、生态资源耗费、生态环境污染进行了解。泛北部湾区域海洋环境污染的状况、红树林保护、海草保护等相关信息，不仅关系到区域良性发展，也关

① 李惠斌：《生态权利与生态正义——一个马克思主义的研究视角》，《新视野》2008 年第 5 期。

系到每个人的利益，公民和社会组织有权利从各国联合的区域环境机构和官方部门了解区域环境信息和工作状况。

另一方面，区域内每一个国家的公民有权利了解本国在泛北部湾经济合作中生态环境状况、生态环境政策、生态污染状况。从国家利益和公民利益出发，本国公民不仅有权利知晓本国环境污染、保护状况，还有权利了解政府在泛北部湾区域的环境政策、战略对策、国际合作等状况信息。例如，大湄公河流域作为泛北部湾跨境流域污染防治与治理的重点区域，我们不仅要了解流域内国家和地区生态环境状况，包括柬埔寨、老挝、缅甸、泰国、越南5个国家和中国云南、广西等，还要了解各国各地区环境对策。

2. 生态表达权

所谓生态表达权就是指组织和公民通过各种途径主张和维护自己的生态权利。生态表达权利最突出特征就是生态权利的排他性，也就是说，任何个人和组织不能剥夺他人的生态权利。换言之，任何个人或组织不能破坏他人的生存环境。

随着法治建设和生态文明建设的推进，法律意识、环保意识已经深入人心，公民的生态权利意识不断增强，如维护地区和个人生态权利的积极性、生态权利遭到损害后的索赔主动性、生态权利保护的技巧和能力等都在提高，在此背景下，生态表达权得以不断彰显。实现生态利益表达权利必须要有几个基本要素，即“政治民主和法律程序，理性公民意识和绿色生态文化观”。①

对于泛北部湾区域生态权利表达方式而言，首先，须建立适应区域整体的法律法规程序，以保障区域生态权利表达合法、有序、有效；其次，公民生态理性意识的培育是实现生态权利表达的主体动力，促进区域内政府部门、NGO和公民个体积极、合理、充分地表达生态权利；最后，绿色生态文化建设为区域经济社会发展营造健康的生活方式和生态价值观，使崇尚自然、节约资源、绿色生活等观念深入人心，最大限度地实现生态权利。

3. 生态参与权

生态参与权主要是指社会组织和公民通过各种途径和形式，参与生态建设、环境管理等社会事务的权利。

---

① 许娟：《论生态利益表达权利的实现》，《贵州民族学院学报》（哲学社会科学版）2009年第6期。

随着泛北部湾区域经济合作的逐渐深入，如何平衡公众诉求与经济发展，已经成为维护区域经济社会和谐发展的重要因素。尤其是泛北部湾区域内国家众多、经济社会发展不平衡、生态权利主体多元化，仅仅靠政府大包大揽的做法难以应对区域内群体利益复杂多变的环境管理问题。

当前，区域内各国一些地方政府唯经济挂帅，忽视环境保护和民众健康，决策过程不够公开透明，导致民众走上街头抵制污染项目现象时有发生。解决此类问题，一是强化政府在区域生态建设中的积极参与。因为保护环境和保护公民的生态权利是政府义不容辞的责任。建立“以参与为本位的环境权”，强化政府作用，是保障生态参与权的重要方式。二是加快泛北部湾区域生态文明制度建设，尤其是尽快完善公众参与的环境决策机制。例如，区域经济布局中上马一些大项目，亟须从制度层面寻得妥善解决方案，缓解公众的环境恐惧症与不信任感。三是要在政府参与主导作用下，鼓励各类民间社会组织、专业服务机构（如环保的科学普及机构、法律服务机构、环境评估服务机构等）、公民参与区域环保决策过程，推动区域生态文明建设快速、良性发展。

4. 生态监督权

生态监督权主要是指公民对国家、企业及其相关工作人员的环境管理、执法等公务活动、生态行为进行监督的权利。例如，公民对政府或企业破坏环境的行为或失职行为进行检举，就是行使生态监督权的表现。

加强对泛北部湾区域生态环境监督：一是建立区域联合的生态环境管理机构，共同加强对沿海工业污染排放、沿海环境质量检测和管理的监督。二是加强区域生态法律法规建设。如共同制定类似《泛北部湾区域环境影响评价法》等相关法律法规，对区域环境可能造成重大影响、应当编制环境影响报告书的建设项目，举行论证会、听证会，或采取其他形式，征求有关单位、专家和公众的意见。三是通过环境诉讼，加大区域内生态污染事件的监督处置力度。如通过民间环保组织、国家海洋局、受害居民或渔民对区域内生态污染进行维权诉讼。

环境权已在国际上被确认为一项基本人权，而就泛北部湾区域生态环境面临的生态压力和日益被提倡的生态安全来说，生态权利在保护环境、维护生态平衡中的重要性愈加显现。

（二）生态利益共享：“正和博弈”之实现

泛北部湾区域生态利益共享是建立在生态合作基础之上，开展广泛合作才能获得广泛的利益。这个过程既是一个利益合作博弈的过程，也是区域利益协调的过程。

1. 生态利益的“正和博弈”

“正和博弈”又称合作博弈，是指博弈双方的利益都有所增加，或者至少是一方的利益增加，而另一方的利益不受损害，因而整个社会的利益有所增加。

根据公共选择理论，区域整体利益与国家利益之间、各个国家利益主体之间如果不合作、对抗甚至“损人利己”，就有可能产生两种负效应情况：一是由于相对抗的不合作产生“零和博弈”结果，即一方为赢家，另一方为输家，利益总和为零。这种相对抗不合作博弈往往以“谋私利”为重而不顾及对方利益，占有对方利益甚至损害对方利益，造成的结果是“1 +1 <2”。二是利益主体之间发生冲突和斗争，最后造成所失大于所得，即通常所说的两败俱伤，这就是所谓的“负和博弈”。“负和博弈”是利益矛盾最差的处置方式和处置结果。

泛北部湾区域生态文明共享问题的关键是处理好区域整体利益、国家利益的关系，并努力增进区域整体、国家的利益，即实现“正和博弈”。多元主体协同治理、相互支持、共同发展，通过合作伙伴关系并在互助共赢基础上谋求共同利益的最大化。

显然，解决泛北部湾区域生态环境问题、增进各国和地区的经济社会效益，区域内各国各地区应该携手并进、互助共赢，达成“正和博弈”，实现区域生态文明真正共享。

2. 泛北部湾区域生态利益“正和博弈”之实现

首先，泛北部湾区域各国要建立国与国之间的生态互信。如同国与国之间的政治交往必须建立在政治互信的前提下，那么生态文明共享也必须建立生态互信。各方必须达成生态文明共享的共识，愿意并积极地参与区域生态环境治理、区域生态资源开发利用、维护区域整体生态环境。中国在泛北部湾区域合作中致力于塑造“大国风范”，并积极倡导区域各国和平协作、共同开发，为建设区域生态互信做出了极大的努力。

其次，建立泛北部湾区域各国之间生态利益矛盾共同处置机构。一类是建立区域整体性机构。比如，建立“泛北部湾生态合作委员会”，处置区域生态整体性问题。二类是建立分块的区域生态处置机构。如针对海洋生态、森林生态、旅游生态资源等不同类别的处置机构。比如，处置区域海洋环境污染问题，各国环境机构可以派人组成类似于“泛北部湾海洋环境署”之类的区域分支性机构，处置相关的生态利益矛盾，避免生态利益的恶性争夺。通过处置机构的建立，避免生态利益的相互损害和恶性竞争，推进区域生态利益正和博弈实现。

再次，完善泛北部湾区域各国之间生态利益矛盾调解的法律、制度和相关机制。加快完善泛北部湾区域性的生态保护、生态污染治理、生态污染惩治的相关法律、制度和机制体系，使得生态利益发生冲突时“有法可依”、“有章可循”，从制度上保障区域生态利益实现“正和博弈”。

最后，加强生态合作，在生态合作实践中验证生态利益的“正和博弈”。生态合作包括生态资源开发和利用合作、生态环境治理合作、生态科技开发合作、生态产品开发合作、生态评估合作等多方面、全方位合作，只有在生态合作中才能验证生态利益的“正和博弈”，避免生态利益之争带来的最终损失。

（三）生态成果共享：效益与效应兼得

区域生态成果共享是区域经济合作、生态文明建设带来的区域生态的良好效益和效应随着区域经济合作的不断推进和生态环保工作的不断展开，泛北部湾区域生态建设取得了一系列的成果。

1. 生态环境问题认识不断深入

其一，连续八届泛北部湾经济合作论坛的召开，极大地促进了泛北部湾区域经济合作，同时也促进了对区域生态环境的共识。泛北部湾经济合作论坛以促进泛北部湾区域合作发展为目的，已经成为一个长期性、开放式的研究、交流和沟通平台，成为各国政府官员、专家学者、企业精英相互交流、共同展望、制定规划、推进合作的场所。与经济合作相伴随，区域生态环境保护与合作问题也逐渐成为区域合作的重要主题。

其二，泛北部湾区域经济合作加强了区域内各国的互信互让，优化了生态合作的国家关系。中国和一些东盟国家在南海主权归属问题上存在一些争议，合作中存在一些疑虑和不信任，但是，随着泛北部湾区域经济合作的深化，在《南海各方行为规则》指导下，实行“搁置争议、共同开发”的原则将进一步增强互信。例如，在泛北部湾区域内，中国与印度尼西亚建立了战略伙伴关系，与马来西亚和菲律宾展开了战略性合作，与新加坡在双边自贸区协定取得实质性进展，与越南永续“四好关系”，与文莱关系不断发展。区域内各国关系的良性发展，极大地优化了生态合作的区域环境。

其三，生态合作领域不断拓展。随着泛北部湾经济合作展开，区域内各国的比较优势和互补效应逐渐凸显，生态合作的领域因地区生态资源的丰富性而不断拓展。如南海丰富的海洋、旅游、渔业、盐业、油气资源和风、潮汐、太阳能等可再生资源，澜沧江—湄公河流域的水电和生态资源，正在得到有效的开发和利用。另外，各种主题的生态合作也不断开展。

2. 调整产业结构、发展循环经济取得喜人效益

所谓循环经济，就是把传统的依赖资源消耗的线性增长的经济，转变为依靠生态型资源循环来发展的经济，其特征是低消耗、低排放、高效率。循环经济遵循的基本原则是“4R”原则，即减量化（Reduce）、再利用（Reuse）、再循环（Recycle）、再思考（Rethink）。[①]

近些年，泛北部湾区域各国积极改变传统经济生产方式。例如，旅游业作为泰国重要的经济支柱和主要创汇行业，近年正积极改变传统观念和开发方式，走可持续发展的旅游路线。泰国政府认识到快速经济增长和工业污染给旅游业带来的严重危机，更新了《国家环境质量法》等法律，颁布了《可持续旅游国家议程》行动计划，重视地方政府在促进可持续旅游方面的管理，促进经济与发展的平衡。再如，越南由于历史原因，早些年生态环境危机极其严重，森林资源遭严重破坏；沿海和河口生态系统、珊瑚岛生态系统遭到不合理开采和使用，导致许多珍贵动植物日益稀少；工业污染严重；人口压力巨大等。近十年，越南积极转变经济增长方式，经济持续快速增长，尤其是高科技制造业和超值服务业方面增长迅速。

近三年（2008—2010 年）来，泛北部湾区域主要成员国经济增长情况如表 6 – 6 所示。

表 6 – 6　　2009—2011 年泛北部湾区域主要成员国经济增长情况

国家	年度经济增长率（%）		主要经济领域、特殊贡献行业（%）
越南	2008 年	6.23	服务业增长 7.2%，第二产业 6.33%，第三产业 7.2%
	2009 年	5.32	服务领域增长了 6.63%，第二产业增长 5.52%
	2010 年	6.78	商业、旅游、服务业产值增长 7.52%

① 于法稳、胡剑锋主编：《生态经济与生态文明》，社会科学文献出版社 2012 年版，第 18 页。

续表

国家	年度经济增长率（%）		主要经济领域、特殊贡献行业（%）
马来西亚	2008 年	5	服务业平均增长 7.9%；服务业投资环境吸引力超过制造业
	2009 年	-1.7（同比下降）	传统制造业转型“超越制造业”；第三产业同比增长 2.1%；旅游入境人次增长 7.2%，居东南亚之首
	2010 年	7.2	新经济模式（NEM）“高收入”、“共享”、“可持续”；制造业占 GDP27.9%；旅游、金融、商业成为国家关键经济领域；服务业增长 8.2%
印度尼西亚	2008 年	6.2	旅游增长 31%；积极参与区域合作
	2009 年	4.5	消费对 GDP 贡献超过 65%；资源丰富、市场广阔
	2010 年	6.1	商贸、酒店与旅馆业增长 8.7%；交通与通信业增长 13.5%；金融、地产与企业服务业增长 5.7%
文莱	2008 年	0.5	国家战略部署：“教育、经济、安全、机制发展、本地企业发展、基础设施发展、社会保障和环境保护”八大战略；国际离岸金融中心；旅游业增长
	2009 年	0.2	国际农业交流与合作：可持续粮食生产及生物能源发展综合战略
	2010 年	1.1	石油、天然气占 GDP 51.9%；促进旅游业；打造国际清真产品中心
菲律宾	2008 年	4.6	加强旅游和可再生能源
	2009 年	3.0	倡导节能减排、发展生物能源和可再生能源；海外劳工汇款是主要经济增长点，增长 5.6%
	2010 年	7.3	海外劳工汇款相当于 GDP 10%；旅游收入同比增长 11.6%；外贸出口增长 33.7%
泰国	2008 年	2.6	产能利用率 57.3%；努力增加出口和旅游
	2009 年	-2.3（负增长）	产能利用率 57.1%；制造业部门生产力得到恢复；旅游业好转；“泰国坚强计划”（SP2）重点发展农业、能源、环境及改善基础设施
	2010 年	7.8	旅游业复苏；对外贸易增长迅猛

续表

国家	年度经济增长率（%）		主要经济领域、特殊贡献行业（%）
柬埔寨	2008 年	6.8	金融业、房地产、邮电通信业在的 GDP 比重上升；加强与外国能源合作
	2009 年	2.1	农业、工矿业、粮食和饮料工业分别增长 4.3%、10%、13.1%；旅游业、电信业增长
	2010 年	5	金融业、旅游业对经济发展起积极作用

资料来源：相关数据根据以下著作整理。吕余生：《泛北部湾合作发展报告（2009）》，社会科学文献出版社 2009 年版；吕余生：《泛北部湾合作发展报告（2010）》，社会科学文献出版社 2010 年版；《泛北部湾合作发展报告（2011）》，社会科学文献出版社 2011 年版。

在发展循环经济、推进产业创新方面，中国北部湾地区许多新举措值得推广和借鉴。发展循环经济，变传统治污为战略性新兴产业，是广西北部湾产业发展的重要思路。例如，广西玉林龙潭产业园区内的银亿集团，利用镍冶炼后的“三废”，制造硫酸、石膏等，发展循环经济。再如，广西梧州市进口再生资源加工园专门从事再生资源拆解、深加工和金属制品生产，是国家环保部批准的七类定点园区及广西壮族自治区重点推进的 A 类产业园区。大规模建设中的再生资源产业园利用先进技术，建立废旧商品的综合利用体系。防城港金川项目已计划利用废气制造硫酸，并利用国际最先进的技术实现废水的“零排放”。制糖业是广西的重要企业，把一根甘蔗吃干榨尽是制糖业循环经济的形象说法。崇左市与中粮集团合作，投资 20.06 亿元建立循环经济产业基地，生产精制糖、结晶果糖、果葡糖浆及有机生物肥等。通过转型升级，科学发展，北部湾经济区走出了一条新型工业化的发展之路。目前，以富士康、冠捷、中国电子、甘肃金川、北海诚德、中石油、中石化为代表的新一代信息技术产业、新材料、新型石化正在形成践行科学发展的产业集群。其中，信息技术产业涵盖了电子原配件到整机到外设，新材料则从材料粗加工到精加工发展到日用品，新型石化选择了炼油和非炼油的全产业链，诞生了中亚石化、北海诚德、越洋化工、三诺、朗科等一批以自主知识产权技术商用为导向的新企业。①

泛北部湾区域各国及地区积极探索产业结构优化升级，优化资源配

① 《北部湾畔崛起现代产业集群》，《人民日报》（海外版）2012 年 3 月 1 日。

置，实现经济发展的新跨越。

3. 制定和完善环保制度

在生态文明建设方面，区域生态文明建设可以凭借制度后发优势，制定和完善环保制度，以“绿色泛北部湾区域”、“可持续发展”、“防御生态风险”为目标，以优化区域经济发展的生态环境。

一方面，涉及整个区域相关环保制度正在逐步建立和完善中。例如，《广西北部湾经济区发展规划》对加强泛北部湾海洋生态环境保护国际合作做了全方位规划，把海洋生物多样性保护、海洋渔业资源开发保护、海岸带管理、海洋环境资源调查、海洋灾害预警预报等作为重点领域，开展跨国专题研究，建立国际合作机制，联合实施保护项目，共建良好陆海生态环境。在能源与环境保护问题上，区域整体共识基本达成：当前必须加大区域范围内能源结构调整；优化产业化布局；建立区域范围内能源与环境评估综合指标体系；加大对节能技术、清洁能源、可再生资源等的研发，等等。泛北部湾区域经济发展必须走清洁生产、降低能耗、减排污、节约资源的可持续发展道路。

另一方面，区域内各国正在加快本国生态环保制度化建设（如表6－7所示）。

表6－7　泛北部湾区域各国生态环保法律法规建设情况

国家	领域	法律法规
越南	生态环境保护的综合性法律法规	《越南社会主义共和国环境保护法》、《土地法》、《矿产法》、《水资源法》
	生态旅游	《生态旅游区总体规划方案》
印度尼西亚	水资源保护	《生态环境用水法律与政策》
	海岛保护法律制度	《印度尼西亚海岸带和小岛法》
菲律宾	海岛保护法律制度	《菲律宾第1599号总统令》、《菲律宾海岛环境基金制度》
	渔业	“渔业产业发展委员会”
	矿产资源开发与保护	《菲律宾矿业法》
马来西亚	环境保护	《马来西亚环境质量法》
	海岛保护	《海岛环境影响评价制度》

续表

国家	领域	法律法规
中国	海洋保护	《国家中长期科学和技术发展规划纲要（2006—2020年）》
		《国家海洋事业发展“十二五”规划》
		《中华人民共和国海洋环境保护法》
中国·广西北部湾经济区	海洋保护	《海洋灾害区划》、《广西海岸利用与保护规划》、《广西海域海岛海岸带整治保护规划（2011—2015年）》、《广西海岸保护与利用规划（2011—2020年）》、《广西海域使用权收回补偿办法》、《广西海洋环境保护条例》

这些法律规范的制定实施，使泛北部湾沿海生态环境得到更有效的保护。

4. 民间环境组织力量不断壮大，公民生态保护积极性得到极大激发

近些年来，非政府组织活跃在东盟国家和我国的环保领域，推进了区域内环保组织的有效沟通，有效解决区域性的环境问题。

2008年6月，158名参加中国—东盟青年营活动的东盟十国青年代表及600余名中方青年代表在广西北海市大冠沙湿地一同种下“2008中国—东盟青年营纪念林”，以实际行动表达共建生态海湾的决心。[①] 2009年8月7日，500多名中国及泛北部湾国家的青年代表在广西防城港市北仑河口红树林自然保护区种下了3000棵象征友谊和希望的红树林新苗，共建生态北部湾。青年志愿者们签名表达了“汇聚青春力量，共建生态海湾”的决心。[②] 2013年3月16日，全国首个“泛北部湾青少年生态文明实践教育基地”在北海揭牌成立。来自广西、广东、贵州以及越南、马来西亚、泰国、缅甸等泛北部湾区域的青年代表1000多人共同植象征绿色与希望、友谊与合作的泛北部湾生态文明之树3300多株。[③]

① 《中国与东盟青年代表：汇聚青春力量共建生态海湾》，新华网，http：//news. sohu. com/20080624/n257691281. sht，2008年6月24日。

② 《泛北部湾国家青年同植红树林共建生态海湾》，新华网 http：//news. 163. com/09/0808/18/5G7E1BM6000120GU. html，2009年8月8日。

③ 《首个泛北部湾青少年生态文明实践教育基地揭牌》，北海电视台，http：//www. china daily. com. cn/hqcj/zxqxb/2013-03-19/，2013年3月19日。

5. 生态文化交流和建设成果喜人

随着经济合作加强，区域内各国生态文化交流也得到广泛实践。当前，泛北部湾区域各国正借力中国—东盟博览会和中国—东盟文化产业论坛的平台功能，把中国—东盟文化产业论坛延伸，发展泛北部湾区域生态旅游文化论坛、泛北部湾生态产品交易会等交流实践。

生态文化建设得到较大发展：①地方丰富的生态文化资源进一步得到整合。②生态文化的艺术表现形式进一步得到繁荣，如生态工艺绘画雕刻、生态歌舞艺术演出等。中国较有影响的“印象丽江”、“印象刘三姐”等项目，是值得大力发展的。③生态文化旅游发展规划进一步得到开发和完善，推出生态文化旅游系列产品。④建立了一批具有地方特色的生态文化产业基地，如自然遗产基地、文化公园、生态长廊等，开展各种艺术展览、文化交流、旅游休闲、艺术品交易、就业培训等活动。作为一种新兴产业，生态文化产业正成为泛北部湾区域可持续发展的“黄金产业”。

第七章　泛北部湾区域生态文明共享的伦理原则及其实现

从发展伦理视角对区域生态文明共享的伦理原则进行价值论证，是推进区域协调发展、实现经济社会“包容性”增长，建构新型社会主义生态文明观的重要理路。发展伦理视域下区域生态文明共享是一个责任共担、风险共存、成果共享的过程，也是伦理价值追求与利益博弈的过程，必须遵循相应的伦理原则。

一　人本原则

发展伦理主要就是对人的生存和发展实践环境和行为进行整体性的价值评价，并施以积极的价值干预和规范。人本原则是发展伦理的最根本的原则，也是泛北部湾区域生态文明共享的第一原则。

（一）人本原则的发展伦理意蕴

人本原则即以人为中心，以增进人的幸福，满足人的需要为“本”。人本原则是发展伦理的核心价值理念和最根本要求。

1. 人本原则体现了发展的合目的性与合规律性的有机统一

在社会历史领域内进行活动的，全是具有意识的、经过思虑或凭激情行动的、追求某种目的的人；任何事情的发生都不是没有自觉的意图，没有预期的目的的。发展必须坚持人本原则，“以人为目的”，发展就是要促进“最大多数人的最大幸福”。发展及其社会效果不仅反映了“真”与否——合规律性的问题，也反映了“善”与否——合目的性的问题。从这个意义上说，在发展中贯彻人本原则，既是一种思维方式，又是一种价值取向。作为一种思维方式，要求我们在发展过程中运用真理的尺度把握社会发展规律，去思考问题、分析问题和解决问题；

作为一种价值取向，要求我们在发展中强调尊重人、依靠人、满足人、完善人。

泛北部湾区域发展必须立足区域实际，符合区域情况，同时立足于区域发展状况，最大限度地推进区域民众生活质量，在区域合作发展中体现发展的合目的性与和合规律性。

2. 人本原则体现了发展的科学性

科学发展观就是以人为本、全面协调的可持续发展观。它是一种符合科学精神、尊重自然规律、关切人类幸福的思维方式。①

首先，人本原则强调关注主体之间的利益关系。发展既要观照作为主体的人，同时又要关照主体的利益满足而不能损害人的利益。人本原则要求在发展中每一个个体、组织、集团或集体要有一种公共意识和普遍认同的伦理观念来支撑发展，既要考虑个人，又要考虑社会资源的配置和共同责任的承担。推进区域生态文明建设，必须以资源环境承载力为基础，以建设资源节约型、环境友好型社会为本质要求，建立可持续发展的产业结构、生产方式、消费模式，更加注重发展和完善民生。

其次，人本原则强调在发展中处理好人、自然和社会的关系。推进生态文明建设，要以人与自然、环境与经济、人与社会和谐共生为宗旨，着力解决损害群众健康的突出环境问题，从而满足人民日益增长的对良好生态环境的需求。恩格斯早就指出："我们不要过分陶醉于我们人类对自然界的胜利。对于每一次这样的胜利，自然都对我们进行了报复。"② 一旦人类行为破坏了自己赖以生存的环境，也就损害了自身利益。法国社会学家艾德加·莫兰指出："发展的危机，同样也是对我们自身发展的发展进行控制的危机。"③ 在发展中协调人、自然和社会的关系已经不再是某一地区、某一国家孤立的问题，而应该是多个国家的、共同体的，乃至全人类的问题。

最后，人本原则强调在发展中要尊重文化差异。由于历史、民族、制度和发展现实的种种原因，泛北部湾区域内各国存在文化差异。文化观念和价值观念的差异往往造成了对发展的不同理解和不同需求。达成价值共

① 肖祥：《论科学发展观的伦理之维》，《学习与实践》2006 年第 9 期。

② 恩格斯：《自然辩证法》，人民出版社 1984 年版，第 304—305 页。

③ ［法］艾德加·莫兰：《社会学思考》，阎素伟译，上海人民出版社 2001 年版，第 466 页。

识、加强文化交流，实现最大限度的合作，才能真正地保障人类最大利益的获得，这正是人本原则的普遍性意义。

（二）泛北部湾区域生态文明共享中人本原则的实现

人本原则要求区域经济社会发展必须与人的生存环境联系起来，优化区域经济—生态环境；人本原则要求生态文明建设成果为所有人共享，促进经济社会全面进步和人的全面发展。

1. 泛北部湾区域生态文明共享“为了民众”

（1）维护民众生态权利。区域生态文明建设贯彻人本原则，首先要维护民众的生态权利。生态权利最基本内容就是生存权和发展权。

生存权是人类最根本的权利。偏执的发展模式和狭隘的生态文明观造成了泛北部湾区域一些国家赖以生存和生活的生态环境遭到严重的破坏，正面临严重的环境污染、生态失衡、能源危机的威胁。对于泛北部湾各国而言，由于基本处于发展中国家，处于经济为主导的社会发展阶段，不可避免地在追求经济指标的时候忽略了社会发展的整体目标，生存权应该成为各国发展的底线伦理。有些国家已经经历或正在经历工业化发展造成生态环境遭受严重破坏的阶段，生存权遭受到严重的威胁和挑战。例如，越南本是一个森林资源、矿产资源、海洋资源极其丰富的国家，但由于长期乱砍滥伐、毁林开荒，造成森林面积锐减；对野生动物的大肆捕猎、森林和海洋资源的大量开发，造成生物多样性受损；矿产开采对环境带来长期破坏性的影响。越南矿产富集，拥有丰富的煤、石油和天然气、铁、锰、钛、锆、铝土矿、铜、铅、锌、锡、金、稀土以及重晶石、宝石等矿产。但是，近几十年来，以牺牲环境获取矿产资源的开发模式，带来严重的重金属污染、大气污染、水质污染、土壤侵蚀、植被破坏等问题。再如，菲律宾原是个森林资源十分丰富的国家，林地面积为 1500 万公顷，占全国土地面积的 50%，由于长期乱砍滥伐，森林资源日趋枯竭，锐减到现在的 20% 左右。近些年，菲律宾海洋生态系统破坏也十分严重，红树林、珊瑚礁、渔业资源受破坏程度最大，红树林由原有 50 万公顷锐减至现在的 1.4 万公顷左右，75% 的珊瑚礁受到破坏并约有 200 种濒临灭绝，许多鱼种由于过度捕捞而减少。

发展权是个人、民族和国家积极、自由和有意义参与政治、经济、社会和文化发展并公平享有发展所带来利益的权利。[①] 对区域内国家而言，①创造有利于发展的稳定的国内政治和社会环境；②制定适合本国国情的发展政策；③公民积极参与发展进程、决策和管理，公平分享发展的利益。对于域间而言，①坚持各国主权平等、互利与友好合作的原则；②建立公正合理的区域国际政治经济新秩序，保障各国能够民主、平等、自由地参与区域内国际事务，共享均等的发展机会；③消除发展中国与国之间的矛盾冲突和相关障碍，实现互信互让、共同发展。泛北部湾区域大多数国家都面临着国内的经济发展与环境保护的尖锐矛盾问题。同时，区域内各国之间没有形成足够的互信互让，各国的海洋资源之争、领土之争、安全之争、生态责任之争仍然纷扰不断；加之美国、日本、印度等泛北部湾区域之外的国家势力插手区域内相关事务，给区域内各国发展道路设置了许多障碍，使发展的前景蒙上阴影。

生态资源减少、生态环境遭到破坏、区域发展环境不确定因素影响等，严重威胁本国民众的生存权和发展权，也威胁邻国民众的生存权和发展权，甚至影响整个泛北部湾区域的生存权和发展权。

（2）民众共享生态利益。生态文明建设中的以人为本，就是以最广大人民的生态权益为出发点和落脚点来建设生态文明，让生态文明的成果惠及全体人民。在生态文明建设中，必须让全体人民实实在在地享受到生态文明建设的成果，使得全体人民的生态利益得到切实维护，不断提高人民的生活质量和健康水平。

随着泛北部湾经济合作的推进，经济成果喜人，民众也感受到经济利益的实惠。与此同时，也必须让民众切身感受生态文明建设和生态文明共享带来的生态利益。

2. 泛北部湾区域生态文明共享“依靠民众”

泛北部湾区域生态文明建设和共享的实现，必须集合广大民众的力量。

（1）激发民众参与生态文明共享的主体性。主体性是主体意识和主

---

① 1970年联合国人权委员会委员卡巴·穆巴耶在《作为一项人权的发展权》的演讲中明确提出“发展权”概念；1979年第三十四届联合国大会在第34/46号决议中指出，平等发展的机会是各个国家的天赋权利，也是个人的天赋权利；1986年联合国大会第41/128号决议通过了《发展权利宣言》，对发展权的主体、内涵、地位、途径等基本内容作了全面的阐释；1993年《维也纳宣言和行动纲领》再次重申发展权是一项不可剥夺的人权，发展权的概念更加全面、系统。

体责任的生成，具有能动性、目的性和方向性。根据生态文明建设的要求，这种“主体性重在发挥主体协调自身与环境关系的作用，使人类在生态文明建设中承担应尽的责任和义务”。①

激发民众参与生态文明共享的主体性，首先，增强民众的区域生态文明共享责任意识，将“要我参与”变成“我要参与”；其次，发挥民众的主体能动性，自觉了解泛北部湾区域生态文明状况，并通过自身的实践活动，调节发展与自然环境的关系，实现人与区域自然环境的和谐发展；再次，发挥民众的主体创造性，积极认识泛北部湾区域生态问题及其规律性，运用现代科学技术和各种学科专业知识创造性地寻求解决办法。

（2）调动民众参与生态文明共享的积极性。生态文明共享的积极性不仅来源于主动的生态意识，更重要的是源于生态需求的满足。泛北部湾区域生态文明共享的主要任务，就是通过倡导绿色生产、绿色文化、绿色食品等，改善环境，以满足人们的生态物质需求和生态精神需求，从而调动民众参与生态文明共享的积极性。

（3）保证民众参与生态文明共享的有效性。从各个国家而言，区域内各国首先必须建立和健全各种政治和社会制度，以保障民众能够充分参与生态文明建设；其次要建立和完善生态环保社会团体管理制度，让民间环保组织充分发挥其积极性和创造性，有效有序地参与泛北部湾区域生态文明建设。

从区域整体而言，区域内各国应该建立和完善统一的环保协作制度和相关保障机制，维护参与民众的合法权益和责任边界，保障民众有效有序地参与区域生态文明。

二　包容性原则

2007 年，亚洲开发银行首次提出“包容性增长”的概念。现在“包容性增长”逐渐为中国和世界人民所熟知。

（一）包容性原则的发展伦理意蕴

随着经济全球化不断发展，公平和可持续发展理念更加深入人心，包

① 赵而雪：《以人为本的中国生态文明建设探析》，《环境保护与循环经济》2012 年第 5 期。

容性原则逐渐成为国家和世界范围内经济社会发展的重要原则。

1. 包容性原则是一种发展新理念

从经济全球化的角度而言，包容性原则强调让更多的人享受全球化成果；保护弱势群体；保持经济均衡增长；尊重各国主权和发展模式；重视区域和谐与社会稳定等。从国家经济社会发展角度而言，包容性原则强调全面、均衡、协调、可持续发展；统筹兼顾，更加注重社会和谐；倡导生态文明，实现人与自然和谐相处等。

2. 包容性原则是一种新发展伦理原则

首先，包容性原则的一个基本前提就是“和平共处五项原则”，即“互相尊重主权和领土完整、互不侵犯、互不干涉内政、平等互利、和平共处”。现在，和平共处原则成为国际社会交往的基本原则。泛北部湾区域各国的交往合作必须建立在和平共处原则的基础上，尤其是存在领土争端和生态资源争端的国家之间，尊重主权和领土完整是前提，互不侵犯、互不干涉是伦理底线，平等互利与和平共处是合作交往的目标。

其次，包容性原则还内含着尊重差异的发展原则。泛北部湾区域各国地处东南亚，山水相连，相互间有着悠久的传统友谊和相似的历史遭遇，在国际社会事务方面有着广泛的共同语言和共同利益，并且都有对经济发展有稳定和增长的共同愿望。但是，各国资源禀赋各具优势，产业结构各有特点，差异性不容忽视。共同性和差异性意味着互补性较强、合作潜力巨大。尊重差异的发展原则要求区域各国尊重各自国家制度、民族文化、发展模式，致力于经济增长与资源环境协调发展、致力于经济增长和社会进步以及人民生活改善协调同步的共同目标。包容性原则内含着尊重差异的发展原则，“尊重差异、包容多样”，才能使泛北部湾区域各国密切联系、发挥区域整体性作用。

（二）包容性增长：泛北部湾区域生态文明共享中包容性原则的实现

倡导包容性增长是因为存在发展差异和发展问题。实现包容性增长是泛北部湾区域生态文明共享需要解决的重要问题。

1. 大力发展生态经济

把握包容性增长的本质特征，实现可持续、协调发展，是泛北部湾区域生态文明共享的题中应有之义。面对日趋严重的生态危机，各国应该积极转变经济增长方式，大力发展生态经济。生态经济是一种全新的经济发展模式，强调改变传统生产和消费方式，挖掘资源潜力，发展生态高效产业，建设和谐发展、生态健康的社会环境。

发展生态经济，要致力于实现如下目标：①经济增长必须充分考虑资源和环境的承受力，维系自然生态系统和社会经济系统的良性循环。②加强生态科技创新，依靠科技进步和创新，实现绿色、清洁、协调和可持续发展。③发展循环经济，实现“资源—产品—再生资源”的反馈式生态运作。一方面，要对传统工业进行淘汰和技术改造优化；另一方面，积极发展高新技术产业和第三产业，实现向集约型的循环经济转变。泛北部湾区域各国传统工业仍占很大比重，粗放型的经济模式没有完全改变，发展循环经济任务艰巨，但却是必然的选择道路。积极发展绿色服务、生态物流、生态旅游等为主要内容的新兴第三产业，是区域各国经济的新的增长点。④促进工业生态化转型，提高资源利用率，彻底告别资源消耗维持经济增长的发展模式，建设资源节约型、环境友好型社会。区域各国应该积极探索“低耗、高效”的资源利用方式，通过技术进步和优化资源配置，最大限度降低单位产出的资源消耗量和环境代价，从而保证区域经济持续增长拥有的良好资源基础和环境条件。⑤倡导绿色消费，改变传统消费模式，促进经济效益、社会效益和生态效益的统一。

2. 加强区域生态经济合作

包容性增长也是共享式增长，是一种和谐持续的共同发展，因此必须加强区域各国生态经济合作。一方面，国际生态经济一体化的发展趋势迫切需要加强泛北部湾区域各国开展生态经济合作。泛北部湾区域经济合作开展以来取得了丰硕的成果，区域各国经济增长迅速。在加强经济合作增进区域经济福利的同时，各国生态问题和区域整体性生态问题逐渐凸显，迫切需要各国通过协作共同维持区域生态系统的稳定性，将经济合作扩大到了生态—经济合作，以实现区域经济可持续发展。另一方面，生态系统具有整体性特点，泛北部湾区域生态系统也存在“一损俱损”的潜在威胁，而且生态治理仅靠单个国家或地区无疑是缺乏效率的，因此，在区域范围内构建高效、和谐的大生态经济系统必须加强区域各国生态经济合作，拓宽生态经济合作领域、丰富生态经济合作方式。

3. 加强区域生态政策引导

泛北部湾区域包容性增长，必须以政府为主导，以政策为导向，完善政策措施，化解区域生态问题。一方面，要充分发挥各国政府的主导作用，调整经济发展模式和生态文明建设的政策导向，加大对发展生态经济、第三产业的政策性倾斜。另一方面，对于不同发展阶段的政策指导要增强针对性，针对不同阶段的目标和任务制定相关的适宜的政策，指导经济社会发展与区域生态文明建设的共同进步。

4. 加强区域生态文化建设

泛北部湾区域生态文化建设包括两个方面：其一，区域内各国根据本国实际开展生态文化建设；其二，建设区域整体性的生态文化，形成生态文化价值共识，开展区域生态文化建设合作实践。具体而言，泛北部湾区域生态文化建设的主要任务有：一是树立区域生态文明理念。要在整个区域树立人与自然和谐共处、保护自然生态环境的理念，共同维护泛北部湾得天独厚的生态环境。二是普及生态文明教育。通过生态文明教育，普及生态保护知识，使区域内全体公民了解泛北部湾区域生态状况和严峻形势，自觉地提高民众的生态道德素质。三是强化生态危机意识。泛北部湾区域多为发展中国家，社会发展的思维定式和行为定式往往只重视经济指标，缺乏生态环保意识和生态危机意识。在全球生态问题日趋严重状况下，更需要强化生态危机意识，使广大民众意识到保护生态环境、建设生态文明的紧迫性和重要性。

三 公平合理原则

区域生态环境问题最根本的还是利益问题，因此协调局部与全局，实现公平正义与合理有度，倡导公平原则，是区域生态文明共享的重要发展伦理要求。

（一）公平合理原则的发展伦理意蕴

生态公平与合理是生态正义的实现状态。作为泛北部湾区域生态文明共享的重要原则，其发展伦理意蕴主要表现在：

1. 维护生态利益公平

消解泛北部湾区域生态不正义的问题是维护区域生态利益公平的关键。“正义否认了为了一些人分享更大利益而剥夺另一些人的自由是正当的，不承认许多人享受的较大利益能绰绰有余地补偿强加于少数人的牺牲。”①

泛北部湾区域生态文明共享的公平原则追求的是生态利益公平。正如前文所述，泛北部湾区域生态文明共享中生态不正义问题概括为弱化代内平等；忽视代际公平两个方面问题。因此，如何消除代内平等和代际平等存在的问题，是实现泛北部湾区域生态利益共享的关键。

维护生态利益公平，是实现泛北部湾区域和平稳定发展的前提基础。要实现此目的，一方面政府保证资源配置的合理化、高效率，使公平与效率有机结合，处理好经济活动中的竞争公平、交换公平问题。另一方面，政府要处理好区域整体利益与国家利益、公共利益与私人利益的关系，从区域整体、国家战略和个人发展角度认识区域生态文明共享的必要性和重要性。

2. 遵循科学发展规律

所谓合理之“理”即是遵循经济社会发展客观规律和可持续发展规律，使生态资源使用和开发合理有度。党的十七大早就指出：“建设生态文明，基本形成节约能源资源和保护生态环境的产业结构、增长方式、消费模式。”要实现区域生态文明共享的公平合理，首先必须放弃传统的GDP情结，实现科学发展；其次，政府应该利用经济杠杆的作用，反对消费主义，保护不可再生资源不被过度使用和浪费；再次，要倡导资源节约，推动区域经济产业结构调整；最后，要建立有限资源在不同代际间的合理分配与补偿机制。

（二）“共时性”与“历时性”：泛北部湾区域生态文明共享中公平合理原则的双维度实现

公平合理原则的实现不是一蹴而就的，在“共时性”与“历时性”双维度的实践中，公平合理原则的实现才能具有真正保证。

1. 关注代内平等：共享资源节约型、环境友好型、生态优化的“共时性”发展及其成果

（1）共建共享资源节约型、环境友好型社会。“资源节约”和“环境友好”不仅是中国追求的目标，也是全人类的共同努力方向，当然也是泛北部湾区域各国的共同责任。资源节约型社会是指在生产、流通、消费

① ［美］约翰·罗尔斯：《正义论》，何怀宏、何包钢、廖申白译，中国社会科学出版社1988年版，第3—4页。

等领域，提高资源利用效率，以最少的资源消耗获得最大的经济和社会收益，保障经济社会可持续发展。环境友好型社会的核心内涵是人类的生产和消费活动与自然生态系统协调可持续发展。“资源节约型”强调消耗的资源和产生污染越少越好；“环境友好型”强调生产和消费活动对于自然生态环境的影响，不能超越生态环境的承载能力范围从而降低经济社会的环境影响。

当前，国际社会已将经济发展、社会进步和环境保护作为可持续发展的三大支柱。泛北部湾区域生态资源丰富，发展前景广阔，如何走出一条科技含量高、经济效益好、资源消耗低、环境污染少的新型工业化道路，是实现区域生态文明共享的目标。为此，泛北部湾区域各国不约而同地开展了环境保护和企业环保工作。例如，越南政府对环境保护日益重视，制定了基础环保法规，如《资源环境法》、《土地法》等。并且规定：国内任何工程开工必须经过严格的环保检查；环保部门还定期对企业的环保情况进行检查，不达标的将马上进行停工整顿并予以处罚；同时对部分行业征收环保税（如矿产开发）；所得环保费全部上缴中央财政，用于环保支出。[①] 再如，文莱比较注重依法保护生态环境，外国企业在文莱投资合作，要依法保护当地生态环境，承担资源、环境、安全等社会责任；企业对生产经营可能产生的废气废水和其他环保影响，要事先进行科学评估，在规划设计过程中选好解决方案。[②] 同样，泛北部湾区域内泰国、菲律宾、印度尼西亚、缅甸等国在发展企业、实施工业化过程中，都制定了与本国相适应的政策，朝着资源节约、环境友好的方式转变。

（2）区域内国家要有“一荣俱荣、一损俱损”的生态危机意识。泛北部湾区域内东盟各国除了新加坡和文莱两个国家、其他国家都属于发展中国家。培育“一荣俱荣、一损俱损”的生态危机意识不仅是实现本国长远利益的需要，更是维护区域整体利益、推进区域整体发展的需要。

2. 关注代际公平：共享生态文明发展机会，在“历时性”发展中实现生态文明的承上启下

（1）生态资源的利用具有时间持续性。泛北部湾区域发展在维护代内公平的同时，必须关注代际公平，当代人不应该牺牲后代人的利益换取

① 北海市外事侨务办公室：《东盟国家投资指南之越南》，http：//www. beihai. gov. cn/2979/2011_4_25/2979_130491_1303722740797. html，2011 年 4 月 25 日。

② 同上。

自己的享用，应该为其留下宽松的生存空间和美好的发展机会。在海洋生态资源、矿产资源等资源开采和使用上，不能采取“竭泽而渔”、“杀鸡取卵”的方式。因此，有计划、有节度、可持续地开发和利用生态资源，应该成为泛北部湾区域各国生态文明建设的基本原则。

（2）生态资源的利用还具有空间的持续性。一方面，某一国或区域的资源开发利用和区域发展不应损害其他区域满足其需求的能力；另一方面，要求实现区域间生态资源环境共享和共建。

公平合理原则不仅符合市场经济的客观规律，也符合生态文明建设的客观规律要求，体现了权利义务的统一性。各国不仅有在本国或区域内利用共同生态资源的权利，同时又要承担不剥夺其他国家开发利用生态资源，尤其是跨界生态资源（如河流资源、海洋资源、动物资源等）的义务和不对跨界生态资源进行损害和浪费的义务。

需要指出的是，从泛北部湾区域生态文明共享的实践而言，由于公平合理原则目前尚存在评价标准不明确、保障制度不完备等内在缺陷，以致其在生态文明建设实践中经常陷入难以适用的困境。因此，在泛北部湾区域内倡导公平合理原则，一是要以权利义务相一致的原理为指导，明确公平合理的评价标准，使公平合理原则具有可操作性。二是建立区域共同的受益补偿制度、公众参与制度、损害预警制度等有利于公平合理原则实现的保障制度。

四　适度原则

适度是指事物保持其质和量的限度，在生态文明共享实践中坚持使事物的变化保持在适当量的范围内，既防止“过”，又要防止“不及”。泛北部湾区域生态文明共享中的适度原则，主要强调生态资源的开发利用要适度。

（一）适度原则的发展伦理意蕴

1. 资源开发利用适度

其一，在“共享”之下要防止因为个人利益最大化追求而对区域生态资源大肆使用、过度开发，酿成“公地悲剧”。区域内多个国家面临同样的问题，即抢夺式的开发利用，造成矿藏资源开发与环境保护的尖锐矛盾。以矿产资源开发为例，矿山地质环境保护面临的压力越来越大，如菲律宾面临严重的矿渣污染，矿产开采产生大量废弃物或矿渣或被倾卸入湖河，或被雨水冲刷流入河中或农田，对土地、空气和水环境等产生严重污染。再如，以森林资源开发利用为例，越南自“革新开放”以来大力开辟新经济区，盲目开荒造田，每年摧毁的森林达225000 公顷。

改变区域生态资源开发的“公地悲剧”，坚持“在保护中开发、在开发中保护”的方针，统筹安排生态资源开发、利用与保护，提高生态资源的利用效率，是区域生态文明建设适度原则的基本要求。

其二，在“共享”之下又要防止多个权利主体的存在，使生态资源开发和保护得不到充分实现，造成生态资源的使用不足、开发效率低下和资源浪费，酿成“反公地悲剧”。泛北部湾区域各国在海洋、渔业、河流、森林等方面共享生态资源，不能截然分割。由于历史原因和现实争端，一些岛礁、海域、海岸线、国土分界等仍存在不明晰之处，避免多个权利主体的争端而造成生态资源的使用不足、开发效率低下和资源浪费，是泛北部湾各方必须面对的问题。一是加强联合开发。近年来，随着泛北部湾区域各国文化、经济、政治等方面的交流与合作加强，渔业资源、油气资源等经济领域也不断拓展深化联合开发的深度和广度。二是探索多种模式共同开发。①共同开发区模式。相关国家共同商议，划定一个特定区域作为双方的共同开发区，参与国在区内享有平等的权利。②勘探先行开发模式。对于尚未明确的领土、领海边界，本着资源有效利用而对相关区域进行资源勘探开发，并以之作为边界最终确定之前的一种临时安排。③脱离接触模式。对于一些敏感地区或有争议、容易引发矛盾的地区，有关双方可以共同商定划出一定的区域，作为双方开发资源的禁区，各方相互约定、共同遵守。相关模式的具体选择，应根据实际情况，充分权衡争议方利益诉求，以促进区域和平和发展为两大目标。

2. 经济发展规模和速度适度

经济发展既要考虑本国实际，又要适当超前，因此必须强调经济发展规模和速度适度。

当前，泛北部湾区域各国都在致力于大力发展本国经济。但在经济发展规模和速度方面存在一些突出的问题：（1）总量过度，主要表现在固定资产投资、消费基金膨胀；工业超高速增长，造成国民经济总量失衡等。(2) 在总量过度之下又存在某些领域发展不足，农业发展、基础产业和基础设施发展滞后，造成一定程度结构失调。(3) 注重量的扩张而忽视质的提高，高投入低产出、高速度低效益状况依然明显。

保持经济发展的规模和速度适度内含有：经济增长速度、通货膨胀率、固定资产投资率、消费基金增长率等方面的适度。泛北部湾区域各国要保持经济发展的规模和速度适度，重点一是要根据本国的资源状况和特点；二是要立足于本国的经济结构特点（见表7-1）。[①] 只有立足本国的资源状况和特点，立足本国的经济结构特点，才能在经济发展中保持适度，切实保护生态资源合理开发利用，落实生态文明的建设目标。

表7-1　泛北部湾主要国家资源状况和特点、经济结构特点

国家比较	资源状况和特点	经济结构特点
越南	①农业资源丰富，产品出口如海产品、大米等；②林业资源，森林面积1340万公顷，约占土地面积的1/3	①以农业为主，盛产水稻和水产品，农业资源丰富。②工业基础较薄弱，正加快工业化进程。③实施以出口为导向的经济增长模式，对外贸具有较高的依存度
泰国	①农业资源丰富。是亚洲最大的稻米、糖、玉米、海鲜、热带水果、蔬菜、香精的出口国之一。②矿产资源丰富，有丰富的钾盐、天然气、石油、褐煤、油页岩、锡、锌、铅、钨、铁、重晶石、宝石等。③旅游资源丰富	①外向型经济，主要依赖美国、日本、欧洲、东盟等外部市场。②农业比重大，重点是从基础农业向高增值农业转变。③制造业发达，尤其是电子工业、汽车及汽车零配件、加工食品和化工产品尤为突出
菲律宾	①作为农产品出口大国，农林渔业资源丰富。②自然资源丰富，如矿藏、地热、森林、水产等资源。③旅游资源丰富，服务业发达，约占GDP47%	①出口导向型经济。②第三产业在国民经济中地位突出，同时农业和制造业也占相当比重。菲律宾三大产业农业、工业、服务业的比值分别为20:33:47

① 相关资料根据北海市外事侨务办公室《东盟国家投资指南》整理，http://www.beihai.gov.cn/2979/2011_4_25/2979_130491_1303722740797.html。

续表

国家比较	资源状况和特点	经济结构特点
印度尼西亚	①工业及油气产业在国民经济中占较大比重，是目前东南亚石油储量最多的国家。②农业以种植业为主，主要种植粮食作物和经济作物，粮食作物在农业中占重要地位。③水产资源丰富，种类繁多。有世界著名的渔场	①东盟最大的经济体，农业、工业和服务业均在国民经济中有着重要地位，其中农业和油气产业为传统支柱产业。②农业是国民经济的基础。③服务业在国家经济发展中占据重要地位，占国内生产总值的37.1%，主要有旅游业、金融服务业、通信业等
缅甸	①矿产资源丰富，主要矿藏有铜、铅、锌、银、金、铁、镍、红宝石、蓝宝石、玉石等。②石油天然气资源丰富，天然气是缅甸出口创汇最多的产品。③森林覆盖率为51%，世界60%的柚木储量和国际市场上75%的柚木均产自缅甸；还盛产檀木、灌木、铁木、酸枝木、花梨木等各种名贵硬木。④缅甸国内河流密布，蕴藏水力装机容量约5000万千瓦，利用水力发电潜力巨大。⑤海岸线漫长，内陆湖泊众多，渔业资源丰富	①经济的部门结构以农业为主，由农业、加工制造业、林业和矿业几个主要生产部门和以商业为主的服务业部门组成。②所有制结构有国营、合作社和私人三种经济成分，工矿业以国营为主，而农业以建立在土地国有制基础上的小农经济为主。③决策和管理以国家的指示性计划和国家管理机构的职能为主
文莱	①渔业资源丰富，有162公里的海岸线，200海里渔业区内渔业资源丰富，水域无污染，无台风袭击，适宜养殖鱼虾。渔业收入约占GDP的0.5%。②利用油气资源，加速发展石油、天然气产业及能源工业	①石油和天然气是文莱经济的主要支柱。②工业基础薄弱，农业微不足道。农业、制造业和服务业三个产业在GDP构成比例是3∶31∶66。③政府财政收入主要靠税收
新加坡	①自然资源贫乏。②地理位置优越，是世界的十字路口之一。③植物资源、旅游资源比较丰富。④外贸驱动型经济，三大经济支柱产业：国际贸易、加工业、旅游业	①新加坡属于外贸驱动型经济，以电子、石油化工、金融、航运、服务业为主，高度依赖美国、日本、欧洲和周边市场，外贸总额是GDP的4倍。②服务业是主要经济部门，包括零售与批发贸易、饭店旅游、交通与电信、金融服务、商业服务等，系经济增长的龙头。年产值约占国内生产总值的69%。③工业主要是制造业和建筑业。制造业产品主要包括电子产品、化学与化工产品、生物医药、精密仪器、交通设备、石油产品、炼油产品等。新加坡是世界第三大炼油中心

(二) 泛北部湾区域生态文明共享中适度原则的实现

1. 经济规模发展适度

区域经济子系统和区域自然生态子系统具有相互增补的关系（见图 7－1)。经济规模合理化，旨在协调区域经济子系统与自然生态子系统关系，使经济增长在区域有限资源承载下合理进行。

区域经济增长导致的经济产出量的扩张必然对自然生态子系统的空间、功能造成挤压，使自然生态子系统空间削弱、功能减退，从而加大区域经济增长的机会成本。

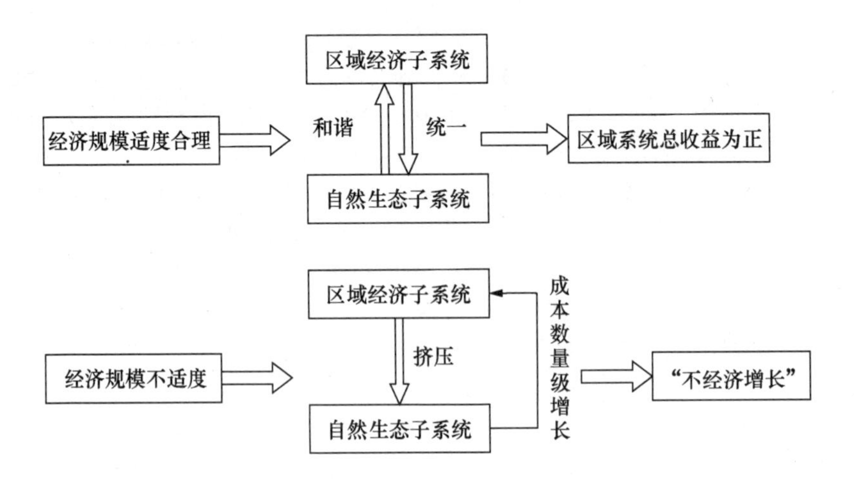

图 7－1　经济规模对区域经济子系统和自然生态子系统影响的关系

可见，自然生态子系统是区域经济子系统实现增长的必要支撑，可以为区域经济发展提供资源支持，推进区域经济持续增长。一旦自然生态子系统因为不合理的经济增长规模影响而遭受破坏，如物种灭绝、资源锐减、生态链失衡、环境污染等，就会导致增长机会成本增加而影响经济子系统合理增长和可持续发展。

如何用合理的成本换取区域系统的可持续发展，是区域生态文明共享过程中需要思考和解决的一个重要问题。

2. 自然生态资源开发利用适度

自然生态资源是经济建设的原材料来源，对于地区生产布局和区域经济发展速度影响较大。建设生态文明，基本形成节约能源资源和保护生态环境的产业结构、增长方式、消费模式，是自然生态资源开发利用合理化的形象描绘。

对于泛北部湾区域经济发展而言，自然生态资源开发利用适度主要包括如下几个方面：

（1）开发适度。泛北部湾区域自然生态资源开发利用存在的主要问题：一是随着海岸带和海岛开发加快加大，以及沿海工业项目带来的工业污染加重，海水养殖污染物排放，造成了海洋污染加剧，海洋生物资源遭到破坏，造成海洋生态系统退化。二是内海捕捞过度、海水养殖、海岸湿地围垦和海洋环境污染等，使海洋生物多样性面临威胁。三是高强度的海洋捕捞造成北部湾海洋渔业生态系统退化。四是海洋资源开发产业结构不合理、层次低，海洋生物资源利用率不高，主要是海洋捕捞和海水养殖占主导，而海产品加工、海洋生物医药开发、海洋生物产品贸易等第二、第三产业发展慢、规模小。

合理开发泛北部湾区域自然生态资源，一是要控制工业尤其是重工业项目的盲目上马和发展规模，减少对资源的耗费总量和资源使用带来的环境污染。二是有计划、有后续眼光地开发资源，如森林资源、渔业资源、矿产资源等，不做“竭泽而渔”或“断子绝孙”式开发。三是优化能源结构，提高可再生能源比重，鼓励研发和使用核能和水电等非化石能源，如积极开发利用水能、太阳能、生物质能、风能等新能源。四是健全资源开发机制，重在监管，使资源开发的合理性上升到制度保障的层面。

（2）配置合理。如何合理配置自然生态资源，是泛北部湾区域生态文明共享的一个重要问题。

首先，确立自然生态资源合理配置目标。目标制定要从整个泛北部湾区域生态文明建设和生态安全的高度出发，明晰区域生态系统服务的目的和功能，并结合当前区域自然生态资源的状况和存在问题，从发展战略层面考虑生态资源合理配置。即将泛北部湾区域生态环境系统、宏观经济系统和生态资源进行综合分析（见图 7－2），充分发挥自然生态资源的经济社会及生态环境效益，通过生态资源与环境效益、经济社会效益的综合权衡，做生态资源在经济社会系统和生态环境系统及其用户之间的分配，促进区域内人与自然和谐发展、实现经济社会可持续发展。

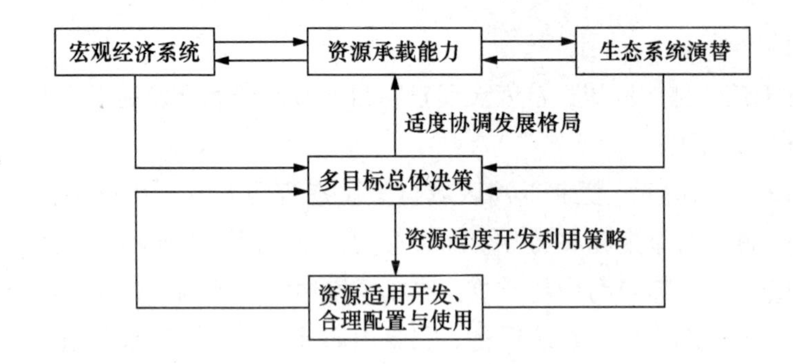

图7-2　区域生态环境系统、宏观经济系统和生态资源关系

其次，自然生态资源合理配置要遵循“有区别的优先原则”。所谓“有区别的优先原则”就是对于资源配置要有轻重缓急、区别对待、重点优先。例如，湿地资源是北部湾地区共同的生态资源，近些年因为工业建设、人为破坏和环境污染等原因正以极快速度缩减。在保护湿地时，面临一个重要问题就是生态需水。因此，通过面向生态的水资源配置，开展湿地生态用水调度与监管，确保其生态需水。

最后，完善资源管理制度，活化资源使用机制。通过磋商、合作，建立泛北部湾区域自然生态资源管理制度，对资源开发使用等进行科学规划。例如，在海洋生物资源、矿产资源开发上建立统一的资源管理制度，完善资源开发许可、应急调度、资源付费使用等机制，实现区域生态资源合理配置。

（3）使用合理。每一个国家经济系统相对于整个泛北部湾区域而言是一个经济子系统；泛北部湾区域经济系统相对于亚太地区乃至全球而言也是一个经济子系统。合理使用资源就是要提高资源的使用效率和自然资源环境承载力、加强生态科技运用，从而使区域经济子系统与自然生态子系统实现良性互动，最终实现区域经济增长的适度性与可持续性。

合理使用自然生态资源，最关键是优化自然生态资源消耗的产业模式：其一，积极调整区域经济增长方式、优化区域产业结构、减少资源产业的比重；其二，大力发展循环经济和环保型、节约型的产业，实现传统产业向高新技术产业的转移，从而尽量减少经济发展对自然生态环境的负面影响。

五　互利共赢原则

互利共赢既是推进泛北部湾区域生态文明共享的重要原则，也是其重要目标。

（一）互利共赢原则的发展伦理意蕴

互利共赢原则就是要确保区域合作各方通过合作取得利益最大化的基本共识和基本要求。互利共赢，不是“你输我赢”的零和博弈，而是非零和博弈的“互利共赢”。

1. 利益相关者互利共赢

区域生态文明共享中局部—全局、发达—后发，以及区域—区域之间应该实现资源互补，利益共享，并确保核心层利益相关者、紧密层利益相关者、松散层利益相关者的差距缩小，才能真正做到共建、共用、共赢。

互利共赢就是要确保区域生态文明共享中的利益相关者包括地方政府、相关组织机构、社区、居民、企业等获得相关利益。具体而言：首先，在利益共识上，要以资源共享、要素组合为纽带，加强各个层次和各个领域的生态交流合作，建立科学合理的生态利益联结机制，这是实现区域生态文明共享中互利共赢的重要保障。其次，在实践合作上，要遵循区域经济发展规律，按照市场主导、政府推动、开放公平、优势互补、互利共赢的原则，拓宽合作领域、提升合作层次，建构协调发展的新格局。最后，在责任担负上，区域内各国政府和地方政府起着主导的作用，相关企业和组织起着主体的作用，推动多形式、多领域、多层次的生态技术交流、环境保护合作，才能共建利益共赢格局。

2. 区域系统要素的和谐发展

任何区域都不是一个封闭系统，区域之间要素不断实现流动，某一区域经济社会的发展对于自然生态系统的影响范围常常扩大到别的区域，因此不同区域系统的合理性构建了全局大系统的有机和谐。

在不合理的增长模式下，某一区域经济增长的成本就会转嫁到其他区域，造成区域之间的利益冲突。一般而言，区域经济成本大于收益（典型的就是以牺牲生态效益换取经济增长）的风险总是经常出现，这需要政府、企业和民众共同承担、化解风险，控制区域经济于适度规模之内，使区域经济成本与区域生态效益在最佳点上实现结合。当前，缩小域际差距，构建连续、和谐、可持续发展的经济轴带，促进区域互联、合作、共赢，发挥资源禀赋优势、克服地区产业结构雷同、协调域际分工效益，是区域生态文明共享的重要内容。

3. 区域利益相关矛盾关系协调有序

利益关系是复杂的，处理不好将影响区域生态文明共享的实现。

（1）处理好局部利益与区域整体利益的关系。“大河无水小河干”；反之，“局部也影响整体”，泛北部湾区域生态文明发展也是如此，因此要正确认识和处理好局部利益与区域整体利益关系，既要追求区域整体利益的最大化，也要充分兼顾不同国家、地区的局部利益，建立合理的利益冲突协调机制，实现基本的动态的平衡。

（2）处理好竞争与合作的关系。一方面，竞争与合作不是对立的，而是相辅相成的。有效的竞争促进合作各方发展，合作因为竞争实现更高层次发展。竞争合作或合作竞争将是泛北部湾区域经济发展和生态建设中长期存在、不可避免的状况。另一方面，消除恶性竞争，实现有效合作。通过讨论谈判、规范设计、制度建设等多种方式，泛北部湾区域各国之间、地区之间、地区内各个企业和组织之间要尽量消除不规范竞争和恶性竞争。

（3）处理好短期发展与长远发展的关系。泛北部湾区域生态文明共享正是着眼于区域发展的长远目标而提出的重要发展战略。关注短期发展，但要克服短视，着眼于区域可持续的发展、维护区域持续发展动态平衡；关注长远，就要着眼未来、放眼世界，而不是执着于眼前利益，甚至不惜为了眼前利益无视历史、放任区域各方的矛盾冲突恶化，破坏泛北部区域和平。

（4）处理好区域发展与区域环境保护的关系。泛北部湾区域经济发展带来的环境负面影响已经出现，甚至恶性扩展，不能不引起区域合作各国的重视。泛北部湾区域生态文明共享的理念和战略，正是基于区域各方生态合作的需要而提出的。但是，区域各国之间、地区之间、城市之间的生态建设合作的相互配合不够，极大地影响着区域环境的整体治理力度和效果。因此，区域经济发展必须重视区域环境保护，使区域发展与环境保护统一规划、相互协调，最终实现泛北部湾区域可持续发展战略。

（二）泛北部湾区域生态文明共享中互利共赢原则的实现

1. 优势互补：实现生态利益共同繁荣

美国著名学者迈克尔·波特在《国家竞争优势》一书提出了国家经济发展四阶段理论，即生产要素导向阶段、投资导向阶段、创新导向阶段和富裕导向阶段。[①] 用四阶段竞争理论对泛北部湾区域各国和地区的经济阶段进行定位分析（见表7－2），这是实现优势互补、互利共赢的重要借鉴。

表7－2　　“四阶段竞争理论”与泛北部湾区域对应分析

<table>
<tr><th>“四阶段”</th><th>基本特征</th><th colspan="2">泛北部湾区域各国或地区“四阶段”对应</th></tr>
<tr><td>生产要素导向阶段</td><td>经济发展的最初阶段：①产业依赖基本生产要素，如天然资源、自然环境、廉价劳动力等；②企业以价格条件开展竞争；③能够提供的产品不多，应用的流程技术层次也不高；④企业无能力创造技术，技术来源于模仿、引进</td><td colspan="2">越南、柬埔寨处于生产要素导向阶段</td></tr>
<tr><td>投资导向阶段</td><td>①国家竞争优势的确立以国家和企业的投资意愿和投资能力为基础；②国家产业的国际竞争力增强；③企业有能力对引进的技术实行消化、吸收和升级</td><td>生产要素导向型向投资导向型过渡的阶段</td><td>中国北部湾经济区（广西、海南等）和印度尼西亚、菲律宾等</td></tr>
<tr><td>创新导向阶段</td><td>①企业具备独立的技术开发能力；②技术创新成为提高国家竞争力的主要因素；③产业的生产技术、营销能力增强；④优势产业群逐渐形成、相关产业的竞争力不断提高</td><td>投资导向型向创新导向型过渡的阶段</td><td>广东、马来西亚、泰国等</td></tr>
<tr><td>财富导向阶段</td><td>①国家竞争优势的基础是已有的财富积累；②企业的实业投资减弱，金融投资比重增加；③大量的企业兼并和收购现象出现；④部分企业试图通过影响和操纵国家政策来维持原有地位；⑤各行业希望减少内部竞争以增强稳定性</td><td colspan="2">文莱、新加坡等处于财富导向型阶段</td></tr>
</table>

① ［美］迈克尔·波特：《国家竞争优势》（下），华夏出版社2002年版，参见第三篇《国家篇》，“第十章　经济发展的四个阶段”。

泛北部湾区域各国尽管基本都是发展中国家，但地区发展阶段特征比较明显。实现优势互补，是促进生态利益共同繁荣的重要基础。

首先，实现优势互补，要充分发挥国家和地区的自身优势。如中国广西北部湾经济区主要的优势在于：区位优势明显、战略地位突出、开发潜力巨大、发展前景广阔。尤其是广西北部湾经济区拥有丰富的海洋资源、港口资源、矿产资源、农林资源、药物资源和旅游资源，经济区环境容量大，经济腹地广，享有多种优惠政策，投资环境良好，开放条件优越。近些年，在广西北部湾经济区与泛北部湾区域各国的交流合作中，广西的区位优势、资源优势、环境优势、政策优势等逐渐得到充分体现。

其次，实现优势互补，要加强国家和地区的相互交流合作。近些年，泛北部湾区域各国在环境保护方面也开展了许多积极的合作。中国参与大湄公河次区域经济合作中，高度重视与 GMS 国家在环境保护方面的合作。中国政府参与并积极推动了“澜沧江流域及红河流域防护林体系建设”、“自然灾害防治”、“GMS 环境监测及信息系统合作项目”、“GMS 边远地区扶贫和环境管理”、“GMS 战略环境框架合作项目”和“GMS 生物多样性保护走廊计划”六个合作项目的建设。①

2. 加强合作：拓展生态互利共赢的范围和层次

一方面，加强合作能够拓展生态互利共赢范围。协同学创始人哈肯指出：一个由大量子系统组成的系统，在一定条件下由于子系统间的相互作用和协作，会形成具有一定功能的自组织结构，也就是说形成了具有一定稳定性的发展模式。因此，加强合作，才能使不同有机体或子系统实现合作共存、互惠互利。加强合作，所有的合作方将能够大大节约原材料、能量，使区域大系统获得多重生态效益。

另一方面，加强合作能够提升生态互利共赢的层次。提升生态互利共赢的层次，必须首先提升生态环境效率，使区域生态环境有序发展。事实已经证明，单一功能性的资源利用、过时的生态保护理念、老套经营的产业、条块分离式的管理系统，会造成区域大系统内部多样性降低，生态环境效率低下。生态控制论的基本原理之一认为“共生导致有

① 《中国参与大湄公河次区域经济合作国家报告》（全文），新华网，http：//gb. cri. cn/27824/2011/12/17/3245s3482351_3. htm，2011 年 12 月 17 日。

序”。通过合作磋商、规范共建，最大限度地减少区域生态合作各方不必要的损失，从而以最快速度实现利益享受，提升泛北部湾区域生态合作的共赢层次。

3. 制度安排：互利共赢实现的长期保障

避免博弈过程中的“囚徒困境”，实现较高水平的共赢，仅仅靠磋商和谈判等方式无法保障互利共赢的长期性和稳定性，因此，还必须通过制度设计和制度安排。

其一，树立制度创新理念，为泛北部湾区域生态文明共享提供引导动力。所谓制度创新，是指通过制度安排的积极变动和替换，使资源得到更合理的配置。一般而言，人们把促进发展、增加收益的制度变革称为制度创新，它除包括法律法规、政策等正式的制度设立之外，还包括大量非正式制度，如道德信念、认知水平的规范等。树立制度创新理念，就是要改变区域内各国原来旧的生态理念、发展观念、经济观念。

其二，创设制度激励机制，为泛北部湾区域生态文明共享提供制度动力。信息经济学激励机制理论指出，激励机制需要具备约束和激励双重功能。因此，一方面，激励机制的基本特征首先是规范化和制度化，对违反区域生态文明共享目标的行为给予限制和约束；另一方面，要促使区域生态文明共享的主体获得利益的满足，实现效益目标。为了保障实现激励机制的功能实现，需要建设泛北部湾区域整体性、统一性的相关法律、政策，以及各种规章制度、行为规范等，从而使区域生态文明共享、互利共赢置于制度保障之下。

六　可持续发展原则

2012 年联合国可持续发展大会通过了《我们憧憬的未来》重申“共同但有区别的责任”原则，决定发起全球可持续发展目标磋商进程，肯定绿色经济是实现可持续发展的重要手段。可持续发展已经成为时代潮流，绿色、循环、低碳发展正成为新的趋向。

（一）可持续发展原则的发展伦理意蕴

区域生态文明共享必须以实现可持续发展为旨归。经济学家皮尔斯认为可持续发展是追求代际公平的问题。忽视代际公平实质上是缺乏长远发展眼光，是经济社会持续性发展的断裂。

首先，可持续发展是实现区域生态文明共享的基本伦理意识和思想观念。可持续发展原则要求调整人类自身的需要理念，建构合理的消费观念、正确的利益观念和理性的发展观念。对于所有发展中国家而言，可持续发展的基本含义是"发展经济、控制人口、节约资源、保护环境的四位一体协调发展，最终实现经济社会与生态环境双赢的生态经济良性循环"。①

其次，可持续发展原则是区域生态文明共享的实践基础。可持续发展主要包括经济、生态和社会三方面内容。实现区域生态文明共享，需要区域主体间团结协作、互助补偿、资源共享、责任共担、机会平等、成果共享，优化区域系统要素，促进区域经济、生态、社会可持续发展。

最后，可持续发展原则是区域生态文明共享的决策管理依据。区域生态文明共享要避免区域内掠夺式开发、漠视发展责任、区域发展的不平衡状况。可持续发展原则有利于加强制度伦理约束，培育普遍的生态理性，进而实现对主体行为的约束，以保障区域生态文明共享的最终实现。

（二）泛北部湾区域生态文明共享中可持续发展原则的实现

可持续发展原则的实现体现为可持续能力的增强。《21世纪议程》将可持续发展的能力建设目标表述为，"提高对政策和发展模式评价和选择的能力，这个能力的提高过程是建立在该国家人民对环境限制与发展需求之间关系正确认识的基础之上的"。② 泛北部湾区域生态文明共享中可持续发展原则的实现，主要从三个方面入手：

1. 提高生态资源开发利用的可持续性

为了在泛北部湾区域生态文明建设与共享中贯彻落实可持续发展原则，当务之急是：

（1）在整个区域树立新的环境资源价值观。资源的可持续供给是泛北部湾区域实现可持续发展的基础。对生态资源开发利用的程度直接关系区域发展的程度和可持续发展力高低。因此，在整个泛北部湾区域树立有

---

① 刘思华：《生态马克思主义经济学原理》，人民出版社2006年版，第416页。

② 联合国环境与发展大会：《21世纪议程》，中国环境科学出版社1993年版。

计划、合理、高效地开发利用区域生态资源的价值观，将为泛北部湾区域生态文明共享中可持续发展原则的实现提供正确引导。

（2）建立合理的资源配置机制。资源配置机制指调节资源使用的数量、规模、结构、布局等方面的经济机制。一方面，泛北部湾区域各国应该加快改革开放步伐，实现从计划指标型资源配置机制向市场价格型资源配置机制转变，发挥市场在区域生态资源开发利用的基础性作用。另一方面，泛北部湾区域整体性的市场与计划相结合的调节机制也是必需的。除了加强本国政府对本地区的计划指导之外，区域性的、国际性联盟的宏观规划和指导的作用也是不容忽视的。

（3）健全和完善全局性、科学性、前瞻性的资源开发利用制度体系。一是强化自然资源权属制度，旨在明确权利的同时强化生态责任的承担。二是强化资源有偿使用制度。资源有偿使用制度指的是资源使用者在开发资源时必须支付一定费用的制度。资源有偿使用制度有利于资源的合理开发利用和整治保护，也有利于资源产业的发展。

（4）“多管齐下”，加强生态治理。通过多种途径、加大治理力度，对已有生态环境问题进行有效治理，是遏制生态环境恶化、维护生态可持续发展良好环境的前提。自从泛北部湾区域经济合作发展战略实施以来，中国北部湾经济区内广西、海南、广东三省区采取多种方式加强生态治理、加大生态投资，生态可持续状况得到极大的改善（见表7－3）①，其做法和经验值得泛北部湾区域各国借鉴。

只有充分保证资源开发利用的可持续性，才能有效地实现泛北部湾区域经济与生态环境的协调发展。

2. 创新区域生态技术开发能力

技术能力是影响国家和地方可持续发展的根本因素。世界银行将技术能力定义为“生产、投资、创新三种独立能力的综合表现”。创新区域生态技术开发能力，是提高资源利用效率、有效降低资源使用负面效应的重要途径。

其一，创新区域生态技术开发能力，首先在于生态知识和技术的积累和更新。总体而言，泛北部湾区域各国生态知识的普及和技术开发水平不

① 根据“各省市环境保护发展概况”数据整理。中国环境保护与经济社会发展统计数据库，http：//tongji. cnki. net/kns55/addvalue/。

高，因此，加强各国之间的交流以及与发达国家的交流，都是十分必要的。

表 7－3 中国北部湾经济区（广西、海南、广东三省区）生态治理状况

地区	年份	水土流失治理面积（千公顷）	环境污染治理投资额（万元）	生活污水排放量（万吨）	废气治理设施数（套）	城市生活垃圾无害化处理率（%）	环境管理业企业法人单位数（个）	“三废”综合利用产品产值（万元）	城市生活垃圾无害化处理量（万吨）	自然保护区面积(万公顷)	国家级自然保护区个数（个）
广西	2011	1952.0803				95.49	180		244.27	145.2941	16
	2010	1873.8	1641000	147419	6017	91.1	150	510233	223.3	145.1	16
	2009	1843.7	1323000	143911	6006	86.3	122	432197	207.3	145.1	
	2008	1774.04	930000	139610	5687	81.06	90	457778.6	204.6	142.9	15
	2007	1693.5	655000	135827	5360	68.38		418233.7	168.5	142.8	15
	2006	1625	412000	130789	4887	57.48		312363	136	143.5	12
海南	2011	37.74				91.35	43		103.76	273.532	9
	2010	32.7	236000	30907	472	68	39	31623	66.4	273.7	9
	2009	32.5	197000	30486	397	65	37	24440	57.7	281.3	
	2008	31.1	127000	30197	401	64.7	35	41309	54.9	281.3	9
	2007	31.1	149000	29199	354	62.1		24550.5	54.5	281.1	9
	2006	31	84000	28006	332	62.5		12714.2	53.2	281.2	8
广东	2011	1418.723	14162000			72.12	812		1449.01	355.2658	11
	2010	1378.5	2401000	535947	12789	72.1	723	624265	1398	359.2	11
	2009	1369.1	1646000	498585	13011	65.49	634	509827	1283.94	178.2	
	2008	1342.1	1536000	464038	13876	63.87	524	601479	1193.27	355.2	11
	2007	1333	1604000	444556	11966	63		497618.8	1155.8	346.7	11
	2006	1313.6	14162000	419706	9386	55.8		433236.6	921.6	342.2	9

其二，创新区域生态技术开发能力还在于掌握生态知识和技术的主体，即人力资源整体素质的提升。技术交流、合作办学、科研攻关等方式是区域内各国和各地区创新区域生态技术开发能力的重要途径。

3. 增强区域整体发展度、协调度和可持续度

可持续发展包括三大本质特征，即“发展度”、“协调度”和“持续度”。[①]“发展度”体现可持续发展的动力特征，是“判别一个国家或区域是否是真正、健康、理性的发展，以及是不是保证生活质量和生态空间前提下的发展。”[②] 随着中国—东盟经济合作加深和泛北部湾区域经济合作的发展，区域各国和地区的发展范围和发展程度有了极大的改变，但是区域生态发展质量有待进一步提高。“协调度”以环境与发展、效率与公平、物质文明与精神文明、代际与域际之间等的平衡发展，协调以公平为基本特征。总体而言，泛北部湾的协调状况是平稳的，但是由于岛礁之争、资源之争、领土之争、贸易之争等带来的不稳定因素，影响着域际和谐不容忽视；环境与发展的矛盾在局部地方表现较为突出；效率与公平兼顾仍需很长的路要走。“持续度”由自然生态资源的基础和具有生态创新能力的人力资源两个重要因素决定。自然生态资源的基础相对良好，泛北部湾区域生态资源开发利用与经济社会发展的持续度体现在发展能力、潜力和速度上的状况也是良好的，因此加强具有生态创新能力的人力资源开发，将是提高区域生态发展持续度的强劲动力。

对于泛北部湾区域整体的发展度、协调度和持续度的评价，选取最能反映其真实状况的区域资源利用为分析对象，运用层次分析法进行相应的指标设计和据此展开评价。[③] 如表 7－4 所示。

表 7－4　　　　区域资源利用可持续发展指标体系

目标	一级指标	权重	二级指标	权重	单位
区域资源利用可持续发展度	资源禀赋	0.067	人均水资源	0.349	立方米/人
			人均土地资源	0.349	公顷/人
			人均森林资源	0.116	公顷/人
			人均能源及矿产资源	0.116	吨/人
			人均旅游资源	0.069	公顷/人

① 牛文元：《可持续发展的能力建设》，《战略与决策研究》2006 年第 1 期。

② 姜学民、任龙、刘锦：《深层生态经济问题研究》，于法稳主编：《生态经济与生态文明》，社会科学文献出版社 2012 年版，第 27 页。

③ 参见刘富华、胡曰利等《区域资源利用可持续发展度评价——以浙江省金华市为例》，《云南地理环境研究》2004 年第 2 期。

续表

目标	一级指标	权重	二级指标	权重	单位
区域资源利用可持续发展度	资源利用效益	0. 333	人均 GDP	0. 221	万元/人
			人均储蓄余额	0. 221	元/人
			失业率	0. 221	%
			城市化率	0. 221	%
			三废污染治理达标率	0. 073	%
			水土流失治理率	0. 043	%
区域资源利用可持续发展度	资源利用结构	0. 333	第二产业所占比重	0. 521	%
			第二产业从业人员比重	0. 104	%
			第三产业所占比重	0. 312	%
			第三产业从业人员比重	0. 063	%
	资源外部依赖性	0. 067	进口总额比重	0. 333	%
			出口总额比重	0. 333	%
			经济外向度	0. 334	%
	资源管理	0. 200	资源综合利用率	0. 083	%
			环保投资占 GDP 比重	0. 250	%
			R&D 经费年均增长率	0. 417	%
			城乡收入比	0. 250	%

第八章　实现泛北部湾区域生态文明共享的基本模式

泛北部湾区域生态文明共享主要有局部—全局共享、发达—后发共享、代内—代际共享、国内—国际共享四个基本模式（见图8－1），其最终目的是实现区域生态可持续发展。

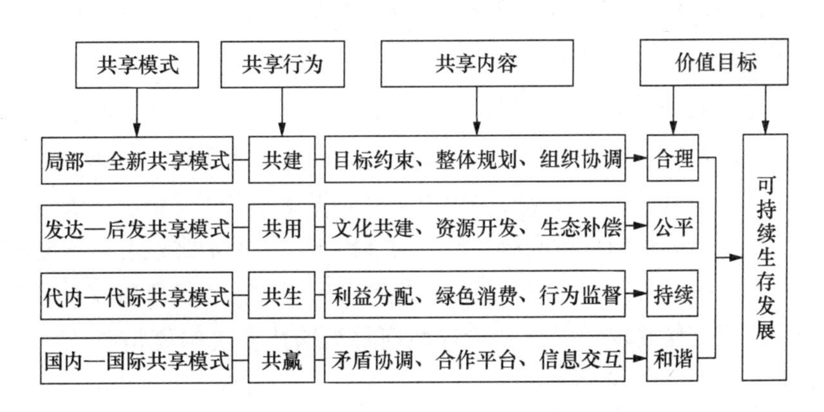

图8－1　泛北部湾区域生态文明共享基本模式

一　局部—全局共享模式

协调局部与全局，实现公平正义，在部门利益、地方利益与全局利益之间做出正确取舍，树立“大河无水小河干”的伦理价值理念，是泛北部湾区域生态文明共享建设的首要发展伦理要求。

（一）地域范围：局部与全局共享

泛北部湾区域涉及区域范围广、国家制度多样、发展状况不一。

1. 局部与全局共享的三个层次

其一，区域成员国与泛北部湾区域全局生态共享。一是应对经济全球化和世界环境问题的挑战，区域各国必须加强对外开放和交流沟通，共同处置面临的复杂多变的各种问题，也是处理局部与全局必须面对的问题；二是与经济交往发展相伴随行的资源贸易、生态资源共同开发、生态旅游等问题成为区域各国经济发展不得不考虑的问题；三是为了维护生态环境优化必须共同处置发展带来的生态环境问题。这些问题解决好了，区域各国就能抓住发展机遇、应对挑战，在提升自己的同时又能有效趋利避害，共同营造经济发展的良好生态环境，推动泛北部湾区域更快、更好发展。

其二，区域成员国之间的生态共享。成员国相互之间的生态信息交流、生态资源开发合作、生态利益获取、解决生态问题等，是泛北部湾区域生态文明共享的主要内容。例如，近些年中越两国的生态共享成效显著。2010 年 11 月，中越双方将共同建立边境护林防火和野生动物保护交流合作机制进行磋商。2010 年 10 月 30 日，中越德天 · 板约瀑布国际旅游合作区建设研讨会召开，双方就提高民众共同维护瀑布景区的生态意识、景区布置、旅游线路规划设计等达成共识。[①] 我国西南边境地区跨国界河流众多，仅广西壮族区内的中越边境跨国界河流多达十余条。随着中国—东盟自由贸易区经济发展，边境贸易、工业建设使得中国与边境各国的跨国界河流面临的环境问题和压力与日俱增。如何加强边境跨国界入境河流环境监控预警基础建设；提升边境地区基层环保人员素质以适应复杂的边境环保工作要求；完善边境环境问题沟通协商机制等是亟待解决的问题。

其三，区域成员国内地区与全国生态共享。对一个国家而言，地区生态环境状况构成了全国生态环境大系统。“整体恶化与局部优化”或“整体优化与局部恶化”的矛盾关系最终都会导致整个国家生态环境的恶化，危及国家生态安全。近些年来，中国生态文明建设取得了积极进展，不仅在全国范围内推进生态文明理念、生态功能区划分、生态产业、生态环保工程等方面成效显著，而且在地区生态文明建设中也取得了较好成绩。

2. 局部与全局共享需要处理的三个关系

从地域范围看，局部与全局共享需要处理好三个至关重要的关系。

其一，局部利益与全局利益的关系。全局利益是由局部利益组成的，

① 《中越德天 · 板约瀑布国际旅游合作区建设研讨会举行》，广西新闻网，http：//www. gxnews. com. cn，2010 年 11 月 1 日。

但仅仅着眼于局部利益往往就会造成“短视”、不顾大局、丧失长远。在区域内一些地区生态资源开发中，一些地方政府重政绩或为了摆脱暂时的财政困境采取卖土地、卖资源、卖矿产开采权等方式换取短期利益，一方面造成了一些大企业大资本“独占式”开发和“买断排挤式”开发现象日趋严重；另一方面造成资源开发区的民众利益和地方利益被忽视。因此，从全局利益的角度统筹规划，兼顾局部利益和全局利益，才能保证区域可持续发展。

其二，局部优化与全局优化的关系。经济发展需要以资源消耗为代价，但是二者并不是截然对立的，构建生态经济系统，促进生态系统与经济系统协调发展，使区域形成良性循环发展的生态大系统（见图8－2），是实现局部优化与全局优化的必然途径。在区域经济与生态发展战略中，少数国家或企业不善于从战略整体的角度来观察、思考和处理泛北部湾区域问题，只顾当前、不顾长远，只顾微观、不顾宏观，缺乏战略眼光。

其三，局部改善与总体恶化的关系。泛北部湾区域内一些国家或地区高度重视生态环境保护与建设工作、生态环境保护与建设的政策措施有力，因而效果良好，尤其是一些重点区域生态环境得到有效保护，局部改善状况明显。但是，由于区域内各国生态环境政策、政府重视、民众生态环保意识、工业发展状况、生态资源禀赋等各异，总体恶化仍是大趋势。就整个泛北部湾区域而言，生态环境脆弱区面积范围大、生态环境压力大、人均资源占有少、单位 GDP 能耗和物耗大。如何在局部改善的同时避免总体恶化，是泛北部湾区域生态文明共享面临的共同问题。

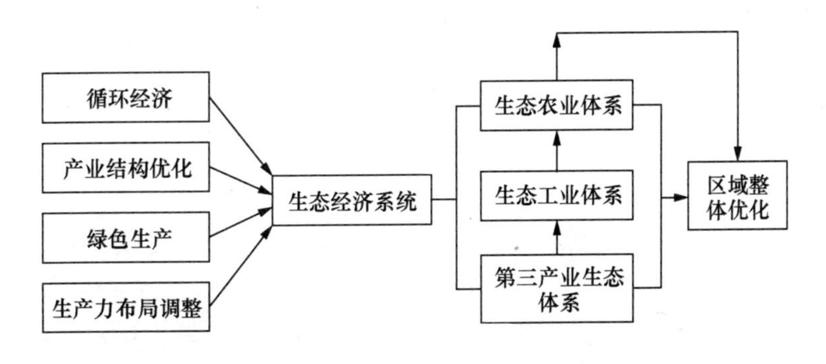

图8－2　生态经济系统与区域优化关系

（二）局部—全局共享存在的主要问题

1. 没有形成全局性思想意识

在生态环境事业和生态文明共建问题上，一些地区的政府或组织部门，甚至国家政府没有能够自觉认识全局、把握全局。

首先，区域各方必须有看待全局的开阔视野。一方面要有历史眼光，对待邻国关系、交往渊源、历史问题等，要辩证地、历史地看待，只有正确审视历史，才能正确看待现实。中国与泛北部湾区域各国具有优良的友好的历史关系，中国与区域各国的共同合作、共同繁荣，是经得起历史考验的。另一方面要有开放的眼光，学会全面看待问题，不仅看到各国自身发展的现状与未来，还要看到经济短期利益与生态长期利益的孰轻孰重；不仅看要区域内生态环境状况，还要看世界生态问题的紧迫状况；不仅要看经济社会制度的差异性，还要看经济与生态互动的发展规律。

其次，区域各方还要有全局的战略思维能力。战略思维能力是认识全局、把握全局、参与国际竞争至关重要的因素。区域各方不仅要有自身发展的生态战略思维能力，还要有区域整体发展以及如何融入全球化发展的生态战略思维能力。作为基本处于发展中国家阶段的泛北部湾区域而言，不能重蹈西方“先污染、后治理”的现代化的覆辙。

2. 综合性的生态政策和法规亟待完善

讲全局、重全局，必须要有相应的政策和法规来约束。要维护生态文明全局的权威性，区域各方必须在相互理解、共同商讨、充分信任的基础上，建立综合性的生态政策和法规。当前，泛北部湾区域经济合作的相关政策和协议正在逐步完善，但在生态文明建设方面，局部与全局如何协调，国家与区域整体如何共享等缺乏相应的政策和法律法规。即使区域各国在一些相关生态合作如生态旅游、生物多样性保护等取得了一些进展，但已颁布的一些纲要或协议意见在微观层面上的执行力较弱，为未来区域生态整体优化埋下了隐患。

3. 市场调节作用力不足

区域各国在生态资源开发使用方面存在一个共同的问题是政府主导过多，市场作用不明显。即使是像中国、越南等国家尽管改革开放、经济体制转轨已经多年，但政府计划在生态文明建设中的主导作用没有根本改变，相对而言，市场在生态资源的开发利用、配置供给的作用比较弱。这样，就造成了一种状况：生态资源的国有性质使得国有大企业和民营大资本“独占式”开发和“买断排挤式”开发现象突出。区域生态文明共享突出的是“公共性、共享性”，其主体不仅包括政府，还涵盖了企业等一系列经济实体和组织、民众等非经济主体，如果缺乏他们的积极参与，区域生态文明共享是不可能实现的。因此，强化市场在区域生态资源开发利用的调节作用力，激发市场活力，是亟待解决的重要问题。

4. 实践问题的解决能力有待提升

把握局部与全局生态文明共建问题，当然首先要抓关键，着重研究解决事关全局的重大问题；也要充分重视局部问题解决能力的提升，在全局中求发展、求突破、求超越。当前，泛北部湾区域生态文明建设中存在各种各样局部实践问题，需要认真对待。如越南、泰国、缅甸、菲律宾等国农业生产地区由于化肥、农药、农膜等的大量使用，对农田的生产力和周围的自然生态系统造成了一定的负面影响，农业面源污染[①]、畜禽养殖污染等问题比较突出；泛北部湾海域沿海地区或城市人口快速增长，工业尤其是重工业发展迅速，沿海滩涂、湿地生态破坏加剧，海域总体污染状况令人担忧；一些国家森林资源过度开发利用、内陆河上游水资源的过度开发，导致生态退化严重；一些国家如越南、菲律宾等国城市水资源短缺，城市绿地面积小、功效差等问题。生态保护投入不足、生态治理工程效益有待提高、生态保护的科技支撑乏力等问题没有完全解决。

（三）共建：局部—全局共享模式的建立

正确处理局部与全局关系，集聚区域整体力量，形成整体合力，建构局部—全局共享模式，是推动泛北部湾区域生态文明共享实现的主要内容。局部—全局共享模式是集合“目标约束、整体规划、组织协调、项目驱动”四个基本要素的模式。

1. 目标约束

泛北部湾区域生态文明局部—全局共享的目标是一个多目标体系，主要是经济利益目标、社会效益目标、生态效益目标等。经济效益目标就是资金占用少，成本支出少，有用成果多的经济效益状况。社会效益目标是指生产活动对社会环境产生冲击和影响指标状况，社会效益指标可以用定量的价值形式表示，如收入分配效益、劳动就业效益、节约自然资源、综

---

① 面源污染即引起水体污染的排放源分布在广大面积上，与点源污染相比，它具有很大的随机性、不稳定性和复杂性，受外界气候、水文条件影响很大。根据发生区域和过程的特点，可分为城市面源污染和农业面源污染两大类。

合能耗、环境保护质量等效益指标；也可以用非定量化的定性指标来表示，如先进技术的引进、社会基础设施的建设、环境保护、生态平衡、资源利用、城市建设的发展、工业经济结构的改变等。生态效益目标[①]就是以消耗更少的资源，创造更多的价值。生态效益目标是一种“以少胜多”的效益目标实现形式，企业由于持续的减少污染和资源消耗，就会产生成本更低、更环保的产品和服务，提高产品的生产附加值。

在这三个目标中，生态效益具有优先性，在实现生态效益优先前提下，追求经济效益和社会效益最大化目标。现在运用层次分析法，并征求相关专家意见，对目标约束进行 13 个二级层次指标设计，并计算出相应权重，使泛北部湾区域生态文明局部—全局共享模式的目标约束更具规范性（见表 8 –1）。

表 8 –1　　生态效益的目标分层

目标	权重	指标	权重
经济效益（W_1）	0. 3	国内生产总值（a_1）	0. 45
		人均产值（a_2）	0. 23
		人均收入（a_3）	0. 32
		收入分配效益（b_1）	0. 12
		劳动就业效益（b_2）	0. 11
社会效益（W_2）	0. 3	节约自然资源（b_3）	0. 19
		综合能耗（b_4）	0. 2
		环境保护质量（b_5）	0. 22
		相关投资等效益（b_6）	0. 16
		每单位耗水量的产量（c_1）	0. 2
生态效益（W_3）	0. 3	每单位耗能的产量（c_2）	0. 3
		每单位二氧化碳排放量的产量（c_3）	0. 22
		每单位原料的产量（c_4）	0. 26

① 世界企业永续发展委员会（WBCSD）1992 年提出“生态效益”理念，即减少资源使用和对环境冲击的同时能将产品附加值或获利增加到最大。

2. 整体规划

整体规划既要对整个泛北部湾区域进行规划，区域内各国也要对本国经济社会生态发展进行规划，实现统筹协调。

泛北部湾区域要实现局部与全局的有效生态共享，必须根据区域不同的资源环境承载能力、开发密度和发展潜力，对整个泛北部湾区域进行主体功能区、生态发展示范区的规划。首先，将整个区域、国家、地区、城市等不同层次的规划结合起来，使城市发展与区域经济的发展相协调。其次，对划分的功能区进行功能定位，明确发展方向，优化开发格局。最后，明确规划重点和具体规划内容，落实具体实施方案。具体情况如表 8 -2 所示。

表 8 -2　泛北部湾区域整体规划的战略重点、具体内容及实施建议

战略重点	规划内容	实施建议
海洋环境保护合作	①海洋污染防治；②海洋渔业资源保护；③海洋矿产资源开发；④海洋生物产品开发	①加强港口污染防治、排放标准、紧急救援合作的协议与实践；②建立泛北部湾海洋环境管理的区域机构，强化联合管理与执法
生物资源保护合作	①森林生态保护；②红树林保护；③海洋生物资源保护；④生物多样性保护	①制定统一的区域保护规划；②开展区域政策协调；③联合执法与监督；④转变生产方式，推动产业升级；⑤严厉打击国际性动植物偷运、贩卖行为
跨境河流污染防治与保护	①水资源合理分配；②跨境河流污染防治；③跨境河流域环保管理与合作	①成立水资源管理开发的区域性管理机构；②跨境河流域环保制度和实施机制建设
区域大气污染治理合作	①跨境空气质量监控；②排污权（碳交易）交易市场化；③区域能源结构优化；④工业大气排污控制	①建立跨境区域空气质量监控系统；②信息交流平台建设；③成立排污权交易市场监管委员会
环保产品和技术开发合作	①区域环境技术合作；②环保技术设备贸易合作；③环保产品研发	①环保合作机制化、常态化；②环保项目实施；③区域各国环保部门加强合作交流

续表

战略重点	规划内容	实施建议
环保应急处置与执法合作	①海底石油开采污染预防与治理；②跨境河流污染预防与治理；③跨境自然灾害预防与治理；④跨境生物保护联合执法；⑤港口物流海上紧急救援	①建立环保应急处置与执法合作制度；②成立区域环保应急处置机构；③成立区域环保执法机构
区域环境评价合作	①区域海洋环境评价；②区域工业环境评价；③区域农业环境评价；④区域城市环境评价	①建立区域评价合作制度；②分类成立区域环境评价机构；③完善区域环境评价合作机制

3. 组织协调

泛北部湾区域生态文明的局部—全局共享要实现统一，必须加强组织协调。只有加大组织协调力度，完善组织协调制度，才能推进共享的真正实现。主要有两个方面：

（1）以生态文明理念协调好各类规划。生态文明发展理念应该成为区域内各国制定发展规划的思想指导。近些年，越南经济社会发展也逐渐意识到生态环境保护的重要性，在《2010—2020 年越南南部重点经济区社会经济发展规划》[①] 中，更是强调“加强防治自然灾害、保护环境和应对气候变化工作”。2011 年 7 月，半个世纪以来最严重的洪水灾害肆虐泰国，浸泡了 1/3 国土，使泰国经济遭受重创，洪灾造成泰国工业损失在 3000 亿（99 亿美元）—4000 亿泰铢（132 亿美元），造成农业方面损失约 500 亿泰铢。[②] 洪灾是生态环境遭受破坏导致的恶果，引起了泰国及东南亚各国深刻的生态反思。

因此，一方面，经济发展规划、社会发展规划、文化发展规划都应该贯彻落实生态文明理念。另一方面，生态文明理念应该落实在生态功能区规划、生态城市规划、生态工业园区规划、生态城市建设规划、循环经济规划、生态农业区规划等方面，从理念到实施。

① 信息来源：驻胡志明市总领馆经商室子站。

② 张锐：《泰国洪灾：经济重创与生态反思》，《生态经济》2011 年第 12 期。

（2）以法律、制度规范协调区域发展。泛北部湾区域发展的组织协调，应该以政府为主体，推进各项法律和制度规范的建立、落实，以保障区域局部与全局的共享实现。

其一，建立健全泛北部湾区域跨境环境保护法律制度。借鉴欧盟体制，成立具有区域内最高权威性、由泛北部湾区域各国首脑或要员组成的泛北部湾区域委员会。在区域委员会的指导、管理、商讨和决定下，根据区域生态发展的状况和生态文明建设需要，制定和出台各种生态环境的法律法规，从海洋生态环境保护、生态污染治理、生态合作、生态责任承担等方面，建立健全泛北部湾区域跨境环境保护法律制度。只有将泛北部湾区域生态文明置于法律制度之下，区域生态文明共享才能真正有保障。

其二，建立健全泛北部湾区域跨境环境保护的各种政策、制度、条例、指令体系。泛北部湾区域合作情况复杂，生态文明共享也会遭遇各种各样的具体实践问题，因此，就各种具体问题、针对专门的领域、开展具体合作等，需要相应的政策、制度、条例和指令加以约束和指导。

4. 项目驱动

所谓项目驱动，实际就是通过生态合作项目（如生态旅游开发合作、生态文化建设合作等），推进区域局部与全局的协调发展。

（1）项目驱动在泛北部湾区域局部与全局生态文明共享的基本要求。①项目的技术要求：以项目促进生态科技水平提高，即重视项目采用的新技术和技术扩散。②项目的实施重点：重点突出对自然资源环境保护和生态平衡的影响。③项目的目标设定：有效的资源开发利用和区域生态环境优化发展。④项目的基础保障：区域范围内的基础设施和基础结构建设；各国、各地区的基础设施和基础结构建设。⑤项目的经济效益：提高生态产品质量和对生态产品用户的影响；提高区域社会福利和民众的物质文化生活水平。⑥项目的社会效益：促进区域生态安全和社会稳定；增进区域民众的社会保障力度。

（2）项目驱动在泛北部湾区域局部与全局生态文明共享的程序与步骤。①项目筹备与计划。②项目目标确定。③项目效益调查预测，制定评估指标。④制订项目实施具体方案（包括备选方案制订），并对方案进行最优化论证。⑤项目实施。⑥项目社会分析评估。根据以上步骤和程序，在项目设计、实施、评估的过程中，自觉认识全局、把握全局，确保区域生态文明共享项目实施具有统一性。

（3）项目驱动在泛北部湾区域局部与全局生态文明共享的具体实践。①积极推进泛北部湾区域自然保护区和重要生态功能保护区项目建设。自然保护区设立旨在保护生态环境、生物多样性和自然资源。建立重点生态功能保护区旨在保护和恢复区域生态功能，2000 年中国就出台了《全国生态环境保护纲要》，2008 年 7 月环境保护部和中国科学院联合发布了《全国生态功能区划》，标志中国生态保护工作由经验型管理向科学型管理转变、由定性型管理向定量型管理转变、由传统型管理向现代型管理转变。中国的经验值得在整个泛北部湾区域各国推广。②积极推进泛北部湾区域海洋生态保护项目，加强对海洋环境保护、海洋资源开发、沿海工业污染排放监管等，将区域海洋环境保护制度化、规范化，提升海洋环境容量。③积极推进泛北部湾区域水资源开发生态保护项目，提高水资源利用效率。泛北部湾区域跨境河流众多、水资源丰富，但综合开发利用效率不高。综合开发治理水资源，联合开展水利水电工程建设、优化配置水资源和建设节水型社会，是推进泛北部湾区域乃至东盟经济圈快速发展的重要动力。当前，区域各国要加强大湄公河流域水资源开发和环保项目工作。④积极推进泛北部湾区域生态旅游资源开发与保护项目，实现生态与经济的双赢。泛北部湾区域内各国生态旅游资源极其丰富，规划、整合、联合开发、共同保护生态旅游资源是实现区域局部与全局生态文明共享的重要内容。⑤积极推进泛北部湾区域生态环境保护机构和机制建设项目，为区域局部与全局生态文明共享提供制度化和机制化保障，如建立泛北部湾区域跨国环境保护合作委员会、建立生态文明建设的国家级合作机制、建立区域环境保护合作协调的相应机构和机制、建立区域环境污染应急处置机制、建立区域生态信息交流平台、建立民间环保组织的合作交流机制等。

除此之外，加强区域生态环境综合整治、生物多样性保护、矿产资源开发和保护、生态示范创建、农村生态保护等项目工作，也是必须加强推进的。

二 发达—后发共享模式

发达与后发共享是指在区域生态文明建设过程中，发达地区与后发地区在生态责任、生态发展、生态效益、生态权利等方面机会均等、利益均衡，旨在推进区域整体公平发展。

（一）发展状态：发达—后发共享

在不同区域或者同一区域不同地区，由于资源储备、社会经济条件、生产效率不同，区域生态文明效益常常发生分化。在泛北部湾区域也是如此，经济发展状况、生态资源状况、文化教育状况、生态文明已有基础等，都会给不同国家和地区的生态文明建设产生不同的影响，造成生态文明建设的差异性。

因此，一方面，发达地区对后发地区应该承担生态、产业、技术等方面对后发地区的扶助责任；另一方面，后发展欠发达地区应大力激发生态资源活力，引进高级资源要素与本地优势要素结合，高起点布局产业，更好地把资源生态优势转化为产业优势、经济优势、发展优势。

当前，越南、柬埔寨处于生产要素导向阶段；中国北部湾经济区（广西、海南等）和印度尼西亚、菲律宾等属于生产要素导向型向投资导向型过渡的阶段；广东、马来西亚、泰国等属于投资导向型向创新导向阶段的过渡；文莱、新加坡等处于财富导向型阶段。各国的经济社会基本指标反映了经济社会发展程度（见表8－3）。

表8－3　　泛北部湾区域各国经济社会主要指标

GDP增长率、人均国内生产总值

国家或地区	指标	单位	2006年	2007年	2008年	2009年	2010年
广西	GDP增长率	%	—	—	12.8	13.9	14.2
	人均国内生产总值	元	—	—	14966	15923	18820
广东	GDP增长率	%	—	—	10.1	9.5	12.2
	人均国内生产总值	元	—	—	37588	40748	47645
海南	GDP增长率	%	—	—	9.8	11.7	15.8
	人均国内生产总值	元	—	—	17175	19166	23644
新加坡	GDP增长率		—	7.7	1.1	－2.0	14.5
	人均国内生产总值	美元	46832	37389	38904	35602	43867
越南	GDP增长率	%	—	8.5	6.23	5.32	6.78
	人均国内生产总值	美元	722	820	1024	1104.2	1200
马来西亚	GDP增长率	%	—	5.6	5	3.3	7.2
	人均国内生产总值	林吉特	19739	23610.2	26711.9	24272	27786.8

续表

国家或地区	指标	单位	2006 年	2007 年	2008 年	2009 年	2010 年
印度尼西亚	GDP 增长率	%	—	6.3	6.1	4.5	6.1
	人均国内生产总值	美元	1486.33	1189	2239	2362.1	3005
文莱	GDP 增长率	%	—	4.3	1.9	0.2	2
	人均国内生产总值	美元	29830	31901	37053	34827	47200
菲律宾	GDP 增长率	%	—	7.1	3.84	1.1	7.3
	人均国内生产总值	美元	1356	1640	1866	1747	1840
泰国	GDP 增长率	%	—	4.9	2.5	-2.3	7.8
	人均国内生产总值	美元	3094	3737	4116	3949	—
柬埔寨	GDP 增长率	%	—	9.7	6.8	0.1	5.5
	人均国内生产总值	美元	552	638	638	693.2	792
缅甸	GDP 增长率	%	12.7	11.9	10.8	10.1	12
	人均国内生产总值	美元	225	278	446	403.5	648
老挝	GDP 增长率	%	—	7.9	7.9	7.6	7.9
	人均国内生产总值	美元	—	656	900	969.6	1030

资料来源：广西、广东、海南三省区主要经济指标数据源于 2009 年、2010 年、2011 年各省《统计年报》、《政府工作报告》。泛北部湾各国主要经济指标数据引自古小松主编《泛北部湾合作发展报告》（2009）《附录·统计资料》，社会科学文献出版社 2009 年版；古小松主编：《泛北部湾合作发展报告》（2010）《附录·统计资料》，社会科学文献出版社 2010 年版；吕余生主编：《泛北部湾合作发展报告》（2011）《附录·统计资料》，社会科学文献出版社 2011 年版。

从以上资料和数据可以看出，泛北部湾区域中新加坡、文莱等国从 2007—2010 年人均 GDP 均超过 30000 美元，属于较发达地区。缅甸、老挝、越南等国保持了较快的 GDP 增长率；中国北部湾地区广西、广东、海南三省区保持了较快的经济增长率，这些国家和地区属于经济发展比较充满活力的地区。

正是因为发展状况不同，发达与后发的差距较为明显，如何发挥发达国家和地区的经济、技术、建设、环保等方面优势，带动或帮助后发国家或地区的发展；同时，后发国家或地区如何利用现有资源条件，充分发挥后发优势，实现地区经济社会与生态文明的共同进步，这些问题是泛北部湾区域生态文明共享必须面对的问题。

（二）发达—后发共享存在的主要问题

区域经济发展广义梯度理论认为，区域经济之间客观存在着一种梯度，区域可被分为高梯度区域和低梯度区域。在区域经济发展现阶段，生态环境优劣的梯度分布的影响越来越大，良好的生态环境成为区域经济可持续发展的重要因素。生态低梯度地区存在的问题，如环境污染、资源锐减、不可再生资源耗尽等，对本地区发展的制约作用不容忽视。尽管生态低梯度区域的形成有些是自然原因造成的，有些则是人类经济活动的副产品即人为的破坏所造成的。

影响泛北部湾区域生态文明发达与后发共享的主要问题有：

1. 传统发展模式阻力大

传统发展模式主要表现为“立足资源搞开发”、“靠山吃山、靠水吃水”、“短期利益行为”。传统发展模式是一种“资源—产品—污染排放—生态环境”的单向线性的发展模式。[①]

在泛北部湾区域各国经济社会发展中，有些国家曾经或者正在深受传统发展模式的负面影响，造成发展落后缓慢。如战后以来的菲律宾，由于长期传统发展模式使得生态环境已大为恶化，主要表现：森林资源破坏严重——菲律宾原是个森林资源十分丰富的国家，林地的面积为 1500 万公顷，占全国土地面积的 50%，但由于长期无节制的砍伐，林地剩下约 630 万公顷，森林覆盖率只有 21%；沿海生态系统的破坏严重——红树林、珊瑚礁破坏严重，沿海水产资源过度捕捞、海岸污染严重；环境污染严重——尤其是高度城市化地区如大马尼拉区，空气污染、水污染、矿渣污染严重。传统增长型的发展模式使得菲律宾不计环境代价大量耗费自然资源尤其是不可再生资源，以缓解人口压力和追求经济高速增长。同样的情况在越南几乎不谋而合地出现了。森林资源消耗严重——越南全国原有 14300 万公顷森林，占全国总面积的 43.8%，40 多年来越南有 1/2 的森林面积已经消失，平均每年消失 163000 公顷；环境污染严重——工业排污、排毒，农业的农药污染，对环境造成了极其严重的破坏。类似情况，在泛北部湾区域的其他国家和地区也有发生。传统发展模式非但没有带来该国或

---

① 刘铮、刘冬梅等：《生态文明与区域发展》，中国财政经济出版社 2011 年版，第 45 页。

该地区快速的经济增长，适得其反，造成了“生态环境恶化—经济发展滞后—无节制开发资源—生态环境更加恶化”的累积恶性循环。生态环境遭到破坏的恶果正在阻碍后发达地区经济社会的进步。

2. 生态技术落后

生态技术是连接并优化经济系统和生态系统关系的中介或桥梁。经济—生态技术在循环经济发展模式的作用日益显现，在“自然资源—产品生产—再生资源”的反馈式流程中，如何有效利用和循环利用资源，实现低排放、低消耗、高效率，必须掌握或创新生态技术系统。在生态技术创新中，企业及企业间合作发挥主要作用。“企业间集聚的动力在于共享规模报酬递增带来的收益，只有在便于获取各种技能与学习前沿技术的利于创新的环境下才有吸引力。”① 因此，如何加强后发与发达地区企业间生态技术合作，使引进先进技术和技术创新双管齐下，这是改变后发状态、实现后发与发达地区生态文明共享的重要途径。

3. 区域生态利益关系综合协调难度大

泛北部湾区域生态文明共享建设涉及各方面利益，区域综合发展方式必须正确处理国家之间、地区之间、民族之间的利益关系、代际公平关系、发展与保护关系等。区域生态利益关系归根结底落实在生态环境建设成本由谁承担、生态责任如何划分的问题。对区域生态利益关系进行综合协调，关键是建立区域生态补偿制度和责任分担制度，对于后发和发达地区进行有效的生态利益协调，才是实现发达与后发生态文明共享的有效动力杠杆。

4. 制度约束阻力大

对于后发国家或地区而言常常因为制度短缺约束了资源的有效开发与利用，或者因为低效率的制度不能促使资源实现合理高效配置，从而制约了当地的经济社会发展。而发达国家和地区在经济体制改革、经济制度建设和对外开放体制建设中往往处于领先地位，这种制度优势使其对经济资源具有更大的吸引力。生态经济建设的有效实现，需要生态文明制度加以保障。加快区域内国家或地区制度创新，加快生态经济和生态文明建设步伐，是实现发达与后发地区生态文明共享的重要保障。

---

① 余倩：《欠发达地区的后发优势与后发劣势比较》，《经营管理者》2010 年第 13 期。

（三）共用：发达—后发共享模式的建立

1. 化解后发劣势与激发后发优势

美国社会学家 M. 列维和经济史学家格申克龙最早提出“后发优势理论”。所谓后发优势，就是指在发展过程中所形成的各种潜在利于经济增长的有利条件，如落后国家和地区具备丰富的自然资源和劳动力资源；也可以通过引进产业、进行产业结构升级；还可以引进先进技术，降低研发成本和周期，等等。事物总具有两面性，有后发优势就有后发劣势。后发劣势指在发展过程中所形成的各种现实约束的不利条件。美国经济学家沃森提出了后发劣势理论，认为后发国家模仿技术容易，模仿制度难。

实现泛北部湾区域发达与后发生态文明共享，就要有效化解生态建设的后发劣势与激发后发优势：

2. 提高后发国家和地区的生态技术创新能力

1993 年，伯利兹、保罗·克鲁格曼、齐东在总结发展中国家成功发展经验的基础上提出了基于后发优势的技术发展的“蛙跳模型”，认为后发后进国家可以一开始直接选择和采用新技术，以高新技术为起点，从而实施技术赶超，甚至超过原来的先发国家。通过生态新技术采用和生态技术创新，可以提高生态技术创新能力。后发地区要大力实施科技创新，提升生态经济技术水平。一方面，瞄准国际生态科技发展前沿，高标准引进吸收，高起点自主创新；另一方面，结合本国和地区发展实际，实施生态科技创新项目，以项目促合作，以合作促发展。

3. 协调区域整体政策与区域内部政策

一方面，建设区域整体性的生态协调政策，如资源开发利用政策、生态环境保护政策等。通过泛北部湾区域各国政府协商，在最大范围和最大可能上达成共识，并制定具有“最大公约数”式的，但执行有效的政策。另一方面，国家内或地区内也应该制定相应的生态政策，对地区内生态资源和生态环境保护进行政策性的指导。

4. 区域创新体系建设

美国哈佛大学波特教授认为，世界经济可以分为三种类型：要素驱动型经济、投资驱动型经济和创新驱动型经济。[①] 创新驱动型经济是体现资

---

① World Economic Forum, *The Global Competitiveness Report* 2001 – 2002IRI. New York: Oxford University Press, 2002.

源节约和环境友好要求的经济发展模式。构建区域创新体系最重要目的就是优化区域经济发展模式，由简单的要素驱动型或投资驱动型转变为创新驱动型的经济发展模式。泛北部湾区域生态要素在经济发展模式中的有机融合和创新运用，是泛北部湾区域创新体系建设的重要主题。

其一，发达国家和地区的责任。发达国家经济实力较强，在提高国民物质生活质量和精神生活水平的同时，有能力提供资金和其他资源去治理环境生态问题。有些发达国家已经在生态环境保护和生态文明建设方面取得了积极成果。因此，发达国家和地区应该认识到：作为区域整体性发展，整体提高才是真正的发展。而后发国家和地区经济文化相对落后、生产力水平相对较低、生态环境脆弱、人才不足、生态技术薄弱，发达国家和地区有责任以生态技术优势、循环经济经验、环境保护模式等去帮助后发地区，实现区域整体性发展。

其二，后发国家和地区的责任。由于特殊的自然地理条件、历史原因、资源禀赋等多方面差异，后发地区不仅经济发展落后，而且生态环境脆弱，尤其是在试图向工业产业转移发展过程中经济发展与环境保护矛盾较为突出。因此后发地区：（1）学习、借鉴发达地区经济社会发展的经验教训尤其是生态环境保护方面的经验教训，在生态技术、发展模式、生态管理、循环经济等方面少走弯路，尽快实现资源、环境与经济发展的跨越式发展。（2）在环境政策和环境制度方面凸显“制度优势”。一方面，要通过由政府法令、生态政策的引入和实施而导致的“强制性制度变迁”，为本国或地区生态文明建设提供赖以发展的制度保障和政策环境。另一方面，必须加强因利益诱导而导致的自觉、主动的“诱致性制度变迁”。由于生态文明理念的形成不是一蹴而就的，而是受民族传统生态文化心理、生态文化意识、生态价值观念等因素的影响，充分发挥环境政策、经济政策和生态保护制度对个体主体和与群体主体的利益诱导的自发性和主动性，如打造泛北部湾生态文化品牌、建设生态产业、发展生态旅游经济、加强生态合作等，并使生态文明建设成为泛北部湾区域各国交流与合作的重要载体。

三　代内—代际共享模式

布伦德兰（Brundtland）认为："可持续发展是既满足当代人的需要，又不对后代满足其需要的能力构成危害的发展。"①一方面，区域生态文明必须考虑代内共享，既不能损害他人、其他地区和国家的发展，又必须满足当代人需要，建设资源节约型、环境友好型社会和提高生态文明水平。另一方面，区域生态文明还必须考虑代际共享，形成良性的发展伦理关系。

（一）利益主体：代内—代际共享

代内—代际共享要求我们既要关注"共时性"的人际关系即代内伦理关系，又不能忽略"历时性"的人际关系即代际伦理关系，既要关注代内平等，更要关注代际公平。

1. 代内平等

泛北部湾区域生态文明共享的代内平等就是要实现"共时性"的主体利益共享公平，主要包括两个方面的要求：

其一，实现泛北部湾区域国家内的代内公平。泛北部湾区域内各国大多属于发展中国家，经济增长和社会发展压力大，区域之间、城乡之间、贫富之间的不公平现象普遍存在。

从区域角度而言，实现泛北部湾区域国家内的代内公平必须协调区域均衡发展。一方面，某些地方因为一味追求经济发展和GDP指标的快速提升，大量开发使用资源、忽视生态环境保护而造成的环境污染却由区域内甚至区域外其他地方来承受。某些地方的经济发展的资源代价和环境成本由其他地区"买单"，严重地损害了区域内的代内公平。值得一提的是，造成这种问题的原因往往是国家或地区忽略均衡发展的政策性或制度性的"负动力"造成的。另一方面，环境污染治理的成本与收益不均衡，拉大了地区间的差别。后发地区丰富的生态资源成为发达地区快速增长的动力，发达地区高能耗、高污染的产业污染却转向了后发地区。这种状况

---

① 世界环境与发展委员会：《我们共同的未来》，王之佳译，吉林人民出版社1997年版，第52页。

在越南、泰国、缅甸和菲律宾等国表现尤为突出。越南南部的胡志明市、同奈、巴地—头顿、平阳、西宁、平福、隆安7省市，生态资源丰富，成为经济社会发展的重点，人均收入和生活水平在全国居于领先地位；而贫困人口集中于资源贫乏地区或生态资源被开采殆尽的地区。再如，泰国社会的不均衡现象导致了严重的"街头政治"和社会分裂。泰国发展不均衡状况有一个不能忽视的重要原因就是生态资源条件的差异和生态利益的非均衡化，造成贫困的弱势群体丧失发展的条件和机会。

从城乡角度而言，实现泛北部湾区域国家内的代内公平必须缩小城乡差别。由于国家政策、产业集聚等原因，城市发展远远超过农村，泛北部湾区域内各国城乡差别非常突出。如广西面临贫困人口多、城乡居民收入差距大的问题。"按照国家新的扶贫标准，广西农村贫困人口高达1012万人，占了将近1/4的农村户籍人口。"① 再如泰国"大约有500万泰国人生活在官方划定的贫困线以下，大部分贫困人口居住在泰国北部和东北的农村地区，达到了130万"。② 现在，出现了一个严重影响城乡均衡发展的新现象，即随着城市的快速发展，一些企业由城市迁移到农村，企业为了减少成本没有建设相应配套处理工业垃圾和污水的设施，给当地农村造成了严重的环境污染，影响农民生存和发展利益。

从贫富分化角度而言，实现泛北部湾区域国家内的代内公平必须缩小贫富差距。因为贫富分化会影响区域生态文明共享实现。《我们共同的未来》中明确指出了贫穷是全球环境问题的主要原因，深刻揭示了贫困会导致环境恶化，环境恶化又会导致更大的贫困，陷入恶性循环。"人类要求和欲望的满足是发展的主要目标……一个充满贫困和不平等的世界将易发生生态和其他危机"。③ 泛北部湾区域各国贫困人口生活和工作的地方常常是污染严重、条件较差的环境，从事的常常是苦、累、脏、毒、害等工种，处于不洁净空气中、饮用被污染的水。因此，缩小贫富差距，是实现代内公平共享生态文明的重要路径。

其二，实现泛北部湾区域内国与国之间的代内公平。要求一国在开发和利用自然资源时必须考虑到别国的利益需求，还要求考虑各个国家如何

---

① 《广西农村贫困人口逾千万，农民增收成核心问题》，中国新闻网，2012年2月15日。

② 周晶璐、马毅达：《泰国社会已经严重分裂，不均衡现象导致街头政治》，《东方早报》2010年5月20日。

③ 世界环境发展委员会：《我们共同的未来》，吉林人民出版社1997年版，第52页。

分担环境保护责任。区域经济一体化已成为当今世界的发展潮流，国与国之间在经济上的联系也日趋密切。随着泛北部湾区域经济合作的深化，国与国的代内公平成为区域生态文明共享的重要保障。一方面区域内发达国家或发展较快国家有责任为了实现区域整体发展贡献自己力量，因为在贡献的同时也会获得自身发展的更多更大的机会。这种责任主要包括承担资源开发利用合理化、环境保护、污染治理的责任，还包括维护区域整体生态安全、区域资源开发利用的和平环境维护方面的责任。另一方面，区域内各国应该认识到区域发展是一个系统，一个国家市场萎缩、环境恶化、经济不景气，马上就会影响到邻国，甚至整个区域内其他国家。

诚然，要真正实现生态文明共享的代内公平，必须调适各国生态利益关系，建立新的区域经济秩序和区域生态合作伙伴关系。

2. 代际公平

从可持续发展而言，代际公平关注的是利益主体的纵向公平。世界环境与发展委员会的报告指出："虽然狭义的自然可持续性意味着对各代人之间社会公正的关注，但必须合理地将其延伸到每一代内部的公正的关注。"[①] 在美国著名伦理学家罗尔斯看来"代与代之间的正义问题"甚至"使各种伦理学理论受到了即使不是不可忍受也是很严厉的考验。"[②] 代际公平强调的是对"下一代"，甚至"下几代"人的影响，由于另一个利益主体"不在场"，所以关于代际公平的争论从来就没有停止过，争论的焦点实际上在于我们有没有必要"杞人忧天"，——主要表现为"不知情"的争论、"不存在的受惠者"的争论和"时间定位"的争论。[③] 争论者认为，在后代不知情、作为受益主体的后代人根本不存在、"后代"到底具体指"哪一代"都不明确的状况下，是没有必要讨论代际公平的问题的。实际并非如此，因为人类的永续发展不能因为我们这一代人无法看到"下一代"，甚至"下几代"就停止下来；相反，我们的子孙后代正承受着我们这一代人带给他们的后果，正如我们正承接并享受着我们的祖先留下来的资源。

泛北部湾区域生态文明共享的代际公平实际上假设了一个未来的利益

---

① 世界环境发展委员会：《我们共同的未来》，吉林人民出版社 1997 年版，第 53 页。

② ［美］罗尔斯：《正义论》，何怀宏、何包钢、廖申白译，中国社会科学出版社 1988 年版，第 275 页。

③ 李培超：《西方环境伦理思潮研究》，湖南师范大学出版社 2004 年版。

主体，并使之与作为现实的利益主体的当代人进行公平的对待。在其中，必须正确处置两个关键问题：一是从认识上正确对待获取利益的资源基础；二是从消费活动方式上谨慎有序地约束当代人的行为，节约资源与保护环境并行。

首先，实现泛北部湾区域生态文明共享的代际公平要科学对待生态资源，正确、合理、有度地开发利用区域生态资源。泛北部湾区域生态资源尤其是海洋资源、矿产资源、油气资源、渔业资源、旅游资源非常丰富，但是许多资源是不可再生。因此，一方面，泛北部湾区域各国都要建立生态资源开发和保护制度，同时区域各国经过协商对话，对于共同开发利用的生态资源也要建立合理保护制度、资源使用有偿制度。另一方面，泛北部湾区域各国都要科学利用生态资源，从产业技术升级、产业制度完善、循环经济模式等方面，科学使用生态资源。

其次，实现泛北部湾区域生态文明共享的代际公平要在区域内大力提倡绿色消费。国际公认的“绿色消费”主要包括：消费无污染的物品；消费过程中不污染环境；自觉抵制和不消费那些破坏环境或大量浪费资源的商品等。对于大多数仍处于发展中的国家的泛北部湾区域而言，提倡绿色消费不仅是消费意识、消费观念的转变，更是消费行为的重新塑造。如何从保护环境、节约资源的角度倡导健康的绿色消费，这是实现泛北部湾区域生态文明共享的代际公平的重要途径。

（二）代内—代际共享存在的主要问题

在共时性与历时性相交融的场域中讨论“代内—代际共享”问题，不是哪一个国家的问题，而是整个区域面临的问题。

1. 尚未形成自然资源参与分配的机制

自然资源参与分配实际上就是为资源定价、实行资源代偿金制度，以矫正不合理的资源低价，从而抑制对资源产品的过度消费。在自然资源不参与分配的情况下，资源无价和资源产品低价的客观事实鼓励人们浪费性的过度开采和使用资源，破坏可更新资源的更新能力，加速了可耗竭资源的耗竭速度①，不仅剥夺代际共享自然资源的权利，也严重影响了代内生存的权利和质量。

---

① 参见罗丽艳《自然资源参与分配——兼顾代际公平与生态效率的分配制度》，《中国地质大学学报》（社会科学版）2009 年第 1 期。

泛北部湾区域大部分国家在经济发展过程中，以 GDP 增长为主要考核指标的现象没有改变，为了获取高速经济指标增长却以生态资源的快速开发和低效率运用为代价。由于自然资源参与泛北部湾区域各国的纵向分配没有真正实现，一方面导致不可再生资源消耗速度加剧，另一方面导致可更新资源的恢复生产和可耗竭资源替代品的研发缺乏资源代偿金作保障。几年以前，北部湾渔业资源枯竭的状况已经引起了重视。[1] 渔业资源枯竭与过度捕捞成了互为因果的恶性循环：渔产品越捕越少，作业方式就越野蛮，严重损害着北部湾生态系统，同时也导致一些国家关系紧张，如中国和越南因为渔业资源的争执。但自然资源参与分配的机制尚未形成、相关合作机制没有完善，短期的经济效益掩盖了长期的生态效益。

2. 资源补偿机制的法律法规体系有待健全

区域内各国开始逐渐重视资源补偿问题，也出台了一些相关法律法规体系，对于矿产资源综合利用、环境治理、生态补偿等提出了具体要求。但存在的主要问题有：一是现有法律法规存在着立法范围狭窄、条文规定过粗等不足；二是缺乏资源补偿的专门性法律，针对性不强，由此导致了补偿主体和对象不明确、相关依据与标准混乱等问题；三是现有法律法规缺乏协调性，国家之间和农业、林业、水利、环境保护、国土资源等多个部门之间协调难度大。资源补偿得不到很好的实施，资源的合理开发和生态环境的保护就不能真正实现，代内—代际共享就有可能落空。

3. 经济增长新模式有待进一步形成

尽管泛北部湾区域各国都认识到资源和环境压力对本国和本地区经济社会发展是一个重要的制约因素，并致力于改变传统生产方式和消费方式，但是，推动和刺激经济高速增长的发展模式在某些地区并没有真正实现。一方面，经济发达地区的产业转移没有将先进的发展模式向落后地区输入，相反一些企业还将高能耗的企业向资源相对丰富、资源成本较小的落后地区转移，在攫取利润的同时将生态污染、环境破坏的恶果留给了当地。另一方面，落后地区由于相关政策的缺位、缺乏科学技术、劳动力素质普遍偏低等原因，无法依靠本地区经济发展能力实现经济增长模式的更新。

---

① 《北部湾海域环境面临恶化困境　渔业资源枯竭》，http：//news. Shuichan. com/200508/30/88339. html。

4. 区域生态建设缺乏协调机制

从协调手段而言，泛北部湾区域协调发展多为经济合作领域，对于生态文明建设与共享缺乏域际或国与国之间的协调手段。如建设区域生态文明共享的发展规划、建立健全相关法律政策、建立相应的管理机构，形成能够确保代内—代际共享的手段体系。

从协调行为主体而言，确立以可持续发展为核心的能够实现代内—代际共享的协调行为主体至关重要，如成立国家政府间区域生态委员会、区域生态规划协会等。

（三）共生：代内—代际共享模式的建立

代内—代际共享目的是实现代内利益各方、当代人与下代人共有生存环境、共有生存和发展权利，即实现共生。根据共生理论，对称性互惠共生是共生系统进化的基本方向和根本法则；对称性互惠共生状态也是最佳激励兼容状态或称最佳资源配置状态。因此，促进对称性互惠共生关系的形成是泛北部湾区域生态文明代内—代际共享模式（见图 8－3）建设的必然要求。

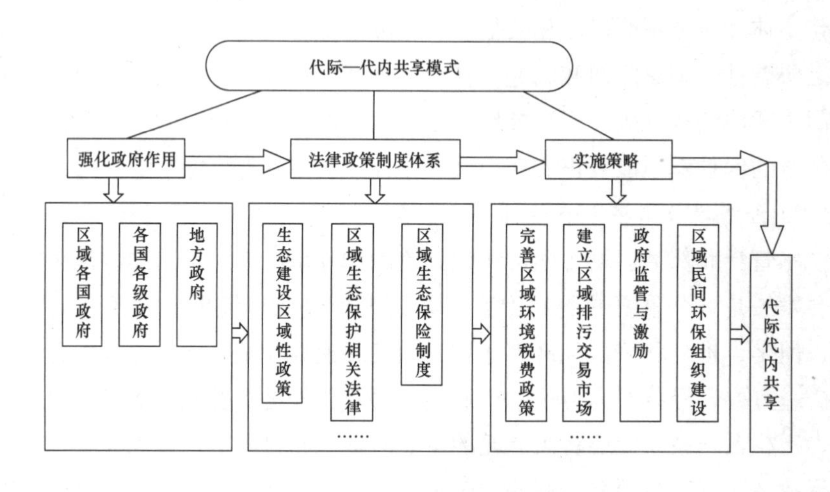

图 8－3　代际—代内共享模式

首先，强化政府在泛北部湾区域代内—代际生态文明共享建设的推动作用。生态资源和环境资源作为一种具有外部性的公共物品，必须要实现其外部效应内在化，才能实现区域生态系统的良性发展。虽然泛北部湾区域合作以经济合作为主要形式，随着经济社会发展，生态资源也存在着市场需求，但仅仅靠市场机制调节生态资源供需常常会出现一个问题就是：市场机制在生态环境的供给方通常无能为力，这样政府的介入就成为一种必然的选择。而且泛北部湾区域生态环境涉及区域各国、各地区、各企业，加强生态文明建设、优化区域生态环境、实现区域生态文明共享，其重任应该由各级政府承担，发挥政府主导作用。国家政府、各级地方政府站在战略高度，切实加强国家和区域沟通，发挥主导作用，这是实现泛北部湾区域代内与代际共享的一项重要保障。

其次，建设完善泛北部湾区域代内—代际生态文明共享的相关政策、法律、制度体系。环境政策、法律、制度体系是一个国家和地区保证生态文明建设顺利实施的重要保证。目前，主要任务是：（1）针对泛北部湾区域各国因为生态利益导致的纷争和矛盾，要加快区域各国协商，制定统一性区域政策、法律、制度体系。（2）加快各国国内政策、法律、制度体系建设完善的步伐，落实各国代内—代际生态文明共享的具体任务。（3）创新泛北部湾区域代内—代际生态文明共享的相关政策、法律、制度体系。迄今为止，泛北部湾区域没有专门规定环境责任保险的法律，因此可以通过区域管理委员会，通过各国协商参与，制定区域性环境责任保险法律。再如，构建海洋生态损害责任保险制度是保护泛北部湾海洋生态的重要手段。因此，制定和实施海洋生态损害责任保险，以有效、优化地实施泛北部湾区域海洋开发和利用为目的，主要针对可能引发突发性海洋环境污染事故的行为，可能引起海洋生物物种、种群、群落、生境[①]及生态食物链的损失的行为，以及海洋环境功能损失和海洋生态服务功能减弱的各种行为。

再次，完善泛北部湾区域代内—代际生态文明共享实施策略。例如，（1）完善泛北部湾区域环境税费政策，建立排污权交易市场。一方面，完善区域环境税费政策主要是区域各国要达成共识并采取一致行动：加强环境收费力度，完善排污收费政策，彻底改革违法成本低的状况。另一方面，建立区域排污权交易市场，利用市场力量调节或影响泛北部湾区域内的不同市场主体的行为。排污权交易有利于优化环境容量资源配置，降低污染控制的总成本，调动污染者治污的积极性，实现环境资源的内在

① 所谓生境，指的是生物生活的空间和其中全部生态因子的总和。

化。[1] 通过建立区域排污权交易市场，可以使泛北部湾区域内环境容量大的地区获得出售排污权的收益，增加发达地区、大型企业购买排污权的成本，调节不同区域、城市和农村在环境污染和治理上成本与收益的不均衡，改善区域总体环境。（2）强化政府监管与激励机制。一方面，强化区域“生态信息公开制度”，保证区域内各国和区域当地民众有权获取真实、准确环境信息，加强环境监督，有效表达环境利益诉求。另一方面，区域各国应该将环保指标、治污率、人居环境指数、污染指数、绿化率等相关环境指标纳入地方政府绩效考评体系。（3）发挥区域内环保民间组织作用。区域环保民间组织既可以是国际性质的，也可以是国内的，让它们充分发挥监督作用。

完善泛北部湾区域代内—代际生态文明共享的实施策略并不仅仅是以上几个方面，例如，建立和完善区域生态补偿制度、可持续发展基金制度、自然资源权属制度等，还需要区域各国、各部门、各组织共同努力。

四　国内—国际共享模式

在区域经济一体化时代背景下，区域生态文明显然已经突破某一地区或某一国的地理空间而成为世界共同的责任与事业。因此，倡导公平合理的国内—国际共享模式，在经济、社会、生态的三维互动中达成价值共契，是实现泛北部湾区域生态资源配置和文明成果共享的基本保证。

（一）国际空间：国内—国际共享

从国际空间而言，泛北部湾区域生态文明共享涉及“区域内各国之间”、“区域各国与发达国家之间”两个区域范围和层次的共建共享。

1. 区域内各国之间的生态和谐与可持续发展：实现国内与国际生态文明共享的基础要求

实现泛北部湾区域国内与国际生态文明共享首先必须要维持区域内各国之间的生态和谐与可持续发展。随着泛北部湾区域经济发展和经济合作开展，区域发展的资源环境压力的严峻形势将进一步凸显，大量问题和矛盾也将逐步出现，如经济快速增长与资源大量消耗、生态环境破坏之间的

---

① 徐双敏：《代内公平视域的环境治理策略》，《长江论坛》2010 年第 1 期。

矛盾；经济发展水平提高与社会发展相对滞后之间的矛盾；区域经济社会发展不平衡的矛盾；人口增加与资源相对短缺的矛盾；现行政策法规与生态文明新发展新需求之间的矛盾等。另外，产业结构不合理、经济增长的粗放型模式没有根本改变、生态保护滞后于经济发展、区域性生态政策不力、生态文明建设机制不活、生态投入不足等大量问题的存在，也是制约国内与国际生态文明共享实现的重要因素。

实现泛北部湾区域生态和谐与可持续发展最为关键的就是实现生态经济模式的转型，从而为国内与国际生态文明共享的实现打好基础、做好准备。生态经济模式的形成实质上就是遵循物质变换理论，使得自然生态系统与社会经济系统协调统一发展，通过物质循环、能量流动、信息交互和价值转换，形成具有自身稳定结构和功能的互动系统。从系统结构而言，只有实现区域内各国之间的生态和谐与可持续发展，才能实现系统内与系统外物质能量的均衡变换（见图8－4）。

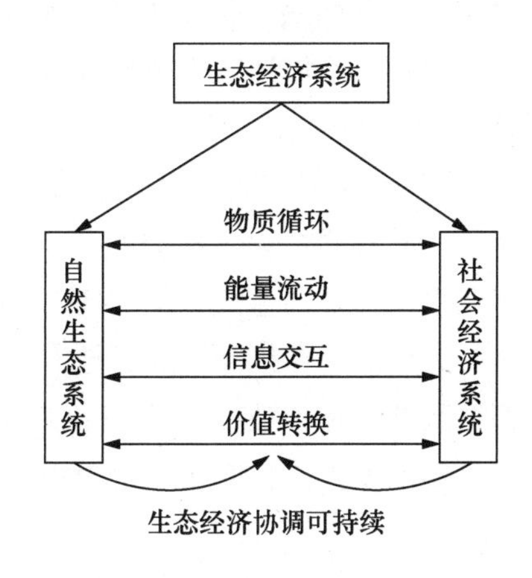

图8－4　生态经济系统结构

2. 区域各国与发达国家之间和谐共处与公平合作：实现国内与国际生态文明共享的主题

国际经济形势复杂多变、世界生态形势愈加严峻的情况下，进一步深化区域各国与发达国家之间和谐共处与公平合作，既是泛北部湾区域各方当前努力促进经济发展、保持长期繁荣的迫切需要，也是实现泛北部湾区域生态文明建设发展的重要路径。

一方面，警惕和防止发达国家出于经济利益掠夺泛北部湾区域生态资源。尤其是区域内一些国家为了自身的利益，与发达国家的企业联合大肆开采生态资源，如越南与西方企业联手在与中国有争议海域掠夺式开采油气资源，不仅将区域内资源转让输出，而且造成区域内各国矛盾激化，不利于区域生态资源有效利用，也不利于维护区域良性生态环境。

另一方面，警惕和防止一些别有用心的发达国家提出的“中国生态威胁论”和“中国生态入侵论”在泛北部湾区域生态合作投上阴影。西方一些国家如美国出于遏制其他国家发展的动机，常常挑战生态安全国际合作的正义性。联合国教科文组织前秘书长马依奥尔曾说：“如果我们认识到处于国境线以外或地球另一方面的‘他者’并非一定要成为敌人，而完全可能成为朋友，那么这些全球合作和世界性联系就能变得更为紧密、更为有效。”①

（二）国内—国际共享存在的主要问题

国内与国际共享存在的主要问题包括生态责任承担的公平体系建立、复杂的国际形势以及发达国家对区域生态资源掠夺等。

1. 泛北部湾区域各国“生态利益共同体”理念与实践尚未实现

“生态利益共同体”是基于生态利益的互利共存目的，行动体中利益不同的双方或多方联合在一起共同行动，维护生态环境、有效利用生态资源。生态利益共同体旨在强调生态利益关联的任何一方在谋求己方的生态利益的同时，不能不在一定程度上保护和顾及其他方的利益以此维护共同的利益关系。在泛北部湾区域强化和建立“生态利益共同体”，显然不是一种绝对的利益对等交换的制度安排，它实际上更强调各国对区域整体的生态义务和责任。

首先，理念上要达成“生态利益共同体”共识。只有当泛北部湾区域各方达成生态利益共同体，认识到己方的利益与他方的利益共存，并共处于在一个统一体中，“一损俱损，一荣俱荣”，生态文明的国内与国际共享才会有坚实的基础。理念上达成“生态利益共同体”的共识，意味着泛北部湾区域各方对共同体运作的预期收益以及利益分享的模式和规则的一致认可。

其次，实践上要实现“生态利益共同体”共赢。共赢实际上就是要

① 周国梅、唐志鹏：《生态文明理念的国际演变》，《环境经济》2008 年第 1 期。

实现帕累托改进。帕累托改进是指一种变化，在没有使任何人境况变坏的前提下，使得至少一个人变得更好。对于泛北部湾区域各国各方而言，如果任何一种改进剥夺某一方的既得利益，不管是否能带来更大的整体利益或者是否有助于实现崇高的目标，都不是帕累托改进。帕累托改进是通过持续改善，不断提高社会的公平与效率，从而最终会达到帕累托最优。①简言之，各方都有利、都同意的事情或制度安排，就是帕累托改进。显然，如何通过资源配置和制度安排，追求生态资源开发利用的公平与效率，是泛北部湾实现国内与国际共享仍需努力的事情。

2. 泛北部湾区域各国承担生态责任的公平体系尚未建立

就区域生态环境保护而言，国与国之间应公平承担区域生态责任，共同协作，提高区域生态资源利用效率，有效防治环境污染。生态责任正被视为21世纪政府的重要职责。在生态文明时代，生态责任是每一个社会主体都应承担的责任，而政府在生态建设、环境保护以及社会可持续发展方面应承担最主要的义务和职责。

泛北部湾区域各国承担生态责任的公平体系没有完全建立，主要表现在：（1）有些国家或地区政府仍没有从传统经济模式追求经济利益的最大化而忽视环境问题的状况中走出来。生态文明建设要求政府走可持续发展道路，充分考虑生态环境，提高资源利用效益，最大限度地保持区域生态平衡。（2）政府对市场的生态责任不明确。政府的角色不仅仅是监管市场，更重要的是拓展对市场的生态责任。随着泛北部湾区域经济合作的扩展和升级，政府对市场的调节规范功能要实现向新的领域拓展，例如，为企业生产制定绿色产品标准、再生资源的开发和利用、绿色产品价格调节；帮助企业开展绿色营销，等等。（3）政府对公众的生态责任没有充分重视。各地政府往往从地区眼前的经济利益出发，追求企业利润，忽视公众的生态利益获取，这是一种不负责任的做法。

3. 泛北部湾区域内复杂的国际形势使国内—国际共享困难加大

泛北部湾区域并不平静。不仅区域各国的资源争端、生态利益争端不断，而且一些大国由于觊觎区域丰富的生态资源或者出于其他经济和政治目的，插手干涉区域事务等，增加了泛北部湾区域生态文明国内—国际共

① “帕累托最优”以意大利经济学家维弗雷多·帕累托的名字命名，维弗雷多·帕累托在他关于经济效率和收入分配的研究中使用了这个概念。

享的困难。

美国正筹划和实施重返亚洲计划，不断加强亚太地区的军力部署，如军舰力量重返越南的金兰湾，加强对南海的控制；在新加坡部署濒海战斗舰，以显示自己在马六甲海峡的军事存在。在南海，菲律宾、韩国、越南等与我国有海洋争议的国家频繁举行军演，菲、越等国与中国发生纠纷，都是出于海洋生态资源的争夺。在东海，日本与中国的钓鱼岛之争，从国际形势上影响和恶化了泛北部湾区域整体环境，使国内—国际共享困难加大。

在复杂的国际形势下，泛北部湾区域国内—国际共享困难明显加大。需要强调的是，中国作为负责任的发展大国，应该为维护泛北部湾区域良好的经济、社会、生态秩序做出积极的努力和贡献。伴随中国经济增长的生态文明与绿色崛起，不仅仅是国力的增强和保障生态核心利益的需要，也充分体现了中国在泛北部湾区域的生态责任。

4. 发达国家对生态资源掠夺影响泛北部湾区域国内—国际共享实现

发达国家对生态资源掠夺影响泛北部湾区域国内—国际共享，主要表现在三个方面：（1）发达国家尤其是美国对泛北部湾区域国家的“历史伤害”仍然伤痕累累。“越战”期间，美国用飞机向越南被判断为共产党武装人员藏身之地丛林中喷洒了7600万公升落叶型除草剂（橙剂）以清除遮天蔽日的树木，喷洒的面积占越南南方总面积的10%，“橙剂”中含有毒性很强的四氯代苯和二氧芑，进入人体后需14年才能全部排出。它还能通过食物链在自然界循环，影响范围非常广泛。据统计，大约有500万越南人至今仍深受其害，其中包括15万名儿童，有60万人因此而患上绝症、畸形、先天性疾病。美国政府是当代毁灭越南生态环境的恶魔。[①] 现在，发达国家对泛北部湾区域国家的军事渗透、产业专业等行为，其消耗资源、加大环境污染压力的行为恶果将在不久之后显现。（2）发达国家利用市场机制掠夺泛北部湾区域生态资源。例如，美国利用资本、商品、劳务和技术在世界范围内自由流动使自身的财富急剧增长，同时还利用其主导制定的不公平的国际贸易体制要求中国、越南、菲律宾等发展中国家开放本国市场，掠夺廉价的劳动力和丰富的自然资源。（3）发达国家向泛北部湾区域发展中国家转嫁环境污染。如日本、韩国等发达国家向

① 《美国是毁灭越南生态环境的恶魔》，http：//www.360doc.com/content/12/0710/20/5733130_223452048.shtml。

中国、越南等国倾倒“电子垃圾”等污染性大的废弃物，把环境污染代价转移他国。

（三）共赢：国内—国际模式之建立

泛北部湾区域生态文明的国内与国际共享模式（见图8－5）的建立，旨在通过达成生态文明国际共识的基础上，开展国内—国际生态文明共享实践，从而营造优化的区域生态环境。

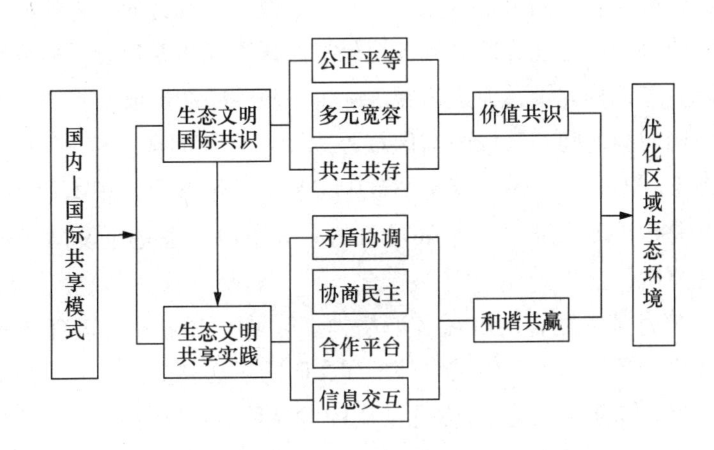

图8－5　泛北部湾区域生态文明国内—国际共享模式

1. 生态文明国际共识

泛北部湾区域生态文明国际共识的形成不是一蹴而就的，必须建立公正平等国际生态新秩序、培育多元宽容的区域和谐精神、形成共生共存的可持续发展观念。

（1）建立公正平等的国际生态新秩序。生态环境问题已经成为世界性的问题。生态环境问题是国际关系的一个新变量，它对国际关系具有双重影响，它既是国际合作新的增长点，也可能成为冷战后冲突新的发源地。① 国际社会越来越形成的一个共识就是：公正平等的国际新秩序是通向生态文明与和谐世界的必由之路。

按照“共同但有区别”责任原则，发达国家有责任对发展中国家提供科技援助和资金投入，很好地解决发展中国家的贫困问题（不从根本

① 康瑞华：《生态环境问题将影响国际政治经济新秩序的构建》，《党政干部学刊》2005年第9期。

上消除贫困，生态环境恶化将不能禁止）、环境污染问题、产业转型问题。同时，发展中国家要积极努力、想方设法解决好国内的生态环境问题，优化国民的生存环境，积极承担生态环境的国际责任。建立公正平等的泛北部湾区域国际生态新秩序，各国要以保护自身环境的实际行动和团结一致推动发达国家在解决生态环境问题迈出决定性的步子，既要关注自身的生存和发展，又要责无旁贷地积极参与。

为此，必须坚持两个基本原则：其一，建立强有力的、有效的区域生态制度。通过加强泛北部湾区域环境保护法律法规体系建设，加强区域现有的国际生态机构建设，促进区域国际生态新秩序的形成。其二，努力消除区域内国与国之间、区域内与区域外之间在环境问题上存在的不公正、不平等现象。不公正、不平等是导致生态贫困继续恶化的根本原因。“生态外交”是消除不公正、不平等现象的有效手段，也是建设国际生态新秩序的必要途径。

（2）培育多元宽容的区域和谐精神。区域和谐精神的培育首先要尊重多元文化，必须要加强区域内外不同文明的对话和交流，努力消除相互之间的疑虑和隔阂。因为，“多元文化的世界是不可避免的”，“维护世界安全需要接受全球的多元文化性”。[①] 泛北部湾区域各国之间因为生态资源的争夺、领土争端等所产生的矛盾冲突具有复杂的原因，但是本着尊重历史、尊重实际、尊重文化的原则，加强谈判，培育多元宽容的区域和谐精神，才能实现在竞争中取长补短，在求同存异中共同发展。

（3）形成共生共存的可持续发展观念。维护区域生态安全是一项跨国性、相关性事业。区域各国应该积极寻找利益契合点，努力消除分歧、减少摩擦，在共生共存可持续发展观念指导下，营造区域国内与国际生态文明共享良好环境。

2. 生态文明共享实践

（1）矛盾协调。生态资源开发利用的合理化、生态污染问题处置、生态灾难联合应对、生态资源市场公平利用、生态国际秩序紧张化等原因将进一步使得矛盾复杂化。当前，生态问题作为一个全球性的问题，以区域性生态问题备受人们关注。因此，改善生态环境、化解生态危机成为每一个国家和地区都不容回避的共同责任和面临的共同任务。强化矛

---

① ［美］亨廷顿：《文明的冲突与世界秩序的重建》，新华出版社1998年版，第368页。

盾协调机制，关键是保证区域内不同国家的平等发展权，并且在保证各个国家享有平等发展权的前提下实现生态问题的国际合作，建立主动承担责任、差别承担义务的国际生态合作新机制。

（2）协商民主。哈贝马斯认为：协商民主的过程就是共识形成的过程。协商民主的实质，就是要实现和推进公民有序的政治参与。实现泛北部湾区域生态文明国内—国际共享，就是通过生态责任、生态问题及其合作治理的协商，营造区域的良性国际生态环境。泛北部湾区域生态文明国内—国际共享实践的协商民主，主要解决两个问题：

其一，生态责任承担。承担生态责任一是要落实在参与实践中，二是要共同建设区域生态政策以保证实践的长期性和稳定性。乔治·M. 瓦拉德兹指出："协商过程的政治合法性不仅仅出于多数的意愿，而且还基于集体的理性反思结果，这种反思是通过在政治上平等参与和尊重所有公民道德和实践关怀的政策确定活动而完成的。"① 这就要求区域内公民、组织、团体和国家广泛参与，共同维护泛北部湾区域生态安全。

其二，生态合作治理。生态环境具有整体性和公共性特点，生态环境资源是一种公共物品和公共资源，尤其是泛北部湾区域内各国海洋资源、跨境河流、生物资源等甚至无法做出严格的划界，对于生态环境的产权特别是跨区域生态环境的产权更是难以界定。"公地悲剧"现象就是因为人们缺乏对公共物品普遍的公共理性和公共责任，缺乏跨区域、跨国界的生态合作治理行为。对此，美国生态政治学者科尔曼指出："没有胸怀全球的思考，便不能树立环保的严重性与完整性，全球责任并非限于考虑全球性的利弊得失，它也意指应用一种整体思维方式。"② 生态合作治理要从泛北部湾区域整体性和全局性高度出发，针对不同区域的生态环境状况、生态治理要求、资源环境承载能力和发展潜力，实施不同的功能定位，并通过合作治理制度建设、合作治理机制创新，实现泛北部湾区域整体性的生态合作治理。

（3）合作平台。合作平台建设就是要拓宽泛北部湾区域各国生态合作的空间和手段。其一，加强现有合作平台的生态合作功能。当前，泛北部湾区域合作平台主要有中国—东盟博览会、泛北部湾经济合作论坛等，

① ［美］乔治·M. 瓦拉德兹：《协商民主》，《马克思主义与现实》2004 年第 3 期。

② ［美］丹尼尔·A. 科尔曼：《生态政治：建设一个绿色社会》，上海译文出版社 2002 年版，第 132 页。

借力博览会和合作论坛，拓展生态文明的对话和合作，是区域经济社会发展的迫切需要。要实现泛北部湾区域生态文明的国内和国际共享，有必要充分营造东南亚各国良好的区域环境。截至 2014 年，8 届泛北部湾经济合作论坛就加强经济领域、社会发展领域和合作机制等三个大方面取得了很多合作进展，但就合作实际情况而言，生态文明建设、生态合作尚未成为泛北部湾经济合作论坛的重要主题。加强现有合作平台的生态功能，是实现国内—国际生态文明共享的重要途径。其二，建设和创新泛北部湾区域生态文明建设新平台。例如，生态产品交易博览会、企业生态合作论坛、泛北部湾区域生态合作组织等，多途径、多方法地推进泛北部湾区域国内—国际生态文明共享。同时，也可以积极开展多种形式跨境交流，组织类似的泛北部湾生态合作跨境研讨会等，向发达国家学习生态治理和生态文明建设经验。

区域生态文明共享不仅是实现生态环境、经济发展的良性互动，建立生态经济系统，实现可持续发展的必由之路；也是破解后发地区经济发展与生态建设两难困境的关键；还是建立绿色产业和经济结构，实现多元化的生态经济模式的有力支撑；更是实现区域经济发展战略向国家发展战略转型和升级的重要保障。

第九章　泛北部湾区域生态文明共享的实现机制

泛北部湾区域生态文明共享的实现机制，就是通过一系列的规则和原理，通过对区域各国生态文明建设和生态合作实践的引导、激励、调适、协作、约束，实现资源共享、责任共担、发展共赢。

一　泛北部湾区域生态文明共享机制及机制作用机理

（一）系统的机制及实现途径

1. 系统机制

系统机制是指系统内部各要素间相互制约、相互作用的内在机理，由此形成特定结构和功能，进而确定系统的方向、动力、路径和运行方式。机制以构成要素及其相互作用为基础，以系统目标为导向，以客观需求为动力，体现在随内外条件变化而进行自我调节、控制、应变的运转过程中，是系统结构动态机制与外部环境作用驱动力的统一。根据一般系统论的思想，系统有两种可能的描述方式，其一为"状态"，即描述系统构成的要素、要素的当前状态、要素与环境中要素之间的关系以及环境中外部要素的状态；其二是将系统看作一个接受输入和输出的实体，由系统功能把输入变成输出。[①] 当把系统进行第二种描述方法时，系统应当包含输入、过程、输出和反馈，以及在其中运行并与之不断发生相互影响的环境。[②]

---

① P. 切克兰德：《系统论的思想与实践》，华夏出版社 1990 年版。

② 成思危：《复杂科学与系统工程》，《管理科学学报》1999 年第 2 期。

2. 系统机制实现途径

机制的建立依靠两个载体：体制和制度。前者主要是指组织职能和岗位责权的调整与配置，后者主要是指国家法律、法规以及任何组织内部的规章制度。通过与之相应的体制和制度的建立（或者变革），机制在实践中才能得到体现。

同时，由于机制从层次、形式和功能等角度又可以分为宏观机制、中观机制、微观机制、行政—计划机制、指导—服务机制、监督—服务式机制和激励机制、制约机制和保障机制等不同的类别。① 因此，在设计系统的功能实现机制时，应尽可能考虑机制应该包含的层次、形式和功能。

（二）泛北部湾区域生态文明共享机制的作用机理

区域生态文明共享包括参与共享的主体、载体和客体等组成部分，构成要素复杂多样且有多层次结构，并与外部环境存在一定的物质、能量或信息的交换，因此可以将其看作一个开放的复杂巨系统。要达到区域生态文明共享的目标，就是要实现区域生态文明共享系统的功能。因此，要建立泛北部湾区域生态文明共享的实现机制，其实质就是通过变革泛北部湾区域生态文明共享系统的动态结构，实现该系统在其动态机制驱动下与环境相互作用实现系统功能，从而达到区域生态文明共享的目的。

要了解北部湾区域生态文明共享系统的机制，就是要了解影响区域生态文明共享的各因素的结构、功能及其相互关系，以及这些因素产生影响、发挥功能的作用过程和作用原理及其运行方式。主要包含两个方面：一是区域生态文明共享系统的静态结构，即系统的组成部分和组成部分的次序；二是区域生态文明共享系统中各部分相互联系、相互作用的运作方式。对于区域生态文明共享来说，前者主要包括其中的最关键问题：谁参与共享（共享主体），共享什么内容（共享内容），共享内容的依附对象又是哪些（共享客体），共享主体通过什么途径实现对客体和内容的共享（共享载体）？因此，我们可以根据这些关键问题绘制泛北部湾区域生态文明共享系统的基本结构，如图 9－1 所示。

① 孙绵涛，康翠萍：《社会机制论》，《南阳师范学院学报》2007 年第 10 期。

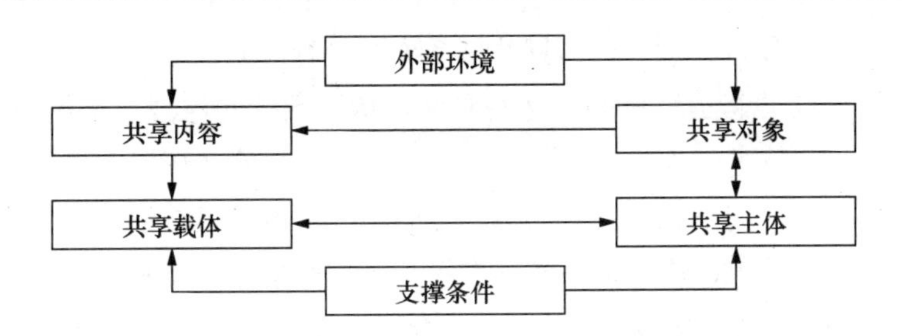

图9－1　泛北部湾区域生态文明共享实现基本结构

而对于后者，图9－1各要素之间相互作用的过程和方式，以及与外部环境、支撑条件等系统环境产生的作用，即为泛北部湾区域生态文明共享的实现机制。区域生态文明共享是一个系统工程，涉及人、环境、经济和社会各个要素。据此，我们可以运用系统论的基本观点，将生态文明共享机制的主体构成、共享内容进行划分整合，构建区域生态文明共享机制的系统模型（见图9－2）。在模型中，外部环境因素包含政治、经济、文化、社会与生态环境等因素，由于生态文明共享系统的需求，提出了政治稳定和科学管理、经济可持续发展、文化理念先进、科学技术不断进步、社会和谐与生态环境良好的需求，这些需求对区域生态文明的共享主体"政府、企业、第三方组织和个人"产生压力并发生作用后形成了系统输入环节。这些压力作用于主体，主体同时产生了各自内在的"看不见"的

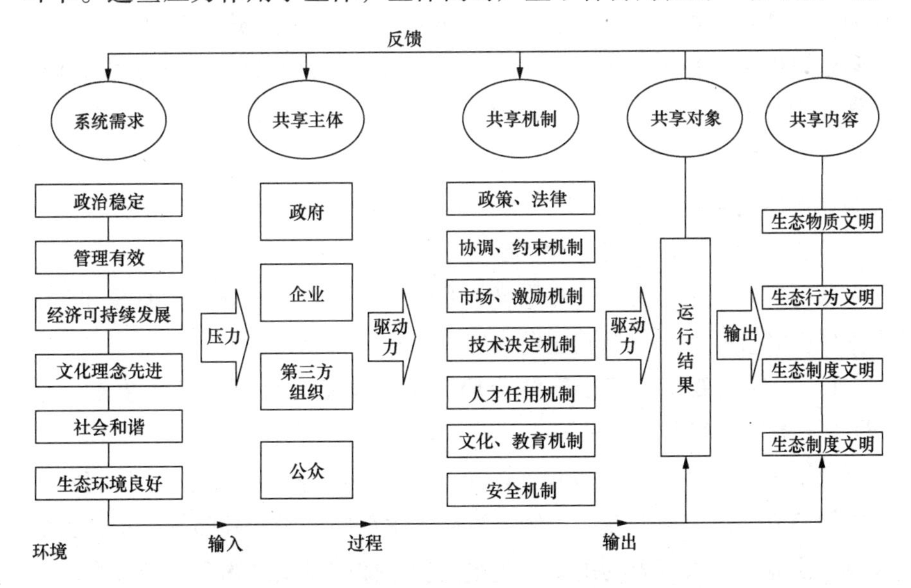

图9－2　泛北部湾区域生态文明共享机制系统模型

驱动力，这些驱动力通过作用域共享系统中“看得见”的共享机制要素发挥作用，形成动态运转机制。这些要素包括了政策与法律、市场与利益、激励与约束、技术与人才、文化与教育等。共享对象在环境因素压力下通过这些“看得见”的机制要素的运行、驱动，输出运行结果，即产生区域生态文明共享效果，这一结果又反作用于环境因素、主体和机制，形成系统反馈机制。至此，区域生态文明共享系统形成一个较为完整的模型。

二　泛北部湾区域生态文明共享机制的实现论证

通过区域生态文明共享系统功能和机制的分析可以得出，要实现区域生态文明共享系统的功能或目标，需要通过调整共享主体间的关系、建立系列共享机制来共同驱动系统运行结果和输出结果的产生。这也与我们在对系统机制的实现有体制和制度两个途径的分析相符，共享主体间组织职能和责权关系的调整是体制变革的途径，共享机制的建立则是制度建设。因此可以认为，泛北部湾区域生态文明共享机制的实现需要“1个体制变革”、“7个制度”、“10个具体实施机制”作保障。即包括：“1个体制变革”——改革共享主体关系和机构，建立基于网络治理理论的泛北部湾区域生态文明“四位一体”共享主体模式；“7个制度建设”——完善政策与法律体系、建立协调—约束制度、市场—激励制度、技术决定制度、人才任用制度、文化教育制度和共享安全制度等制度体系；“10个具体实施机制”——目标约束机制、决策实施机制、组织协调机制、行为监督机制、信息交互机制、合作平台机制、利益矛盾协调机制、市场运行机制、应急处理机制、生态补偿机制等。

通过对区域生态文明共享制度体系建设主要内容的分析，根据对系统机制层次划分标准，总结其主要内容如表9－1所示。

（一）体制变革：基于网络治理理论，构建泛北部湾区域生态文明“四位一体”共享主体模式

区域生态文明共享的多元主体包含政府、企业、第三方组织和公众，其中第三方组织包括非政府组织、科研学术部门、民间社团等广泛含义的政府、企业、个人以外的组织。应当改变主体间科层结构和市场分配为主的主体关系，建立以网络治理理论为基础的北部湾生态文明“四位一体”

共享主体模式。

表 9-1　　泛北部湾区域生态文明共享实现机制框架

层次	框架	主要内容
宏观	法律、法规、政策	生态文明相关的政策、法律、法规，上述法律、法规执行过程中执法环境相关法律法规（程序法规、产权法规、社会监督法规、信息公开法规等），生态文明共享的专门法规、政策、规划、管理办法等
中观	基本制度	生态资源产权制度；生态文明共享激励、约束制度；生态文明共享的监控制度；生态文明共享安全保障制度；生态文明共享的人才和技术选用制度；上述制度的使用和共享制度
微观	实施办法	生态文明共享绩效评估；生态文明共享指标体系；生态文明共享评估方法；生态文明共享相关规范和指南
微观	具体机制	目标约束机制、决策实施机制、组织协调机制、行为监督机制、信息交互机制、合作平台机制、利益矛盾协调机制、市场运行机制、应急处理机制、生态补偿机制
支撑条件、环境		政治环境；经济环境—经费投入；信息化条件；国际合作条件；社会观念和氛围；相关科研、培训和宣传

在网络治理中，网络作为有别于市场和科层的治理模式，主要侧重于动员分散资源，并且强调行动者（主体）的自由裁量权，主体之间通过信任机制和协调机制有着相互依存、相对稳定的结构，它们之间进行互动、协调和沟通。[①] 在生态文明共享中，政府、企业、第三方组织和公众四个主体组成部分不仅各自承担着重要的作用，而且要在网络治理理论的指导下相互联系、相互协作，形成“四位一体”的运行机制。

我们需要将生态文明共享理解为一个集体行动的问题，可以采用多主体合作的网络治理达到“四位一体”的有效运转机制，建立共享主体间的互动机制。具体措施包括：第一，通过共享主体对生态文明的思想理念的共同学习，建立共同的合作目标和愿景；第二，通过协商、合作以及谈判等方式解决相互之间争议与冲突，实现价值协同、信息共享、互利共赢的良好态势，最终实现良性的互动；第三，在互动的基础上，从多维度、多层面整合政策、法律、市场、利益、科技成果、人才、文化、教育等驱动要素，在驱动机制中发挥更大的效率。最终形成一个完善的互动与整合

① 鄞益奋：《网络治理：公共管理的新框架》，《公共管理学报》2007 年第 1 期。

机制来增强主体间的共同联系、互信和对环境反应能力，并在行动中共同承担责任和风险，实现互利互惠。

因此，我们需要通过调整四大主体之间的关系，通过生态文明共享法律法规建设、生态文明共享纳入政府绩效考核、建立生态补偿和转移支付机制、促使企业外部成本内部效益化等手段，解决政府、市场失灵和第三方组织、民众无作为现象。

（二）制度体系：建设泛北部湾区域生态文明共享机制的制度保障

泛北部湾区域生态文明共享实施机制需要制度体系作保障。具体而言有如下七个方面：

1. 完善政策法律体系

近年来，我国相继出台了资源环境保护和资源环境综合利用领域的法律；制定并推动生态示范区、生态旅游示范区、生态补偿、自然保护区、生态文明建设实验区、扶贫生态移民、国家公园体系建设、城市矿产示范基地建设等一系列促进生态文明共享的政策；制定了《全国生态环境保护纲要》、《推进生态文明建设规划纲要》等规划纲要及生态省、生态城市、生态示范区、生态文明示范区指标等考核指标体系，对生态文明建设和共享的政策、法律实施情况进行监督。但仍然存在生态环境保护机制不完善，生态立法滞后，执行不力等问题。现有的环境保护政策法规，因其配套性、系统性、可操作性不强和执法不严等而导致政府职能发挥受阻，无法从宏观上有力调控企业的生产经营行为。因此，相关政策、法律和司法机制仍需要不断完善，特别是对生态文明共享的专门法律目前尚处于空白，有关政策也处在分散分布的状态，需要进行专题研究、制定、实施和监督。

2. 协调—约束制度

包括不同区域间、主体间、代际间在生态文明共享中的利益协调，需要通过建立区域、主体间的互动、协商和合作，以联席会议、协作委员会等方式协调解决区域、流域、主体间生态文明建设和共享的重大问题。更新资源观念和资源管理方式，建立共同参与的综合建设、管理和共享机制。约束机制则是要有效规范生态文明共建共享行为，主要解决违反生态文明建设和共享相关法律、法规、制度和责任追究问题。约束机制包括建立明确的产权保护制度、绩效评估机制、监督机制、司法机制和奖惩制度等。

3. 市场—激励制度

建立这种制度的目的在于调动各主体参与生态文明共享的积极性，解决生态文明共享的效益和公平问题。共享的前提是建设，既要鼓励生态文明的建设者对生态文明共享对象的建设和开放，也要采取一定的市场、激励制度，如授予奖项、进行经济补偿、实施优惠政策等手段形成建设、贡献和共享的利益相对平衡。对于生态文明建设者，要让其同时成为共享者，在生态文明建设和共享中得到益处。主要的措施如采用税收杠杆，建立公平的利益分配机制、生态环境补偿机制、转移支付机制，加大资源环境消耗的成本；采取补贴和减免税费、赋予荣誉等办法，鼓励生态文明建设者参与共享等。

4. 技术决定制度

主要保证生态文明共享技术层面上的规范和共用，解决生态文明共享过程中缺乏统一规定、资源分类分级合理依据等共享内容的共享问题。如生态文明资源共享中的生态旅游资源共享，就需要通过决定采用规范和共用的资源评价标准、开发技术、管理和经营认证体系以及绩效考评制度等解决不同区域间生态旅游资源共享问题。又如信息共享中对生态文明建设等级的划分，不同区域应采用相同或相近的评估标准和技术，以实现信息共享的可交换性和对称性。技术决定机制能够保证不同区域共享主体在共享活动中处于对等的地位，消除信息不对称引起的共享障碍。

5. 人才任用制度

专业人才是生态文明建设和共享过程中的重要保障。人才任用机制就是要保证生态文明建设和共享专业人员的稳定，解决人才队伍建设、培养和吸引人才、制定合理的薪酬待遇、灵活用人方式以及可行的绩效考核制度等。

6. 文化教育制度

这种制度作为生态文明共享制度体系中的非正式机制，主要作用是促进生态文明意识的树立，建立生态文明建设共享的共同目标和愿景。对区域生态文明共享的作用主要是通过强化社会观念、增强自觉意识、营造社会氛围、加强道德监督、形成文化惯例等间接方式来促进和推动。

7. 共享安全制度

这种制度的目的主要是制定生态文明共享过程中的安全保障，解决该过程中涉及的国家安全和生态安全问题，对出现违背安全问题的行为进行约束和惩罚。

在泛北部湾区域生态文明共享实现机制框架中，生态文明共享法律、法规、政策，共享绩效评估和监控制度在整个体系中处在十分重要的位置（见图9－3）。

表 6-4　　不同产权背景下管理者团队背景特征的平均水平与会计稳健性

变量	国有上市公司					非国有上市公司				
	(1)	(2)	(3)	(4)	(5)	(1)	(2)	(3)	(4)	(5)
Intercept	0.125*** (4.25)	0.124*** (3.14)	0.114*** (4.44)	0.134*** (6.04)	0.105** (2.25)	0.198*** (5.63)	0.135*** (2.60)	0.111*** (3.93)	0.153*** (5.48)	0.112** (2.12)
DR	-0.080 (-1.55)	-0.197** (-2.11)	-0.029 (-0.67)	-0.011 (-0.61)	-0.244** (-2.27)	-0.054 (-1.14)	0.004 (0.04)	-0.035 (-0.91)	-0.015 (-0.88)	0.073 (0.52)
RET	0.008 (0.29)	0.030 (0.77)	0.007 (0.42)	0.014 (1.52)	0.046 (0.88)	0.044** (1.97)	0.047 (1.13)	0.008 (0.64)	0.008 (1.10)	0.037 (1.02)
RET × DRen	0.158* (1.85)	0.313** (2.22)	0.012 (1.17)	0.023 (1.18)	0.412** (2.47)	0.014 (0.19)	0.084 (0.58)	0.030 (0.49)	0.016 (0.58)	0.212 (1.00)
Mgend	-0.017 (-0.57)				-0.003 (-0.06)	-0.049 (-1.64)				-0.057** (-2.27)
DR × Mgend	-0.081 (-1.39)				-0.056 (-0.84)	-0.085 (-1.53)				-0.085 (-1.64)
RET × Mgend	0.022* (1.68)				0.003 (1.06)	0.041 (1.55)				0.044** (2.05)
RET × DRen × Mgend	-0.164*** (-3.21)				-0.158*** (-2.98)	-0.018*** (-2.83)				-0.003*** (-2.65)
Mage		-0.001 (-0.30)			-0.001 (-0.37)		-0.001 (-0.45)			-0.001 (-0.74)
DR × Mage		-0.004** (-2.04)			-0.004* (-1.80)		-0.001 (-0.23)			-0.001 (-0.31)

三　泛北部湾区域生态文明共享机制的具体实现

泛北部湾区域生态文明共享机制的具体实现不是单个因素作用的结果，而是各种机制共同作用的结果。同时，泛北部湾区域生态文明共享机制的具体实现要保持长久性和可持续性。

（一）泛北部湾区域生态文明共享机制类型及其作用

泛北部湾区域生态文明共享包括10个具体实施机制。

1. 目标约束机制

目标约束机制旨在通过目标的制定，实现对泛北部湾区域生态文明建设和共享规划和约束，保护区域环境美好和生态良好状况。总体而言，就是要求泛北部湾区域各国坚持"生态优先"、"海陆统筹"、"协调发展"的总目标，致力于维护泛北部湾国际区域生态良好环境。

表9－2　泛北部湾区域生态文明共享目标约束机制

总目标	目标内容	目标要求	作用表现
①生态优先	规划协调与规划功能合理定位	①区域外部协调与内部协调合理调适；②规划与各国政策相符合；③布局、结构、产业发展规划合理；④沿海经济圈、城市发展、经济社会发展功能定位合理	基于区域资源优势、后发优势，适应泛北部湾区域资源承载力和环境容量需求，强化生态适宜性，制订和优化区域生态建设和环境保护规划方案
	近岸海域环境保护	①近岸海域环境承载力评估；②重点排污区域环境容量控制；③各类污染源对海域环境的压力分析	基于泛北部湾陆海域生态敏感性，提出相应对策，做好陆海域环境保护

续表

总目标	目标内容	目标要求	作用表现
②海陆统筹	产业发展规划与环境承载	①产业发展的海域环境合理性；②冶金、石油化工、造纸、核电等重点产业对生态环境负影响分析评估；③产业基地规划与生产力布局合理；④区域循环经济建设	做好临海经济产业布局，合理规划产业基地，控制规模、合理布局，建设区域循环经济产业链，打造区域循环经济产业带
	污染物总量控制	①二氧化硫和化学需氧量排放量联合控制；②污染物入海量控制	基于区域环境承载力，各国制定严格污染物的控制政策制度，并严格执行
	岸线开发海域生态适宜	①岸线区域合理；②岸线区划对海岸环境影响良性化；③岸线海域生态旅游开发	通过岸线开发的海域生态适宜性分析，明确近岸海域开发的方向、重点和效果
③协调发展	水资源承载力	①跨境河流保护合作；②跨境河流生态资源开发利用	通过跨境河流生态保护的联合行动，打击违法犯罪；同时共同开发利用跨境河流生态资源

2. 决策实施机制

决策实施机制重在决策与实施两个环节的相互配合和共同施行。中国及广西对于泛北部湾区域经济建设决策实施（见表9－3），其重视程度、时效性、取得效果，对于泛北部湾区域生态文明共享都是具有积极的借鉴意义的。

泛北部湾区域生态文明共享决策与实施需要各国政府层面的重视，从政策方针、发展规划、具体行动开展，树立区域生态大发展意识，使泛北部湾区域生态文明建设取得实效和长效。

3. 组织协调机制

组织协调机制（见图9－4）的基本内容就是整合区域生态资源，建立开发合理、利用有序、功能互补、整体优化、共建共享的生态建设结构体系，达到获得最大生态效益和社会效益的目标。

表9-3　　中国及广西政府生态建设规划的重大决策和实施

时间	决策	关于生态文明建设决策
2008年1月16日	《广西北部湾经济区发展规划》	发展目标：生态文明建设进一步加强。海陆生态环境质量保持优良，成为南中国海海洋生态安全重要屏障区；节能减排效果显著，循环经济形成规模，资源环境支撑能力增强，基本形成节约能源资源和保护生态环境的产业结构、增长方式、消费模式，可持续发展能力
		生态建设和保护：加强重要生态公益林、自然保护区、重要地质遗迹、湿地生态系统和野生动植物、生物物种资源等的保护，恢复或增强生态服务功能
		污染防治：大力发展循环经济，全面推行清洁生产，促进污染物和废料资源化利用；强化对沿海重化工业的环境风险防范，加强对主要入海河流流域、河口及陆源排污口的监控管理，实施入海污染物总量控制制度；加强海洋环境监测，实施海洋环境预警预报工程
		生态合作：加强泛北部湾海洋生态环境保护国际合作。把海洋生物多样性保护、海洋渔业资源开发保护、海岸带管理、海洋环境资源调查、海洋灾害预警预报等作为重点领域，建立国际合作机制，联合实施保护项目，共建良好陆海生态环境
2009年12月7日	《国务院关于进一步促进广西经济社会发展的若干意见》	建设目标：八桂大地山清水秀、海碧天蓝、生态优良、环境优美，可持续发展能力显著增强
		加强生态建设和环境保护：构建以山区生态林为主体、珠江防护林和沿海防护林为屏障、自然保护区为支撑的生态安全格局。……加强珍稀濒危物种及沿海红树林、海草床、河口港湾湿地等重要海洋生态系统的生态保护和修复，建设涠洲岛—斜阳岛珊瑚礁等重要海洋生态保护区
		切实加大污染防治力度：控制船舶等流动源污染，加快海岸、港口和船舶、海洋工程的污染防治设施建设，加强港口区、海上油田环境风险监测和控制能力建设。建立入海污染物排放总量控制、区域污染物排放指标有偿使用和排污权交易机制。完善边境地区和近海海域环境监测预警体系，提高环境突发事故应急处置能力
		推进资源集约节约利用：大力推广节地、节能、节水、节材，促进资源高效综合利用。强化土地利用总体规划的整体控制作用，土地利用计划指标优先用于重点发展地区和重大基础设施、产业结构调整和升级、科技创新、民生等领域。加强围海造地的管理和调控，探索海域使用与土地管理相衔接的新机制，合理有序开发利用滩涂资源

续表

时间	决策	关于生态文明建设决策
2011 年 5 月 18 日	《广西国民经济和社会发展“十二五”规划纲要》	建设目标：坚持生态立区、绿色发展，强化节能减排，推广低碳技术，发展循环经济，加强生态环保，推动形成资源节约、环境友好和有利于应对气候变化的生产方式和消费模式，加快建设全国生态文明示范区
		加强节能管理：合理控制能源消费总量，提高能源利用效率。加强固定资产投资项目节能评估和审查，抑制高耗能产业过快增长。加强重点用能单位节能，大力推广先进节能技术和产品，在工业、建筑、交通运输、公共机构等领域实施重点节能工程，在各类工业园区推广热电联产和余热余压利用
		加强资源节约和管理：坚持节约优先，全面实行资源利用总量控制、供需双向调节、差别化管理，明显提高土地、水和各类资源利用效率
		大力发展循环经济：以提高资源产出效率为目标，加强规划指导、财税金融等政策支持，推进生产、流通、消费各环节循环经济发展，加快构建覆盖全社会的资源循环利用体系。重点在制糖、铝业、钢铁、锰业、石化、电力、建材、林浆纸、林产加工、化工等行业构建循环利用产业体系，鼓励企业建立循环经济联合体，推动产业循环式组合，建成糖业循环经济示范省区
		强化环境保护：坚持预防为主、综合整治，着力解决危害群众健康和影响可持续发展的突出环境问题。实施化学需氧量、二氧化硫、氨氮、氮氧化物排放总量控制，强化工业污染治理和治污设施监管。加大北部湾近岸海域陆源和海洋污染物治理力度，保护近岸海域红树林、珊瑚礁、海草和滨海湿地生态系统
		加强生态建设：坚持保护优先和自然修复为主，加强重要生态功能区保护和管理，增强涵养水源、保持水土、防洪防潮能力，构建桂西生态屏障、北部湾沿海生态屏障、桂东北生态功能区、桂西南生态功能区、桂中生态功能区、十万大山生态保护区、西江千里绿色走廊“两屏四区一走廊”的主体骨架和以点状分布为重要组成的生态安全格局。加强生物物种资源保护和安全管理，防止境外有害物种对生态系统的侵害，保护生物多样性

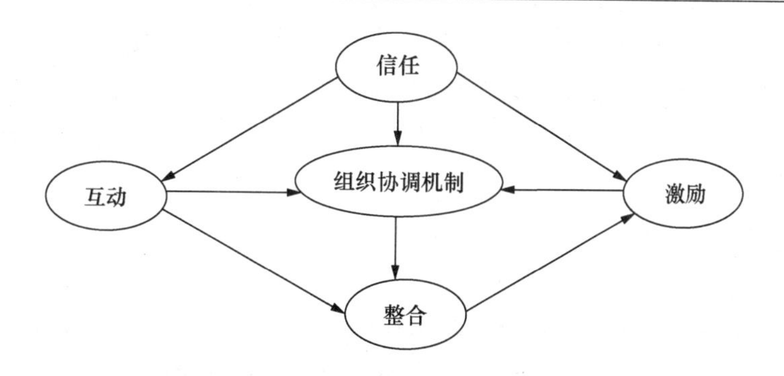

图9-4　泛北部湾区域组织协调机制

具体措施有：

（1）树立区域发展整体化理念。各国、各地区要打破地方保护主义和狭隘利益观念，着眼于整个泛北部湾区域发展，立足自身优势，合理配置生态资源，实现优势互补。

（2）强化组织建设，增进区域协调。一方面，不断赋予和提升原有泛北部湾区域组织机构生态文明建设功能，加强北部湾经济区规划建设管理委员会的生态保护功能。另一方面，适应泛北部湾区域经济发展新形势和生态文明建设新要求，建立新的组织机构，发挥新的功能，如“泛北部湾区域生态协调发展办公室”、“生态环境保护行政首脑联席会议”、“生态环境保护专门协会”等。

（3）突破行政体制壁垒，优化生态文明建设环境。一方面要求各国各地区树立“共建、共赢、共享”意识，加强各种形式的生态合作，推进区域内部和外部的联系沟通，强化“经济区”、“生态区”理念。另一方面加强整体规划，打破地域范围实现统一的生态布局。这就要求各国政府强化规划引导和统筹协调，加强区域生态资源整合力度。

（4）维护生态环境的合理权利与义务相统一。泛北部湾区域各国大多属于发展中国家，处于工业化发展时期，探索一条资源消耗少、环境污染少的经济发展模式和生活模式是生态文明建设的共同任务。因此，如何去维护生态环境的合理权利的同时承担合理义务，是实现有效组织协调机制的重要基础，重点是加强政府间产业发展政策的协调，实现维护生态环境合理权利与义务的统一。

4. 行为监督机制

泛北部湾区域生态文明共享离不开必要的行为监督机制，以规范各方的权利与义务，约束合作各方行为。建立和完善泛北部湾区域生态文明共享行为监督机制包括五个方面的内容：

（1）机构有力。主要是加强行为监督管理组织建设，如设立独立的泛北部湾区域生态文明共享监督管理机构，专门负责泛北部湾区域生态文明的监督管理工作，处理区域共享中的矛盾和冲突。当前泛北部湾区域生态领域合作缺乏强有力机构。

首先，要成立独立的、高权威性的监督管理机构，如“泛北部湾生态监管委员会”，以行使生态文明共享监督管理权。可以借鉴发达国家的成功经验，对生态环境保护系统实行垂直管理，从而有效破除地方保护主义。该机构主要由各国生态环境保护负责人组成，实行最高负责人问责制，并成立完善的内设机构，对泛北部湾区域的污染防治和资源的保护行使监督管理权，代表泛北部湾区域行使归口管理、组织协调、监督检查等职能。在设立独立的生态文明共享监督管理机构的同时，要丰富机构内部建设，下设污染治理、资源保护、政策宣传等部门。

其次，加强监管队伍建设。加强监管执法队伍建设，强化监管网络，设有生态环境监督管理员、生态保护宣传员、护管员等监管执行人员，负责生态环境监督管理的宣传和日常报备查处工作；加强监管人员的培训和考核，实行竞聘上岗，以提高监管队伍素质，造就一支高标准、严要求、专业化的监督管理队伍。还要加强技术监管队伍建设，为生态环境监督管理提供技术保障。

（2）依法监督。规范性方针、政策和必要的制度框架是监督管理机制存在的前提和基础。我国在生态环境保护实践中形成了“预防为主”、“谁污染、谁治理”、“强化环境管理”三大政策法规体系和“环境保护目标责任制”等八项管理制度①，这些可以作为泛北部湾区域生态文明共享行为监督机制构建制度制定的依据。因此，要抓紧制定促进泛北部湾区域生态文明共享机制构建的法规、规章和政策，确立监管部门的地位、机构组成、管理职能以及监管程序等，从而明确各监管机构的职责和权限，从而做到有法可依，规避保护主义和机会主义风险。

泛北部湾区域生态文明共享的行为监督机制的实效建立在各国生态环保法律法规以及区域整体性生态环保法律法规有效实施基础之上。当前，

---

① 薛凯：《浅谈大庆市生态环境监督管理》，《大庆社会科学》2004年第3期。

存在的主要问题就是区域整体性的生态环保法律法规建设有待进一步健全和完善。

（3）执法明确。主要是强化实施行为监督的方式和手段，如经济、法律手段等，以便综合运用各种有效措施实现动态监督。泛北部湾区域生态环境保护是一项跨行政区、跨流域、跨部门，且需要大量资金的巨型系统工程，为了保障该工程的资金来源，建立区域整体性的生态环境保护基金和生态补偿的长效机制，是落实生态环境保护的一项关键举措。如果有一部有关泛北部湾区域整体性的生态环境保护的专门法律或行政法规，对区域生态文明建设的重大问题做出原则性或程序性明确规定，并赋予某个组织负责解决此类问题的职责或权力，使行为监督的依据有力、对象明确，行为监督机制才不至于泛泛落空。

一方面，在实际工作中，主要建立环境保护补助资金管理和使用程序、污染源及污染防治设施监理工作程序、限期治理程序、排污收费程序、现场处罚程序、环境污染与破坏事故调查和处理程序、环境监理稽查工作程序等。在实际工作中应严格执行相应工作程序，狠抓落实，做到执法必严、违法必究。

另一方面，要明确合作各方所应承担的责任。为减少泛北部湾区域生态文明共享实现过程中的机会主义倾向，一方面，要靠严格的法律制度和执法程序来规范各方的责任义务，约束合作各方的行为；另一方面，要建立相应的奖励机制，对富有社会责任感、主动肩负泛北部湾区域生态文明共享责任的企业或个人实行奖励，给予减免税等优惠政策。同时，努力营造诚信、信赖的社会氛围，形成隐形激励，减少集团成员“搭便车”等机会主义倾向。

（4）手段综合。综合运用多种方式手段，将监督管理落到实处。一是合理运用法律手段，尽快制定综合性的泛北部湾区域生态文明监督管理法规，尽快将泛北部湾区域生态文明共享的监督工作纳入法制轨道，做到有章可循、有法可依，运用法律武器保护泛北部湾区域的生态文明。二是综合运用经济手段。在法制不完善情况下，应综合运用经济手段，加强财政对生态文明共享工作的监督。一方面要根据相关法规强化排污收费工作，适时适当提高排污费征收标准，保证专款专用，减少工业对生态环境的破坏；另一方面要增加财政对生态环境保护领域的投入，加强技术保障，运用财政补贴和税收优惠等措施，鼓励各种节能减排活动，促进企业自觉保护环境。三是运用行政手段。政府部门应充分发挥自身的监督、协调职能，运用行政手段促进泛北部湾区域生态文明共享监督机制科学有效运行。政府部门对环境保护发挥着统一监督管理作用，应研究发展战略，拟定环境规划，协调政府与企事业单位的关系，促进各国政府间的交流与合作。加大政府对环境的监督管理力度，是促进泛北部湾区域生态文明共享监督机制科学有效运行的关键。

（5）公众参与。加强公众参与，实行公众监督。生态文明保护需要公众的参与，以调动社会各界力量对政府和社会进行监督，督促各机构依法行政，促进环境问题的解决。如可以对检举、举报破坏生态环境不法行为的单位或个人提供物质奖励，以充分调动公众参与生态环境保护的积极性；同时对促进生态文明共享实施提出宝贵意见和建议的单位或个人提供奖励，鼓励公众为泛北部湾区域生态文明共享建言献策。

5. 信息交互机制

充分重视生态信息平台建设，加强生态信息交流，为生态文明建设合作共享提供优质高效的信息服务，实现包括政府间生态信息、地区间生态信息的互联互通和共享利用。除了国家和部门的商业机密外，所有生态信息都应该向区域工作开放，以提高信息综合利用的效率。生态信息交互机制建立包括：

（1）泛北部湾区域生态信息交互存在的主要问题。区域生态信息交互共享的实质是实现生态资源跨地域、跨单位、跨制度的自由、有序、适时流动。当前泛北部湾区域生态信息交互共享存在的主要问题：生态信息资源分散、生态信息交流困难、生态信息更新难度大、生态信息供需失衡、生态信息查阅和利用效率低下等，没有形成一种有效生态资源信息共享机制，不利于泛北部湾区域的优势发挥和经济力的增长。

（2）泛北部湾区域生态信息系统的基本要素构成，包括：政府、部门和组织，以及生态信息资源市场、生态信息资源供给方、生态信息资源需求方、生态信息资源外部环境（见图 9－5）。

（3）泛北部湾区域生态信息共享实现模式。信息生态理论关注人与其环境的互动，生态信息共享实现模式建立必须以此为指导（见图 9－6）。

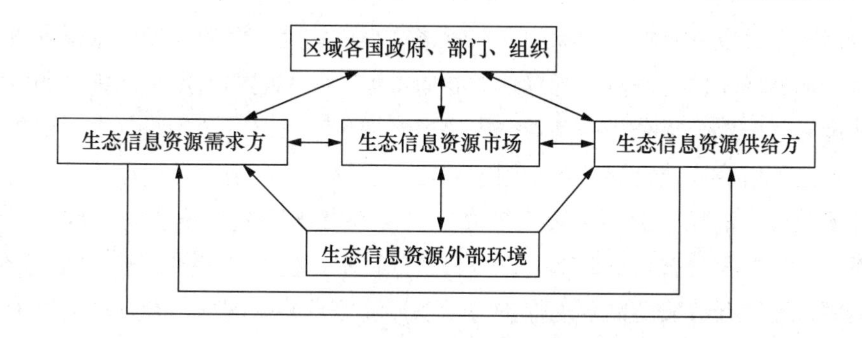

图9-5　泛北部湾区域生态信息系统要素构成

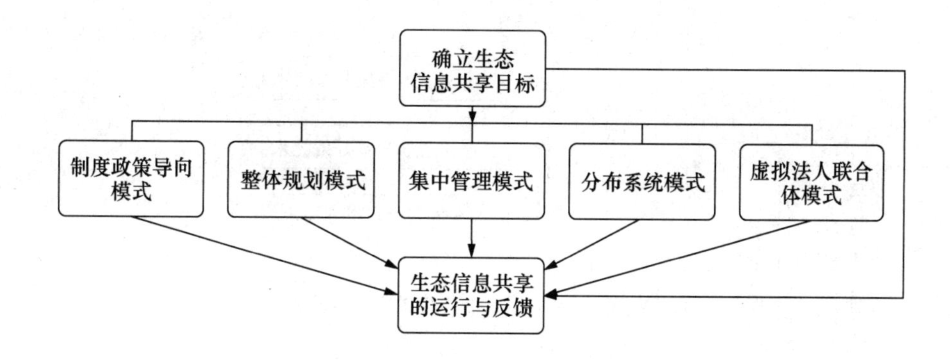

图9-6　泛北部湾区域生态信息共享实现模式

（4）泛北部湾区域生态信息共享平台建设。环境保护与生态环境信息共享的社会需求重点来自政府机构、科研机构和社会公众三个层面。三个层面对环境信息需求可分解为四个方面：一是对国家环境法律法规、标准的了解；二是对大气环境质量和水环境质量的认识；三是对国家环境热点地区生态环境质量状况的展示；四是对国家环境统计结果信息的获取。[①] 泛北部湾区域生态信息共享平台建设要基于信息生态理论和现代网络技术，实现区域生态信息共享、联系、流动（见图9-7）。

（5）泛北部湾区域生态信息共享服务。一是充分利用生态信息服务平台，提高区域生态信息利用率和推广范围，适时更新以适应泛北部湾区域经济社会发展的需要。二是建立泛北部湾区域统一的生态资源市场信息

① 高振宁、孙勤芳等主编：《环境保护与生态环境信息共享》，中国环境科学出版社2005年版。

对接平台，以共建共享为原则，探索建立高效的生态资源市场信息服务机制，畅通区域内生态资源配置信息导向渠道。三是建构使用生态信息利益分配机制，以公平公正的利益分配促进区域生态信息资源共建共享。主要任务是：研究并建立涵盖各个国家、行业主管部门和地方环境保护机构的环境政策、法规、标准、条例等内容的泛北部湾区域环境法规标准数据库；建立并完善整个泛北部湾区域的空气、水、生态环境质量基本状况数据库；建立开放安全的环境保护与生态环境信息共享网站；开发环境保护与生态环境信息共享网络查询系统，以实现环境保护与生态环境信息共享的基本要求。

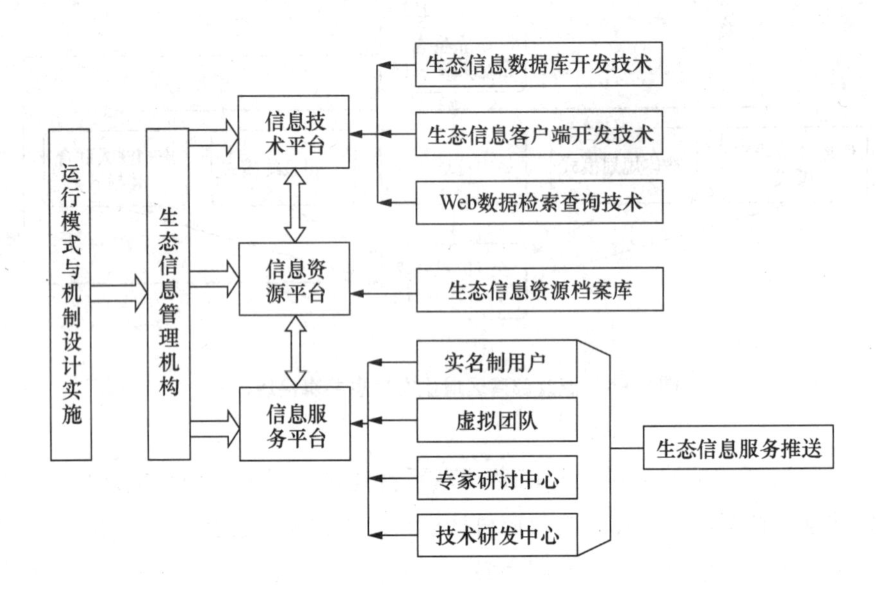

图 9-7　泛北部湾区域生态信息共享平台

6. 合作平台机制

泛北部湾区域生态文明共享合作平台机制要依托已有合作机制，并要创新合作机制，凸显生态文明共享功能。

（1）发挥泛北部湾经济合作论坛在生态文明共享中的作用。借助泛北部湾经济合作论坛的有效平台，将生态文明建设和生态文明共享作为论坛重要议题，推动生态合作共识及生态文明合作实践。

（2）充分发挥泛北部湾经济合作联合专家组在区域生态文明建设中的指导作用。2008 年 7 月的泛北部湾经济合作论坛上，讨论了《泛北部湾合作联合专家组工作方案》和《联合专家组泛北部湾经济合作可行性研究报告》大纲，联合专家组开始正式履行职能。近几年，联合专家组本着“开放包容、平等互利、务实渐进、合作共赢”原则，对泛北部湾经济合作的范围、目标、优先领域、机制安排、行动计划、项目合作等进行了一系列研究，对解决泛北部湾经济合作的许多重大问题提出了宝贵建议对策。发挥联合专家组在区域生态文明建设的重要作用，使之成为积极推动泛北部湾区域生态文明共享的先行者和指导者。

（3）充分发挥中国—东盟博览会在生态文明建设中的平台效应。中国东盟博览会促进了中国东盟友好关系的发展，取得了丰硕成果。中国—东盟博览会应当把泛北部湾区域生态合作列为其展示与交流的重要内容，例如举办泛北部湾区域生态文明建设成就展、举办泛北部湾区域生态合作专题论坛等，以促进泛北部湾区域生态文明共享。

（4）推动各种生态合作机制建设。重点是合作制度化机制、合作组织机制和合作决策机制建设。如召开首脑会议、举行泛北部湾部长级会议、建立生态合作专业联盟、设立泛北部湾生态文明建设发展基金，等等。

7. 利益矛盾协调机制

泛北部湾区域生态利益相关者是一个多元主体的集合，生态利益矛盾的协调相当复杂。要建立完善通畅的利益表达机制、公平公正的利益分配机制、适度合理的利益补偿机制，逐步化解泛北部湾区域各种生态利益矛盾。

（1）以政府为主导的多元利益相关者共同参与生态决策。泛北部湾区域生态文明共享中需要实现利益矛盾的有效协调，首先，必须建立以政府为主导的多元利益相关者共同参与生态政策的制定、决策实施。区域内各国政府共同参与、共同谋划，加强合作，为生态利益矛盾协调提供政策依据；其次，其他核心利益者，如各个集团、组织，也应积极参与，为制定合理的生态政策方案提供参考和建议。

（2）加强多元利益相关者沟通。一是国与国之间的沟通谈判，就整个泛北部湾区域的生态利益布局做出合理规划，达成维护共同生态利益的合作共识与实践方式；二是区域政府间的沟通谈判，主要是对某一项生态利益问题洽谈合作，有针对性解决现存的生态利益矛盾；三是社会组织或部门之间的沟通谈判，目的是切实满足各利益相关者具体利益诉求，提高生态文明意识和生态文明建设参与的积极性，建立长期畅通、密切稳固的沟通、表达、协商、补偿机制。

（3）以政府为主导的多元利益相关者生态利益协调的制度化。生态利益协调需要相应的制度规范作保障，包括正式制度和非正式制度安排。主要有两种类型：一是市场型，二是网络型。[①] 所谓市场型，就是在泛北部湾区域内建设规范、统一、透明的市场制度，通过市场行为，实现生态资源的优势互补和优化配置，着眼共同发展与互利互惠，发挥企业行为和市场行为在生态文明建设中的重要作用。所谓网络型就是在泛北部湾区域内，通过各国政府之间、中央与地方政府之间、行政区内政府企业和第三部门之间达成合作治理方式，形成生态治理和生态利益协调的网络格局。

（4）对泛北部湾区域生态利益损害的有效救济。在泛北部湾海域内，海洋生态利益损害事件时有发生，以后还会出现更大范围、更严重的生态利益损害。泛北部湾区域内缺乏对海洋生态利益损害的相关法律救济制度，如中国的《环境保护法》、《海洋环境保护法》等均未对海洋生态利益做出清晰的界定，导致海洋生态利益损害后无法提供法律支持。建立和完善整个泛北部湾区域生态利益损害的救济法律制度体系，是维护生态利益协调的有效保障。

此外，为了规范政府行为和其他利益相关者行为，降低区域内生态风险成本，还必须实施利益相关者共同监督，提高信息的透明度。成立泛北部湾区域生态利益协调专门机构，有针对性地进行有效协调，是利益矛盾协调的有效方式。

8. 市场运行机制

以市场机制驱动生态文明建设是区域生态合作走向务实的有效途径。市场运行机制就是区域各国利用价格、税收、信贷等经济手段，调节和影响企业、组织在生产开发中保护环境和消除污染的行为，其中最为重要的是市场协商机制和市场服务机制。

（1）市场协商机制。主要分三种情况：一是生态服务受益方和提供方的市场协商。该方式是双方直接开展生态资源交易，如直接购买生态资源及土地开发权、服务的异地受益者与提供生态服务的土地所有者之间的直接偿付等。二是政府间的准市场协商。政府间准市场是指由政府之间围

① 胡熠：《我国流域区际生态利益协调机制创新的目标模式》，《中国行政管理》2013 年第 6 期。文中认为：流域区际生态利益协调机制可以相应划分为科层型、市场型、自治型和网络型四种类型。

绕区域生态资源使用、生态利益分配、排污权削减开展的交易行为。三是企业或中介组织协商。主要是企业间通过协商，自主开展生态资源交易，建立开放式生态市场，如区域内开展海洋资源交易项目、城市地区开发权交易、恢复湿地信贷交易、环保信贷交易等。

（2）市场服务机制。环境服务提供者与同一环境服务使用者或受益者在空间上的分离，往往导致环境服务市场难以发育，环境服务供给量少、质量较差，环境服务不能满足实际需求，即造成生态环境“供给不足”。因此，通过泛北部湾生态合作委员会等机构协调区域各国，建立泛北部湾区域生态有偿服务制度，或者成立生态合作基金，保障资金从环境服务的受益者中征集起来或重新分配，并直接支付给服务提供者，形成良性的市场服务机制。

（3）市场制度机制。泛北部湾区域各国要积极协商，稳定政策，制定和出台优惠措施，从制度上保障区域生态文明共享的市场运行顺畅。一方面，通过市场制度的建设和规范化，各方要积极为治理生态环境提供高效优质服务，降低市场准入条件。另一方面，加强区域生态市场管理，依法规范市场主体经营行为，严厉打击各种生态违法行为，制止不正当竞争和行业垄断，建立健全公平竞争的市场秩序。

泛北部湾区域生态环境保护应该走生态效益型的发展道路，生态环保产业发展应依靠市场机制。因此，市场运行机制是实现泛北部湾区域生态文明良性运行重要动力。

9. 应急处理机制

随着经济跨界发展和推进，跨界突发生态危机频繁发生。需要采取措施，杜绝类似事件再次发生：

（1）加强跨界信息交流，实现迅速反应。生态危机事件的发生情况突然，如果信息沟通不畅、通报不及时、内容不完整，往往会影响对事件的处置效果。特别是泛北部湾区域各国生态状况、经济发展、社会制度不一样，跨界地区之间建立良好的生态信息交流，特别是海域范围内、国界之间，做到联动执法、联合监测、信息互通，共同查处、打击跨界地区环境违法行为尤显重要。

（2）建立区域生态应急联动机制，协同应对突发事件。美国危机管理大师罗伯特·希斯提出的应急管理“4R”经典模型（见图9－8），即缩减力（Reduction）、预备力（Readiness）、反应力（Re-sponse）和恢复力（Recovery）四个阶段。危机管理的“4R”模型对于泛北部湾区域生态文明共享中生态危机应急处理具有积极启示。

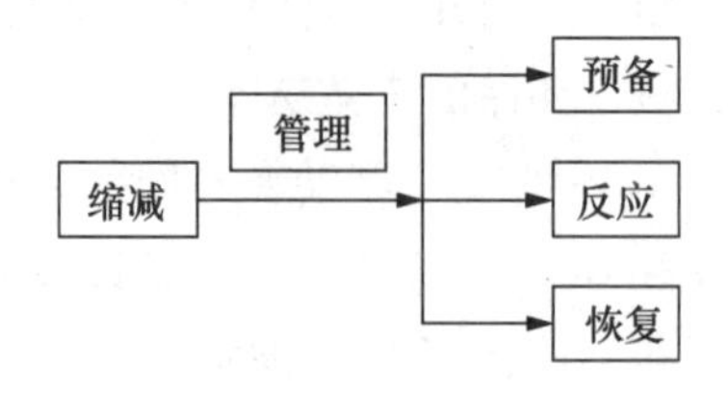

图 9-8 危机管理“4R”模型关系

根据罗伯特·希斯提出的应急管理“4R”模型，可以设计“基于区域协作的突发生态危机应急管理机制”示意图（见图 9-9）。[①]

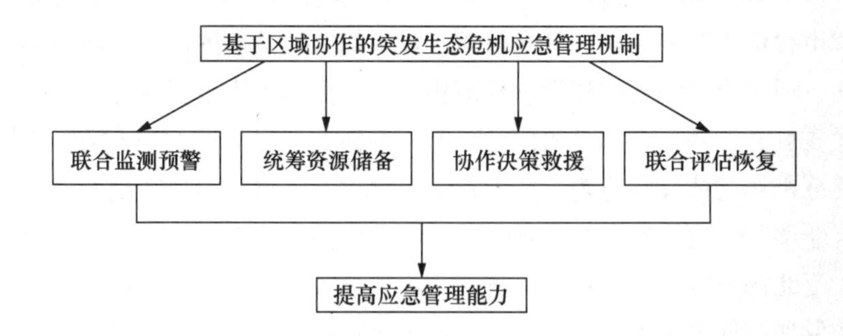

图 9-9 基于区域协作的突发生态危机应急管理机制

与之相对应，建立泛北部湾区域生态应急处理的区域联动机制：

首先，要加强区域联合监督检查、建立区域监测预警网络，以实现对突发生态危机事件快速、准确监测和预警。

其次，建立区域应急资源调度机制，有效整合和利用区域保障资源，为生态应急处置提供物质、设备等保障。

再次，区域协同应急准备常规化。一方面，在没有生态危机事件出现时，加强危机处置的联合演练，通过联合演习，提高区域整体备战能力。另一方面，提高区域应急响应能力，对生态危机事件做出快速反应。如成

---

① 吴志丹：《基于区域协作的突发生态危机应急管理机制探析》，《环境保护与循环经济》2013 年第 4 期。

立泛北部湾区域生态应急指挥中心，增强其指挥、协调能力，实现“召之即来，来之能战，战之能胜”。

最后，加强生态应急处置评估和生态恢复协商。生态危机处置之后，对处置协作状况进行评价和总结，同时对生态恢复进行商议和布置，完善应急处置的后续工作，也是区域生态应急联动机制的重要内容。

（3）完善部门联动机制，提升共同处置能力。对于每一个国家，生态环境保护的有效完成不是环保部门一家的事情，同时还需要公安、安监、水利、建设、卫生、海洋等部门的积极配合和联合行动。因此，完善部门之间应急联动，加强部门之间的信息互通、资源共享，高效处置突发生态危机事件。

10. 生态补偿机制

生态补偿机制就是针对区域性生态保护和环境污染防治的一项具有经济激励作用，与“污染者付费”原则并存，基于“受益者付费和破坏者付费”原则的环境经济政策。建立生态补偿机制有利于协调区域间经济和环境利益关系，促进区域协调发展。

（1）明确生态补偿的重点领域。一是跨境自然保护区的生态补偿。主要任务是通过谈判协商，建立自然保护区相关制度，提高自然保护区规范化建设水平；全面评价自然保护区生态环境破坏因素，建立自然保护区生态补偿标准体系。二是重要生态功能区的生态补偿任务是建立和完善重要生态功能区的生态环境质量监测、评价体系，加大重要生态功能区内联合整治力度。三是矿产资源开发的生态补偿。主要任务是制定科学的矿产资源开发生态补偿标准体系。四是海洋环境保护的生态补偿。所谓海洋生态补偿就是以促进海洋环境保护和资源开发协调发展，实现海洋可持续开发利用为目的，运用政府和市场手段激励海洋环境资源保护行为，调节海洋环境资源利益相关者之间利益关系的公共制度。[①] 主要任务是搭建有助于建立海洋生态补偿机制的政府管理平台，推动建立海洋生态保护共建共享机制。

（2）分清生态补偿主体与客体，强化生态补偿机制。对于泛北部湾区域而言，生态补偿的主体是国家、区域和产业及环境资源的开发者与破

---

① 丘君、刘容子、赵景柱、邓红兵：《渤海区域生态补偿机制的研究》，《中国人口·资源与环境》2008 年第 2 期。

坏者，生态补偿客体是对区域生态环境保护做出贡献和牺牲的国家、地区和个人。强化生态补偿机制主要是建立和完善“破坏者恢复，使用者付费，受益者补偿，保护者收益”的机制。

(3) 探索灵活的生态补偿方式。泛北部湾区域各国应该积极探索国内各种生态补偿方式，还应积极探索区域内国与国之间的生态补偿方式。

目前，泛北部湾区域生态补偿的具体实施不多，尤其是缺乏经过实践检验的生态补偿技术方法与政策体系。因此，当前主要任务是：一是建立泛北部湾区域生态补偿执行机构，应由政策法律制订机构、补偿计算机构、补偿征收管理机构等组成。二是加强实践探索和区域内国际协商，通过在重点领域开展试点工作，探索建立生态补偿标准体系、生态补偿资金来源、补偿渠道、补偿方式和保障体系。

（二）建构泛北部湾区域生态文明共享机制的长效性

推动泛北部湾区域生态文明共享实现机制的决策落实，需要建立生态文明共享长效机制。要真正实现泛北部湾区域生态文明共享实现机制，最主要的是实施决策落实机制，并争取在实践过程中逐渐将以惩戒为主的落实方式向社会自觉约束为主的实施过渡，最终建立生态文明共享长效机制。生态文明共享实现的长效实施机制如图 9 – 10 所示。

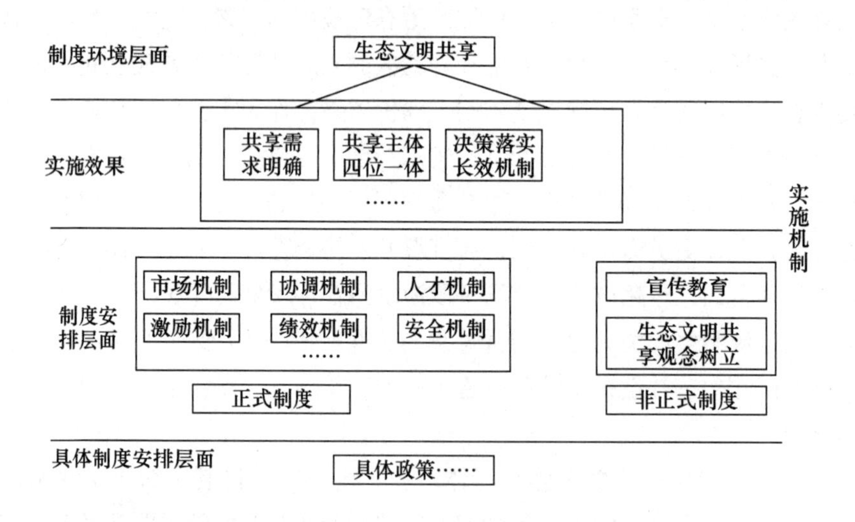

图 9 – 10　泛北部湾区域生态文明共享实现的长效实施机制

生态文明实施过程总体存在着由强制政策向社会习惯演进的三个阶

段：（1）在制度初期，因为可能出现舆论“软约束”和道德风险，机制实施强度决定着实施效果，因此必须通过建立正式制度为主的强实施机制。（2）在制度中期，通过初期的强惩戒机制和宣传教育，生态文明意识和价值观逐渐深入人心，人们开始形成相应的道德标准和舆论监督机制，因此政策实施以安排博弈规则为导向，通过激励相容机制整合各方主体利益，形成内生化的收益函数，从而构建起国家政策落实和利益主体再创新互动的格局。（3）在制度后期，强实施机制逐渐转弱，国家通过生态文明具体制度安排的制定、完善、解释规范社会行为，引导人们自觉践行生态文明的生产生活方式。生态文明共享实施机制的落实大致也经历上述三个阶段，三阶段的实施一经落实，生态文明共享意识和观念深入体制和制度内部，区域生态文明共享就会形成长效机制（见图9－11）。

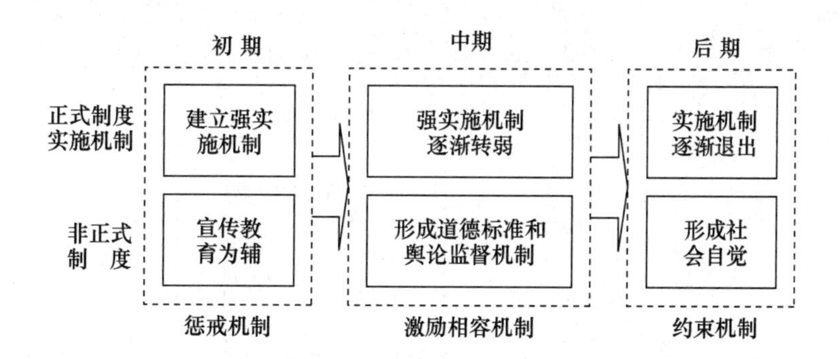

图9－11　泛北部湾区域生态文明共享长效机制实现过程

第十章　泛北部湾区域生态文明共享的战略实施

泛北部湾区域生态文明共享的战略实施就是从国家生态文明发展战略审视国家、区域、地方生态协调发展，明确区域生态文明共享战略目标和战略关系，并实施相应的战略任务（见图10－1）。

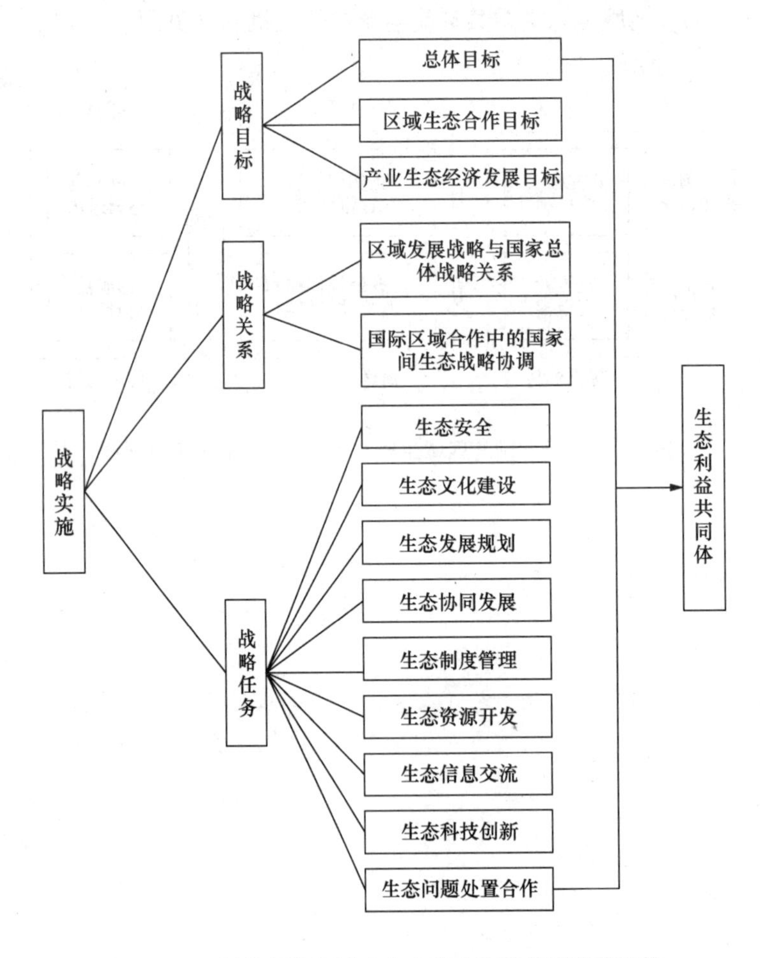

图10－1　泛北部湾区域生态文明共享的战略实施结构

一　生态文明共享战略目标

确立生态文明共享战略目标，就是为生态文明共享实践定位。泛北部湾区域生态文明共享的战略目标由“总体目标”、“区域生态合作目标”、“产业生态经济发展目标”三个主要部分组成。

（一）生态文明共享战略总体目标

生态文明共享战略总体目标，旨在确立一个具有宏观性、整体性和长期性的区域生态文明建设发展方向。

1. 生态文明共享战略总体目标的基本特征

（1）宏观性。生态文明共享战略总体目标是一种宏观目标，主要是对整个泛北部湾区域生态文明建设和共享实践的总体设想，它的着眼点是整体而不是局部。生态文明共享战略总体目标的设定是泛北部湾区域生态整体发展的总任务和总要求，同时规定了泛北部湾区域生态整体发展的根本方向。

（2）整体性。生态文明共享战略总体目标是一种整体性要求。所谓整体性，就是战略总体目标设定的全面性，既着眼于未来又立足于现在；既着眼于全局又关注局部；既关注现实利益又考虑长远利益；既重视局部发展又推进整体效益。泛北部湾区域生态文明共享战略总体目标，将区域内各国及整个区域在东亚的生态发展纳入规划。

（3）长期性。生态文明共享战略总体目标是一种长期目标，着眼点是未来和长远，为区域生态文明建设的未来指明长期发展方向，在长时间内，将成为泛北部湾区域生态建设和生态合作的努力方向。

（4）可分解性。生态文明共享战略总体目标作为一种总任务和总要求，可以分解成某些具体目标、具体任务和具体要求，并落实在某些具体方面而使总体目标得到落实。

2. 生态文明共享战略总体目标主要内容

（1）优化泛北部湾区域整体生态环境，提升区域生态文明建设质量。区域生态文明共享不仅包括区域生态资源开发利用的“前提性共享”，也包括生态责任和风险承担的“过程性共享”，还包括生态利益和成果的“结果性共享”，旨在进一步优化泛北部湾区域整体生态环境，提升区域生态文明质量整体层次。

（2）丰富和充实中国与东盟合作的内涵，为推进东亚整体合作的深入发展、为太平洋西岸新兴经济增长带提供生态支持。区域生态文明共享是泛北部湾区域合作的一个重要主题；而作为“海上合作”的泛北部湾区域合作是中国—东盟合作的重要主题，并与“大湄公河次区域合作”共同构建中国—东盟“一轴两翼”区域经济合作新格局，因此泛北部湾区域生态文明共享的提出和实现，将推进中国—东盟合作更高层次、更高质量的发展，不仅推进东亚和谐发展，也为改善太平洋地区整体生态环境质量、推进太平洋地区稳定发展做出积极贡献。

（3）构筑和谐稳定的区域发展新格局，为区域协调发展提供新范式。区域协调发展的根本目标就是实现区域整体和谐发展，不仅包括区域产业结构的协调发展、区域空间结构的协调发展、区域基础设施建设的协调发展、区域各种行政关系的协调发展①，也当然包括区域环境保护和资源开发的协调发展。泛北部湾区域生态文明共享模式，是区域协调发展在生态文明时代的一种新范式，而且能够成为世界区域协调发展的榜样。

（二）区域生态合作目标

区域生态合作目标的设定旨在通过建立区域生态合作环境机构，加强区域海洋环境保护合作、跨境流域环境污染防治合作、生态资源开发与保护合作、生物多样性保护合作、生态产品与生态技术合作，等等，从而构建泛北部湾区域和谐生态环境，实现经济合作与生态文明建设合作的共赢。

（三）产业生态经济发展目标

泛北部湾区域产业生态经济发展目标，就是运用生态、经济规律和系统工程方法来经营和管理传统产业，以实现其社会、经济效益最大化，从而提升泛北部湾区域生态环境质量，促进区域内生态资源合理开发利用与共享，推进产业转移与合理分工，大力发展循环经济，创造新的、更多的经济增长点。泛北部湾区域生态文明共享落实在经济增长方式上，就是实现产业经济发展模式的转变，即产业生态化。

在生态经济系统中不断增长的经济对自然资源的需求是无限的，而生态系统对资源的供给是有限的。要消除或缓解这个矛盾，必须建立生态系

---

① 孙海燕：《区域协调发展理论与实证研究》，科学出版社2008年版，第7—8页。

统与经济系统相互适应、相互协调和相互促进的生态经济发展模式，即循环经济模式。循环经济以产品清洁生产、资源循环利用和废物高效回收为特征，保持经济生产的低消耗、高质量、低废弃。

实现产业生态经济发展转型，走循环经济发展模式的道路，是泛北部湾区域生态文明共享的重要战略目标之一。

二　生态文明共享战略关系

在推进生态文明共享战略实施过程中，区域内各国战略关系的建立与优化愈显重要。

（一）国家生态文明总体战略与泛北部湾区域生态发展战略关系

泛北部湾区域生态发展战略与国家生态文明总体战略的关系，实际是全局与局部的关系。

1. 泛北部湾区域生态发展战略的紧迫性和重要性

无论是泛北部湾经济合作论坛，还是中国—东盟合作相关机制中，没有一个由各国政府或环境机构共同联合组成的生态发展规划部门，因此也就没有区域性生态发展战略规划。

其一，泛北部湾区域经济发展带来的生态环境压力，迫切需要制定区域生态发展战略。伴随泛北部湾区域经济合作快速发展，经济发展对资源的过度使用以及对环境的破坏已经显现，在某些国家和地区生态环境恶化甚至已经比较严重。泛北部湾区域合作各方逐渐认识到：绝不能牺牲环境来发展经济，必须要避免出现“先发展，后治理”的模式。

其二，泛北部湾区域环境保护现状显示区域生态发展战略的紧迫性和重要性。（1）生态环境压力大。泛北部湾区域经济合作是以发展中国家为主的区域经济合作，其共性就是生态环境因为经济的快速增长承受着巨大的压力，区域环境保护合作是其并行不悖的战略。（2）区域面积广阔，差异性大。泛北部湾区域广阔，自然、经济、文化等综合因素作用下的区域多样性与区域差异性明显，使得泛北部湾区域生态文明共享的一致性受到一定程度的影响。（3）海洋生态环境恶化趋势明显。随着泛北部湾海域周围国家工业化、航运污染、海洋资源开采等的发展，局部海域的污染已经相当严重，泛北部湾这片洁净的海域正面临污染加重的危险。这些状况凸显了区域整体性生态发展战略的紧迫性和重要性。

2. 国家生态文明总体战略与泛北部湾区域生态发展战略的调适

泛北部湾区域生态发展战略是区域整体发展的战略考虑，应该遵循“整体性”原则、“最低限度的最大共识”原则。所谓“整体性”原则，就是从国际生态发展战略和中国—东盟贸易战略的角度，对整个泛北部湾区域的生态环境状况和生态文明建设状况制定发展战略。“最低限度的最大共识”原则，就是考虑各国生态环境状况和生态文明建设状况不一样，在协商制定区域整体生态发展战略时各国本着团结协作的精神，寻求最低限度的最大共识，保证生态文明建设合作的实现。泛北部湾区域生态发展战略是一种全局性战略。

国家生态文明总体战略是各国制定的本国生态文明战略。各国在制定本国生态文明发展战略时必须考虑泛北部湾区域生态整体要求。例如，(1) 中国。中国同区域内的周边一些国家还存在领土、领海的争端，在生态资源开发利用存在一定程度分歧，在这种状况下，我国生态利益如何与区域生态发展密切结合、如何维护在生态文明共享时的国家生态安全、如何调适区域生态文明战略与我国西部大开发战略、中国—东盟自贸区战略、国家能源战略、和谐周边外交战略之间的关系等等都是需要考虑的问题。(2) 越南。战后几十年，越南人口急剧增长，森林遭到大肆砍伐、耕地面积相对缩小、生态资源存量减少等，造成越南生态环境不断恶化。国内生态压力迫使越南当局寻找压力释放点，最典型的就是对海洋资源开采，甚至在有争议的海域大肆开采海洋资源。随着越南沿海海岸加工业快速发展，越南工业化所产生的污染对泛北部湾的南海海域（尤其是南中国海）造成巨大污染，其恶果甚至会影响区域稳定。(3) 泰国。泰国以旅游业著名。旅游业收入占泰国 GDP 的 7% 以上，是泰国最大的外汇收入来源。泰国之所以能从亚洲金融危机（1997 年）、亚洲地区的 SARS 疫情（2003 年）、南部地区暴乱（2004 年）、禽流感（2004 年）、东南亚海啸（2004 年）迅速恢复，得益于抓住国际旅游市场对生态旅游的新需求，制定了切实可行的可持续生态旅游发展战略，如《1997—2003 年促进旅游业发展的政策》（1997 年）和《关于可持续旅游发展的国家议程》（2001 年）。另外，泰国政府还制定了《旅游法》、《全国环境质量提高与保护法》等一系列法律法规，迅速改变了国内严重的环境污染状况，如湄南河的污染得到了有效治理，生态状况实现较大改善。总之，国家生态文明总体战略制定时所考虑的已经不仅仅是国内生态状况，而是考虑区域生态发展状况甚至是国际生态状况。

（二）国际区域生态合作中的国家间生态战略协调

泛北部湾区域经济合作和生态合作面临复杂的国际、区域性挑战和机遇。正因为如此，共同维护泛北部湾区域良好生态、建设区域生态文明，需要国家间生态战略协调（见图10－2）。

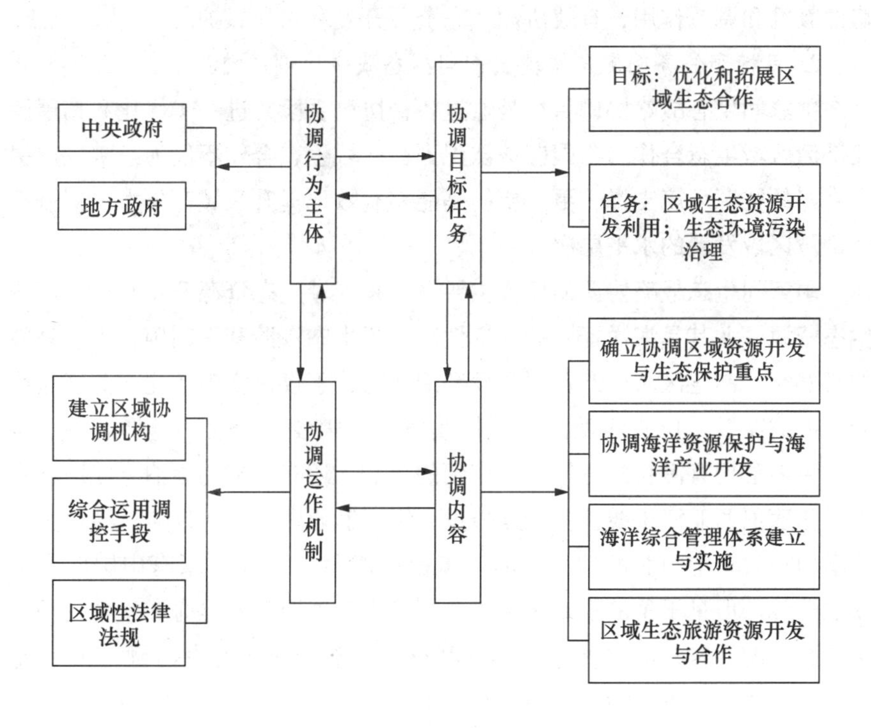

图10－2　国际区域生态合作中的国家间生态战略协调

1. 政府是国家间生态战略协调的推动者和实施者

（1）充分发挥中央政府的协调功能。国与国之间的交往，尤其是不能立竿见影凸显经济效益的生态合作，需要各国政府具有远见卓识、做出长远规划，在区域协调发展中发挥主导作用。在区域发展中，一方面，国家政府要从国家长远利益和生态安全出发，加强泛北部湾区域内国家间互信共识，通过磋商谈判，共同制定区域整体性生态发展战略，维护区域良好的生态环境。另一方面，国家政府必须根据国际和区域生态文明发展状况和要求，制定切合本国实际、适应区域要求的生态文明发展战略，将本国生态文明战略与区域整体性生态战略有机结合。

（2）充分发挥地方政府的协调功能。中央政府的宏观调控是协调地方利益的最有效指导，是地方政府在制定专门法规和政策，保证各项规划得以落实的关键。例如，通过政府投资、减免税收、区域补偿、价格补贴等多种手段方式，通过区域发展政策、产业政策、财政政策等多种政策体系，充分发挥地方政府在生态资源开发的监督作用、在地方非均衡发展战略的鼓励和调节作用，有效协调生态资源开发利用与保护。

2. 目标和任务确定是实现国家间生态战略协调的前提

国家间生态战略协调目标是通过各种协调手段，进一步优化和拓展泛北部湾区域生态合作。各国应该认识到：区域生态合作不仅为经济发展提供良好的资源环境支撑，更重要的是能够有效地提升区域竞争力，提升泛北部湾区域发展的水平层次。

国家间生态战略协调的任务主要：一是区域生态资源开发利用。区域生态资源，尤其是海洋资源的共享性决定了生态资源开发利用合理、高效的必然性。制定区域生态资源开发利用战略，不仅是实现泛北部湾区域协调发展的需要，也是实现区域可持续发展的需要。泛北部湾像越南、泰国、柬埔寨拥有漫长的海岸线和广阔的海域，还有众多的湖泊、江河和水库；印度尼西亚海岸线长 8.1 万公里，年产渔业资源 670 万吨，渔业生产的潜力很大；中国北海的海产品产量占广西 80% 以上，素有中国四大渔场之美称。但是不争的事实是，泛北部湾生态资源尤其是海洋生物资源由于不合理的开发，面临严重的短缺状况。以渔业资源开发为例，20 世纪 70 年代，机动渔船在北部湾的产量 2.19 吨/千瓦，80 年代初降为 0.75 吨/千瓦，90 年代上、中、下层鱼类接近枯竭。① 近几年，中国与东盟国家加快了在海洋渔业方面的合作，先后与印度尼西亚签署《渔业合作协定》、与菲律宾签署《渔业合作谅解备忘录》、与越南签署《北部湾渔业合作协定》等，使中国与东盟国家在合作中获得了较大发展，在渔业捕捞、水产技术交流、海洋生物资源开发与养护以及水产品贸易中获得较大经济收益。

二是生态环境污染治理。随着区域经济合作和各国工业化发展，泛北部湾区域生态环境污染加重、生态环境恶化的倾向明显。尤其是海洋污染

---

① 引自孙海燕《区域协调发展理论与实证研究》，科学出版社 2008 年版，第 77 页。

严重。20 世纪 90 年代以来，北部湾沿海海域油类和无机磷污染严重，超标 1—2 倍，其中南海最为严重，超标率为 62%，而其中的北部湾海域为 75%。造成严重海洋污染的原因主要是沿海地区化工企业、纸厂、糖厂等重污企业将废水、废物直接排向大海。生态环境污染治理已经成为国家间生态战略协调的紧迫任务。我国对此问题的关注，值得在泛北部湾区域推广学习。从国家层面而言，海洋生态和海洋环境保护引起国家高度重视，制定了一系列政策法规措施，如《国家中长期科学和技术发展规划纲要（2006—2020 年）》明确提出要"加强海洋生态与环境保护技术研究，发展近海海域生态与环境保护、修复技术"；《中华人民共和国海洋环境保护法》等一系列法律条文，更是保证海洋经济可持续发展的重要指南；《全国海洋功能区划（2011—2020 年）》，规定沿海省市海洋功能区划制定的原则是要坚持"在发展中保护、在保护中发展的原则"，合理配置海域资源。从地方层面而言，广西北部湾地区 2011 年以来颁布了《海洋灾害区划》，并启动或完成了《广西海岸利用与保护规划》、《广西海域海岛海岸带整治保护规划（2011—2015 年）》、《广西海岸保护与利用规划（2011—2020 年）》等规划的编制工作；另外，《广西海域使用权收回补偿办法》已于 2012 年 6 月 1 日正式施行，《广西海洋环境保护条例》也已在广西 2012 年立法计划中实施。

3. 建立良好的协调运作机制是实现国家间生态战略协调的重要保证

（1）建立具有权威性区域生态协调发展机构。权威性区域生态协调发展机构建立在以保证区域发展整体生态利益实现为目的。对于泛北部湾区域而言，区域生态协调发展机构的建立和运作，可以淡化国界和行政界限，通过协调合作确保区域生态整体利用的跨国界地区实现。其职能主要有：编制区域生态发展规划；组织和协调区域生态合作项目实施；协调解决区域生态资源开发各种问题；对区域生态发展战略进行分工，等等。

（2）综合运用各种调控手段，进行有效的区域生态战略协调。主要的调控手段有：规划、立法、财政、行政监督、协商谈判等等。跨国界地区的生态发展战略协调，单一的手段不能保证其有效性，必须综合运用、有机协调。并且，调控手段的规范化和制度化是确保区域生态战略协调顺利实施的重要保障条件。

（3）区域性法律法规是生态战略协调的重要保障。区域生态协调的可持续性和效果长久性必须有良好的法治环境和法律制度作保障，一项政策和规划的出台，其严肃性和规范性也是建立在法律法规基础上的。尤其是泛北部湾区域行政区划复杂，涉及不同的国家和地区，生态资源开发利用、生态合作、环境污染治理都需要确定的法律保障作依托。

4. 维护良好区域生态环境是国家间生态战略协调的主要内容

（1）确立协调区域资源开发与生态保护重点。维护良好区域生态协调发展，应该充分考虑区域特点，推进区域可持续发展。其重点是：加强区域资源开发与生态保护的统一规划，建立和完善区域环境预警、监测、应急处置，提高处理突发性重大环境污染和生态破坏事件的能力，加大环境治理与立法。

（2）协调海洋资源保护与海洋产业开发。在泛北部湾区域成员中，中国除了与越南有陆地接壤外，与其他国家都是海域相接，具有高度的海域生态利益一体性特征。泛北部湾海域资源丰富，但并非取之不尽；而且近些年海洋资源开发也导致海洋渔业资源减少，海洋生态污染防治形势严峻。协调海洋资源保护，就是要加强海洋生态环境建设，如对海岸防护林、红树林、珊瑚礁、风景区、海水养殖要进行保护性规划。同时，区域沿海城市要处理好海洋产业开发与海洋资源保护的关系，坚持资源开发与环境保护并驾齐驱，尤其加强污染的防治。

（3）海洋综合管理体系建立与实施。海洋生态决定了泛北部湾区域生态状况。海洋综合管理体系主要包括海洋综合管理机构的建立和实践；海洋开发总体规划与海洋功能区划的制定；海洋资源开发和环境保护联合行动与管理；海洋立法等。

（4）区域生态旅游资源开发与合作。区域各国的生态旅游资源极其丰富，本着“共同开发，互利双赢”的原则，各国应该加强区域生态旅游合作，充分利用生态旅游资源。近年来泛北部湾各国政府就推进区域间旅游合作进行了大量交流与合作，海南国际旅游岛、广西北部湾经济区、粤港澳旅游区、中越国际旅游合作区等一批重点国际旅游项目加快推进，环北部湾海上国际游、中越边关探秘游、滨海跨国休闲度假游等具有强烈吸引力的国际旅游线路和产品正推广得如火如荼。区域生态旅游资源开发与合作，必将极大促进国家间生态战略协调。

三　生态文明共享战略任务

战略任务是指在一定时期内，战略目标实施需要完成的项目和预期达到的目的。战略任务是战略目标的分解，战略目标要通过战略任务的完成才能实现。

（一）生态安全

"生态文明共享"以生态安全为前提，生态安全是维护泛北部湾区域生态文明共享的根本保障，包括创造良好的国家政治安全环境、营建稳定协调的区域发展格局、提供有效的利益协调机制等。

1. "泛北部湾区域协调发展"、"区域生态文明共享"、"区域生态安全"三者互动机理

"区域生态文明共享"和"区域生态安全"是泛北部湾区域生态文明建设的"一体两翼"，有助于推进实施"泛北部湾区域协调发展"，构筑和谐区域发展格局。"区域生态文明共享"是泛北部湾区域生态文明建设的必然选择，也是泛北部湾区域可持续协调发展的内生动力；"区域生态安全"是实现"区域生态文明共享"的基础，也是解决共享实践中存在问题的重要保障。

2. 泛北部湾区域生态文明共享面临的生态安全严峻形势及探寻应对策略的重要意义

当前，泛北部湾区域生态文明共享面临着严峻形势：维护生态环境优势、避免生态资源"占有式"或"排挤式"开发的"公地悲剧"、避免资源使用不足和效益降低的"反公地悲剧"、化解生态资源开发利用的利益矛盾冲突、建立健全国家区域生态安全监测和预警系统等刻不容缓。

探寻泛北部湾区域生态安全的应对策略，是保障国家安全、维护区域稳定协调发展、推进区域生态文明建设和实现区域生态文明共享的迫切需要。

3. 泛北部湾区域生态安全问题的归因分析

泛北部湾区域生态安全虽未进入高风险期，但面临严峻形势、存在多种问题，严重影响泛北部湾区域生态文明共享的实现和中国国家生态安全。

影响泛北部湾区域生态文明共享的生态安全问题特点是：(1) 跨境性。生态安全问题跨地区甚至跨国界存在，不仅影响某个地区，甚至影响某个国家。(2) 滞后性。生态安全问题的出现，说明生态循环系统出了问题，问题的出现如果能够发现并制止于萌芽状态，就不会造成严重的经济损失。(3) 长期性。生态问题的出现造成的恶果是长期性的，甚至影响着某个国家和地区长期的发展。例如，战后菲律宾生态状况急剧恶化，森林资源锐减、沿海生态系统破坏、工业对环境造成的污染等，其恶果从 20 世纪 80 年一直影响了菲律宾几十年的发展。同样，越南本是一个森林资源丰富的国家，由于 20 世纪 70 年代越南当局开发经济新区，开荒造田，大肆毁林，造成森林资源枯竭，其恶果一直影响到越南的今天。(4) 不可逆转性。生态破坏一旦形成，生态安全就被打破，生态系统要想恢复原来的良好状态就十分困难。(5) 政治和社会敏感性。生态安全不仅影响生态环境，也影响国家和地区的政治和社会的安全稳定。(6) 蔓延扩散性。生态安全问题将会扩散，影响周边的国家和地区，甚至泛滥成为大区域范围的问题。

造成上述问题有多种原因：(1) 受区域经济利益驱动，缺乏可持续发展伦理意识。区域内各国的可持续发展伦理意识并不是非常强，有些国家仍执着于经济指标，“GDP”情结严重。(2) 合作价值认同基础不强。当前泛北部湾区域合作大多是经济的层面合作，以利益为驱动力，缺乏对整个区域生态合作的价值认同，为了经济利益舍弃生态环境价值、破坏生态的现象比较突出。(3) 缺乏决策管理共契。由于缺乏泛北部湾区域生态管理的权威机构，生态规划及生态问题处置等方面缺乏统一性的决策管理机制。(4) 制度规范约束不强。一方面，缺乏全区域性的生态制度规范；另一方面，现有局部的生态制度规范的约束力不强。

4. 促进泛北部湾区域生态文明共享、维护中国区域生态安全的主要应对策略

从维护民族生存和国家安全高度来认识泛北部湾区域生态安全的严峻问题，积极探寻中国应对策略，建构区域生态安全格局（见表 10－1）。①宏观角度：战略层次、方向、任务和重点研究。②中观角度：实施方案设计研究。③微观角度：具体对策措施研究。④环境角度：支撑条件研究。

表10－1　　维护泛北部湾区域生态安全的中国应对策略

框架		主要内容
策略层次	策略实质	
宏观	战略	①战略层次：国际、区域、国家、地方生态安全战略；②战略方向：保障国家安全、促进区域稳定协调发展，促进区域生态文明；③战略任务：建立健全专门法律、法规、政策、发展规划、纲要、管理办法、专门生态安全协调机构等。如“国家区域生态环境管理委员会”、《区域生态安全法》、《泛北部湾生态安全公约》等；④战略重点：区域生态资源开发的“反公共地悲剧”、维护生态正义、促进域际和谐等
中观	方案	①国家生态安全预警与防护体系构筑方案；②区域生态安全的国际合作方案；③泛北部湾区域生态补偿方案；④区域战略环境影响评价方案等
微观	措施	①建立泛北部湾国家生态安全预警与防范体系；②积极开展泛北部湾区域生态安全的国际合作；③建立市场化生态安全保护体系和利益调节机制；④制定泛北部湾能源资源安全风险防范对策；⑤加强生态安全文化建设提升民众生态安全意识；⑥制定泛北部湾区域生态环境评估和考核体系
环境	支撑条件	①区域生态信息化条件；②生态环境科学技术；③区域生态安全意识和社会观念氛围等

（二）生态发展规划

泛北部湾区域生态文明共享发展战略，重在关注生态空间的区域性和特殊性，在区域生态战略和国家生态战略指导下，对区域生态环境、生态经济、生态文化、生态社会等方面建设进行有效规划。

1. 生态发展规划基本原则

制定泛北部湾区域生态发展规划，必须立足于整个区域、区域内国家和地区的自然、经济、社会条件和生态状况，因地制宜地制定区域生态建设性状指标，以确保区域生态资源的开发利用合理高效，保证生态平衡，避免自然环境遭受破坏。因此，必须遵循以下基本原则：

（1）整体优化原则。整体优化原则强调对泛北部湾区域生态系统的组合、平衡和协调进行规划，优化各种生态要素的布局和配置，实现经济系统与生态系统、社会经济发展与资源环境之间的协调，保证区域整体生态功能得以发展，建设成一个功能完善的、稳定的生态环境，以促进区域经济和社会的可持续发展。

（2）协调共生原则。协调是为了处理国家间生态利益关系，共生是实现国家和区域整体的共同发展。协调共生原则强调在区域生态系统中不同生态利益主体协作互补、互惠互利，从而使整个区域生态系统获得多重效益。

（3）区域分异原则。区域分异是指在地带性因素和非地带性因素共同作用下，地球表面不同地段之间的相互分化以及由此而产生的差异。泛北部湾区域生态发展规划的区域分异原则强调要尊重不同地域特点，制定具有针对性、可行性的生态发展规划。

（4）高效和谐原则。由于泛北部湾区域生态文明共享不是一种基于政治性联盟式的合作，而是一种伴随经济合作而展开的“协商式”生态合作，往往会因为合作松散而导致效率低下。高效和谐原则就是强调提高合作效率，促进区域和谐。因此，制定区域生态发展规划时要考虑公平与效率兼顾。

2. 生态发展规划的基本要求

制定、实施区域生态发展规划战略，旨在提升整个泛北部湾区域生态文明水平，使共建、共享、共赢成为区域发展常态。

（1）前提：以人为本。推进泛北部湾区域生态文明共享，要以人与自然、环境与经济、人与社会和谐共生为宗旨，以资源环境承载力为基础，以建立可持续的产业结构、生产方式、消费模式以及增强可持续发展能力为着眼点，以建设资源节约型、环境友好型社会为本质要求。泛北部湾在进行生态发展规划时应该将“以人为本”思想贯彻其中，注重保障和改善民生，着力解决损害群众健康的突出环境问题，满足民众对良好生态环境、对优质生态产品的需求。

（2）基础：资源环境承载力。资源环境承载力包括资源要素和环境要素两个方面，前者指土地资源承载力、矿产资源承载力、水资源承载力等；后者指大气环境承载力、水环境承载力、旅游环境承载力等。泛北部湾区域资源环境承载力的有限性，决定了区域生态发展规划要因地制宜。

（3）过程：系统开放与优势互补。制定泛北部湾区域生态发展规划要考虑时间上系统的开放性，同时还要考虑空间上的优势互补。因此，生态发展规划既要有预见性，又要有开放性，体现过程的优化，逐步完善。

（4）效果：高效、和谐、可持续。制定泛北部湾区域生态发展规划必然要注重实际效果，高效是对效率的要求，和谐是对公平的要求，可持续是对发展的要求。

3. 生态发展规划的具体实践

泛北部湾区域生态发展规划实践最主要的是区域产业布局和生态示范区发展规划。

（1）区域产业布局。泛北部湾区域产业布局合理化，是优化生态环境、实现生态文明共享的重要影响因素。在生态发展规划上，区域产业布局一要考虑区域经济地理位置优势；二要考虑资源状况及其特点对产业结构、战略布局的影响；三要考虑生态环境条件与整个布局规划的适应性。区域整体性的产业布局和国家、地区性的产业布局的进一步合理化，将极大提升产业整体能力，使各个产业能力之和发挥“1 +1 >2”的功效。

（2）生态示范区发展规划。生态示范区建设是根据国民经济和社会发展总目标，以保护和改善生态环境、实现资源的合理开发和永续利用为重点，通过统一规划，有组织、有步骤地开展生态示范区建设，促进区域生态环境的改善，推动国民经济和社会持续、健康、快速发展。早在1995年我国就出台了《全国生态示范区建设规划纲要（1996—2050年)》。生态示范区建设是区域经济社会可持续发展的有益探索，是落实环境保护基本国策的有效途径，还是环境保护部门参与政府综合决策的重要机制。近些年，中国泛北部湾区域各省都开展了生态示范区建设，并取得了许多积极的成果，对于整个泛北部湾区域生态示范区划分和建设具有积极的借鉴价值。

以中国北部湾区域内的广西、广东和海南三省区为例[①]（见表10 –2)，进行相应的生态功能区划，旨在根据海洋环境和海洋资源特点、社会经济发展程度、技术水平、管理水平和海洋环境保护的需要，因地制宜划定海域环境功能区，确定保护重点，对于推进当地经济、社会、生态效益的增长起到了积极推动作用。

---

① 根据《广西壮族自治区近岸海域环境功能区划调整方案》(2011)、《广东省近岸海域环境功能区划》(1999)、《海南省近岸海域环境功能区划》(2010年修编）整理。

表 10－2　　广西、广东、海南三省区海域功能区划比较

	目标	功能区分类	数量	功能区意义
广西	以实现近岸海域经济可持续发展为目标，满足广西近岸海域环境保护和经济协调发展的需要	一类环境功能区（A）：适用于海洋渔业水域，海上自然保护区和珍稀濒危海洋生物保护区。二类环境功能区（B）：适用于水产养殖区，海水浴场，人体直接接触海水的海上运动或娱乐区，以及与人类食用直接有关的工业用水区。三类环境功能区（C）：适用于一般工业用水区，滨海风景旅游区。四类环境功能区（D）：适用于海洋港口水域，海洋开发作业区	117 个环境功能区，其中一类 7 个，二类 22 个，三类 8 个，四类 80 个	遵循海洋开发、经济建设和环境保护同步规划、同步实施和同步发展的方针，协调海洋开发、沿海区域经济建设与海洋环境保护之间的关系，实现经济效益、社会效益和环境效益的统一
广东	保护和改善广东省海洋生态环境，防止海洋环境污染，保证沿海地区经济发展战略实施和社会、经济、环境协调发展及海洋资源的永续利用	一类：适用于海洋渔业水域，海上自然保护区和珍稀濒危海洋生物保护区。二类：适用于水产养殖区，海水浴场，人体直接接触海水的海上运动或娱乐区，以及与人类食用直接有关的工业用水区。三类：适用于一般工业用水区，滨海风景旅游区。第四类：适用于海洋港口水域，海洋开发作业区	188 个环境功能区	①社会、经济、环境效益相统一：充分考虑沿岸海域自然环境特点，资源利用状况，沿海经济发展布局和相应水域的水质要求，使近岸海域的开发利用程度同环境容量和资源承受能力保持一致。②突出重点，优先保护：重点保护生态繁衍栖息区，珍贵海洋资源区和鱼类洄游通道区。优先保护养殖、制盐、食品加工等与人类食物有关的功能区域。③共同保护，合理利用环境容量：充分考虑海域海流特点及其扩散规律，合理利用海洋水环境自净能力，科学确定排污口附近水质超标混合过渡区，将其范围缩小到最低限度；相邻区域互相尊重，协调一致，容量共享共护

续表

	目标	功能区分类	数量	功能区意义
海南	准确掌握海南省近岸海域环境质量现状及存在问题，并综合分析近岸海域开发和生态环境保护面临的形势	第一类环境功能区21个，均为自然保护区和海洋特别保护区，适用于海洋渔业水域、海上自然保护区和珍稀濒危海洋生物的保护区。第二类环境功能区44个，适用于水产养殖区、海水浴场以及与人类食用直接有关的工业用水区。第三类环境功能区4个，全部为工业用水区。第四类环境功能区37个，适用于海洋港口水域和海洋开发作业区。另单独划定12个排污混合区	自然保护区、水产养殖区等共计106个近岸海域功能区	保护海南省海洋环境，合理进行岸边建设和开发利用海洋资源，维持海洋生态平衡，促进本地区经济快速发展，实现社会、经济、环境的协调发展和海洋资源的永续利用，满足国际旅游岛建设和全国生态文明示范区建设需要

（三）生态文化建设

生态文化是生态文明建设的核心和灵魂，生态文明建设要靠生态文化价值引领。泛北部湾区域生态文明共享的实现，需要通过生态文化建设，促进区域各国民众树立生态文明意识；促进区域各国民众学会生态文明的生活方式，摒弃奢侈浪费的生活方式，建立绿色生活方式，树立正确的科学消费观。生态文化建设战略任务主要有两个方面：

1. 实施生态文化建设工程

首先，要制定泛北部湾区域生态文化发展规划。由区域各国政府为主导，共同协商，制定切实可行的“泛北部湾区域生态文化发展规划”，使生态文化建设纳入泛北部湾区域合作规划中。

其次，开展全区域性生态文化建设活动，加强生态文化交流。近几年，泛北部湾区域内生态旅游文化发展如火如荼，国际性的生态文化旅游示范区加紧建设，如2012年9月22日，中国与东盟各国共商生态宜居城市建设和地区可持续发展、合作，并通过《生态宜居城市建设南宁共识》。[1] 通过生态文化交流活动，增加彼此之间的了解，同时营造共建、

① 《中国与东盟各国将达成〈生态宜居城市建设南宁共识〉》，人民网—广西频道，2012年9月22日。

共享的环境氛围。

再次，共同建设生态文化教育基地，普及生态文化知识。如选择泛北部湾区域各国可以共同商议选择一些具有典型性、代表性的森林公园、湿地公园、自然保护区、博物馆、纪念馆作为生态文化教育基地，通过生态文化教育交流，加强区域生态文明宣传教育，强化区域生态整体性，使生态环保意识深入人心。

最后，加强生态文化宣传，形成良好的区域生态文化舆论氛围。如泛北部湾区域各国文化机构可以通过共同编辑报纸、制作广播电视节目、生态文化网站建设等，充分运用现代传媒，加大宣传力度，倡导绿色行为、弘扬低碳生活理念，进而实现生态文化价值观念深入人心，激发民众对区域生态文明和国际生态文明的关注。

2. 大力发展生态文化产业

生态文化产业被誉为“朝阳产业”，它以生态文化产品为载体，向消费者传播生态、环保、健康、文明理念，同时整体性提升民众生态文化素质。大力发展生态文化产业：(1) 整合地方丰富的生态文化资源。(2) 繁荣生态文化的艺术表现形式，如生态工艺绘画雕刻、生态歌舞艺术演出、生态影视书刊出版、绿色广告包装策划、生态环保会议会展、生态旅游纪念用品等。(3) 开发和完善生态文化旅游发展规划，推出生态文化旅游系列产品。(4) 建立具有地方特色的生态文化产业基地，如自然遗产基地、文化公园、生态长廊等，开展各种艺术展览、文化交流、旅游休闲、艺术品交易、就业培训等活动。(5) 加强生态文化产业合作，如生态文化产业园区建设、生态旅游文化基地建设等。

(四) 生态协同发展

建立跨行政区组织协调机构及其运行机制，是实现生态协同发展的根本保证。生态环境保护能力是五个协同发展的关键因素，通过提升生态环境保护能力可以促进生态与政治、经济、文化、社会的协同发展，这是泛北部湾区域推进战略的必然选择（见图 10－3）。

1. 生态与政治协同发展

泛北部湾生态问题是一个国际问题，因而不可避免地成为政治问题。当前，泛北部湾区域“生态与政治协同”发展仍存在一些有待改进的问题：(1) 生态与政治的关系以及政治在生态中的作用尚未成为人们的普遍意识。(2) 如何将生态环境问题纳入政治视域，纳入政府决策、公民政治参与、国际政治行为和政治教育等过程，寻求日趋严重的生态危机的政治解决出路有待进一步探索。(3) 国家以及当地政府在生态建设、生态

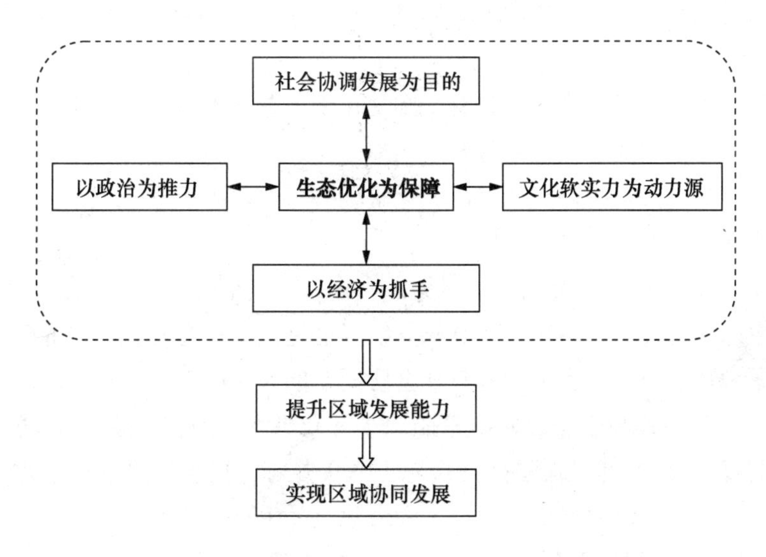

图 10－3　生态与政治、经济、文化、社会的协同发展

资源开发、生态国际合作中扮演什么样的角色尚未厘清。因为生态危机的日趋恶化、日趋国际化，使得生态问题仅仅靠生态学、伦理学、生物学的手段难以解决，要求政府参与、国际合作，并通过政策、法令、规章制度、教育方式等对生态环境保护进行直接干预。(4) 如何建立健全有效的制度机制处置生态安全、生态共享、生态共建中存在的问题尚未得到解决。生态政治的关注焦点是生态环境及其对政治、经济、社会、文化的影响，遵循的是政治发展和政治交往的公平性、合作性、正义性等基本原则和价值取向。

2. 生态与经济协同发展

生态与经济协同的首要任务是化解泛北部湾区域存在的突出生态与经济矛盾问题。这些问题主要表现在：(1) 牺牲生态环境换取经济增长。区域经济发展取得令人瞩目成绩的同时，其生态环境危机却日益严峻，区域经济发展与生态建设在不同程度上处于割裂状态。(2) 重视经济效益的短期性而忽视生态效益的长期性。市场经济追求利益最大化，而生态建设和环境保护的投入所产出的主要是生态效益，一定时期甚至无直观经济效益可言。(3) 制度政策在处置生态与经济关系时缺乏系统性和应有的

互动机制。

3. 生态与文化协同发展

如何加强人们的生态文化教养是生态与文化关系调适最大的问题。由于泛北部湾区域多为发展中国家，少数民族地区、落后地区、偏远地区、农村等范围广阔，民众的文化意识和文化素质普遍不高，对环境保护缺乏关注，对生态文明缺乏应有认知。当前，泛北部湾区域如何用文化引领生态发展，提升民众生态文化素质，化解生态与文化的矛盾问题，仍有很长的路要走。

4. 生态与社会协同发展

生态作为社会大系统中的有机系统，也是促进社会发展进步的物质力量来源和环境保障。实现生态与社会协同发展，具体而言：

（1）逐步提高生态公共决策的“多元化参与”和对公共权力的“多元化监督”，以及通过加强社会参与、民众参与、利益集团参与来开展生态文明建设，将泛北部湾建设成为和谐稳定、生态优化的示范区。

（2）在积极推进经济快速良性发展的同时，需要在社会领域不断建立、完善各种能够合理配置生态资源、生态发展机会的社会结构、社会机制，形成各种能够良性调节区域生态利益的社会组织和社会力量。

（3）需要根据区域内关涉生态利益的社会矛盾、社会问题和社会风险的新表现、新特点和新趋势，积极寻找正确处理社会矛盾、社会问题和社会风险的新机制和新办法，化解国家之间、地区之间的生态利益矛盾冲突。

生态协同发展战略任务旨在从生态理论角度探寻破解区域自身发展能力的不足路径，实现生态效益和经济效益相互统一，促进区域经济社会系统良性运行。生态协同发展战略实施，将进一步推进泛北部湾区域实现科学发展、和谐发展、跨越发展和创新发展。

（五）生态制度管理

保护生态环境必须依靠制度的力量。党的十八大报告强调指出“要加强生态文明制度建设”，“要把资源消耗、环境损害、生态效益纳入经济社会发展评价体系，建立体现生态文明要求的目标体系、考核办法、奖惩机制。建立国土空间开发保护制度，完善最严格的耕地保护制度、水资源管理制度、环境保护制度。深化资源性产品价格和税费改革，建立反映市场供求和资源稀缺程度、体现生态价值和代际补偿的资源有偿使用制度和生态补偿制度。加强环境监管，健全生态环境保护责任追究制度和环境损害赔偿制度”。[①]

制度管理建设是推进泛北部湾区域生态文明建设的重要保障。生态制度管理是指以生态环境的保护和建设为核心，将生态文明理念和要求纳入制度体系建设中，它不仅是生态文明建设必然要求，也是生态文明建设的重要内容。

（1）泛北部湾区域经济合作的特点决定了生态文明共享需要制度管理作保障。其一，泛北部湾区域范围广，面积大，人口多。泛北部湾各方面陆域面积332.36万平方公里，南海面积350万平方公里。这样大区域范围的合作，没有相应的制度保障是难以实施和深化的。其二，泛北部湾区域各国经济发展水平差异大。在泛北部湾9个国家中，新加坡属于发达国家，而柬埔寨则是自世贸组织成立以来所接纳的第二个最不发达的成员。在经济发展水平差距如此之大的情况下，各国开展生态文明建设合作、实现生态文明共享，没有相应的制度管理建设作保障是难以实现的。其三，泛北部湾区域各国政治社会多元化。中国和越南是社会主义国家，柬埔寨、泰国、马来西亚和文莱是君主制国家，新加坡是议会制国家，印度尼西亚和菲律宾是共和制国家。各个国家民族众多，宗教信仰不一，越南的居民多信奉佛教，马来西亚信奉伊斯兰教，新加坡则多为宗教等。政治、文化多元化，必然造成生态意识、生态文化、生态理念和生态行为的差异，调和差异、解决矛盾，需要相应的制度作保障。

（2）泛北部湾区域生态文明建设存在的问题需要生态制度管理加以解决。泛北部湾区域生态文明建设存在的主要问题有：其一，生态意识没有成为或完全成为区域各国各地区民众的意识理念。从国家层面而言，有些国家缺乏对生态文明重要性的充分认识，导致经济发展带来生态环境问题恶化倾向没有得到有效解决；从地区层面而言，企业的生态意识缺乏直接导致地区生态环境问题层出不穷；从社会层面而言，民众生态意识匮乏导致生态文明建设缺乏应有的社会基础。生态意识的培养并不单是个体的事情，而是需要制度性关注，从制度加以保障。其二，区域性资源环境保护法规制度不健全。尽管区域内各国相继出台一系列本国和地区的生态资

---

① 胡锦涛：《坚定不移沿着中国特色社会主义道路前进　为全面建成小康社会而奋斗》，2012年11月8日。

源保护法规，但是泛北部湾整个区域性资源环境保护法规、制度缺乏，法律和规章制度的规范化、体系化建设不健全，覆盖面小，一些重要领域法规和制度缺位，与区域经济合作和生态文明建设的任务要求不相适应。其三，区域性生态环境政策配套不足、执行不力。无论从区域整体而言，还是从区域各国而言，泛北部湾区域生态环境政策存在的主要问题是政策之间缺少协调和配套、政策的强制力和约束力弱、政策执行不到位等等。迫切需要加强合作协商。其四，缺乏全区域性、一致标准、共同执行的《规划环境影响评价条例》，使得泛北部湾区域生态环境发展的状况、存在问题缺乏统一的评判标准。

泛北部湾区域生态制度管理主要任务有：

（1）建立与完善泛北部湾区域生态资源开发和保护生态环境的法律和政策体系。通过协商谈判，区域各国应该致力于建立和完善具有区域性的、职能有机统一、运转协调高效的生态综合管理体制。从法律约束、政策引导、规划实施等层面，将资源消耗、环境损害、生态效益纳入区域经济社会发展合作制度体系。

（2）建立和完善泛北部湾区域生态文明共享领导、管理和工作机制。首先，要合理设置区域生态文明共享的领导、管理机构；其次，各国通过协商，达成划分管理责权的相关协议，责任共担；最后，有针对性地解决影响区域生态资源、环境、生态安全的突出问题。

（3）充分发挥市场在区域生态资源配置的作用，通过市场手段改造或更新不适应生态文明建设要求的经济政策法规，充分体现市场供求关系、环境资源稀缺程度和生态产品公平分配原则。同时，要进一步建立和完善多元化多渠道参与生态文明建设投资的制度，为生态文明建设创造良好的投融资环境。

（六）生态资源开发

泛北部湾区域拥有丰富的能源资源、金属矿产资源、非金属矿产资源、海洋渔业资源、生态旅游资源等。协调经济发展与环境保护的关系、推动并实施可持续发展战略，是泛北部湾周边国家和地区面临的巨大挑战。泛北部湾区域实施生态资源开发利用的战略任务，必须以生态环境保护为前提，以可持续发展为原则。

1. 前提：生态资源开发与区域生态环境保护

泛北部湾区域生态资源开发与生态环境保护重点是实施海洋生态功能

区划，对近海海洋生态区域和渔业区进行保护性开发。泛北部湾海洋环境保护是区域各国的责任，各国应共同实施海洋生态功能区保护规划，按照各类海洋功能区的不同要求进行管理，有序、合理开发利用。

泛北部湾区域生态资源开发与生态环境保护关键是避免“公地悲剧”和“反公地悲剧”。泛北部湾经济区生态资源丰富、生态状况良好，一方面，要使生态资源得到充分利用与开发，避免由于生态资源开发和利用不足而导致区域自身发展能力不足；另一方面，要实现区域发展协调进步，必然要调适多个利益相关者对生态资源的利益归属，避免利益相关者在利益博弈时产生“反公地悲剧”的矛盾冲突，如推诿扯皮、阻碍开发，进而破坏区域协调发展战略。这样才能真正实现海洋生态与资源的良性循环、生态环境和资源保护与经济社会协调发展。

当前，各国应该致力于：加强泛北部湾海洋生态环境保护国际合作，把海洋生物多样性保护、海洋渔业资源开发保护、海岸带管理、海洋环境资源调查、海洋灾害预警预报等作为重点领域，开展跨国专题研究，建立国际合作机制，联合实施保护项目，共建良好陆海生态环境。[①]

2. 原则：生态资源开发与区域可持续发展

泛北部湾区域生态资源开发遵循的基本原则是实现区域可持续发展，既充分、合理、有效和可持续地利用海洋资源，又能全面协调沿海地区社会经济和谐、健康、可持续发展。

首先，将区域可持续发展理念纳入生态资源开发的法规政策体系中。可持续发展理念不能停留在人的意识中，必须落实在行动中，并依靠相关法规政策体系的制定与实施得以体现。区域生态资源开发与区域可持续发展是一项系统工程，需要各国共同努力、共同行动。

其次，资源开发利用应当与生态功能区保护要求相适应。在泛北部湾区域实施的资源开发利用项目应当符合生态功能区保护目标，不得改变生态服务功能；禁止建设与生态功能区定位不一致的项目；对已建和在建的与功能区定位不一致的项目，应根据保护生态功能的要求，逐步改造或搬迁，恢复项目所在区域生态功能。

再次，进一步发挥科技在生态资源开发和生态保护尤其是海洋生态保护中的作用，积极推进区域可持续发展。一方面是成立相关的科研机构，

① 《广西北部湾经济区发展规划》，2008年2月2日。

开展生态资源开发与可持续发展的课题研究。例如，成立于2006年12月中国科学院海洋生物资源可持续利用重点实验室，在加强海洋生物资源可持续发展理论研究和海洋生物技术创新方面做出了积极的贡献。另一方面，加强区域各国海洋生物资源可持续发展理论研究和海洋生物技术创新合作，共同开展课题研究，积极探索泛北部湾区域生物资源的变化规律，评估生物资源的可用量，为生态资源的可持续利用提供理论基础和科学依据。

最后，调整泛北部湾海域海洋产业结构，大力开发海洋旅游资源。由于受经济利益的驱动，海洋捕捞过度造成北部湾海洋渔业生态系统退化。过度捕捞对渔业种群及其栖息环境产生负面效应，导致渔业资源衰退甚至衰竭，并通过营养级联效应直接影响泛北部湾区域生态系统结构和功能。① 在此状况下，行之有效的方法：一是制定海洋捕捞规划，将近海捕捞转向远海捕捞，降低近岸捕捞强度。二是转移捕捞业的人力物力，转向发展海洋旅游和休闲渔业是减轻海洋渔业压力的可行之路。

（七）生态信息交流

生态信息交流的战略任务要求泛北部湾区域各方基于生态优化的目的，加强生态环境资源等相关资讯的沟通与合作，寻求生态环境保护和生态资源开发利用共同行动的依据。

1. 加强泛北部湾区域生态信息交流平台建设

泛北部湾区域生态信息交流平台建设，就是通过区域生态信息管理机构，加强和完善技术平台、资源平台和服务平台建设（见图10－4）。

生态信息技术平台建设就是建立一套合适的技术体系（如NET、DSP开发系统、FPGA开发系统等）、技术架构（一组设计模式，如MVC的集合、软硬件并行开发、联合调试等），并能充分发挥技术体系及技术架构优势，提升信息开发速度并保持质量，更好满足用户需求。生态信息技术平台建设旨在提升区域生态核心竞争力。生态信息资源平台建设就是要建立一个生态信息资源建设、共享、增值应用、增值服务、运营管理的系统软件平台，其目的主要是为泛北部湾生态环境监测、生态环境质量评估和生态数据共享、建立企业产品生态档案建立等提供一个空间，其核心任务

---

① Marten S, Steven C, Brad Y. Cascading Effects of Over-fishing Marine Systems. Trends in Ecology and Evolution, 2005, 20: 579－581. 意指多营养级中的自上而下的链式反应。

是生态信息资源档案库的建设。

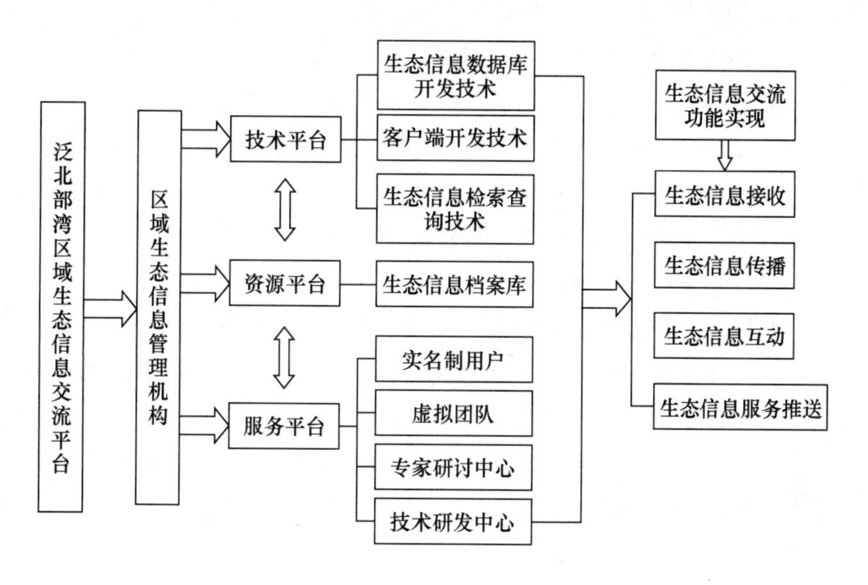

图 10－4　泛北部湾区域生态信息交流平台建设

生态信息服务平台建设主要目的就是为政府部门、企业、组织和相关信息使用者提供区域生态信息，如跟踪泛北部湾区域各国生态规划或法规、及时提供生态预警信息、加强各国生态信息交换、开展生态设计和应对经验交流、生态评估和生态改进方案参考，等等。

泛北部湾区域生态信息交流平台建设应该站在生态科技发展前沿，着眼于区域生态环境管理和生态技术研发的迫切需求，开展生态环境质量评估与数据共享整合，构建泛北部湾区域生态环境监测、服务平台，共享生态环境监测与科学研究数据，为各国政府和泛北部湾区域制定环境保护决策提供技术支持。

2. 泛北部湾区域生态信息交流战略意义

（1）提高区域生态信息的时效性和价值性，有效利用生态资源、保护生态环境。例如，沿海各国对入海污染物排放总量、近海水质、海水污染度、溢油、赤潮等相关数据的相互传递，不仅可以增进各国对区域环境状况的共同关注，同时为采取联合行动增强警惕性和紧迫感。

（2）为区域生态环境保护提供信息支持。如作为泛北部湾区域重要组成部分的广西北部湾经济区，了解和获取了区域内东盟各国的工业总产值、农业总产值、旅游收入、资源消耗状况、污染治理投入等相关信息，就可以提升融入区域经济合作的主动性、对策性和积极性。

(3) 为生态环境保护提供优化的交流途径。泛北部湾区域生态信息互动最重要的任务就是通过信息交流，加强海洋生物多样性保护、海洋渔业资源开发保护、海岸带管理、海洋环境资源调查、海洋灾害预警预报等重点领域的合作互动，开展跨国生态合作实践，建立泛北部湾生态国际合作机制，联合实施保护项目，共建良好的陆海生态环境。

（八）生态修复科技创新

生态修复是指通过人工方法，按照自然规律，恢复天然生态系统。一方面，对生态系统停止人为干扰，减轻负荷压力，依靠生态系统的自我调节能力与自我组织能力，使其向有序方向演化；另一方面，利用生态系统的自我恢复能力，辅以人工措施，使遭到破坏的生态系统逐步恢复或使生态系统向良性循环方向发展。

1. *海岸带生态修复技术*

海岸带生态的科技创新，其总体目标是采用适当的生物、生态及工程技术，逐步恢复退化海岸带生态系统的结构和功能，最终达到海岸带生态系统的自我持续状态。目前，泛北部湾区域海岸带在局部地区遭受一定程度的破坏，因此泛北部湾区域的海岸带修复技术主要是根据生态学原理，通过一定的生物、生态以及工程的技术与方法，人为地改变和切断生态系统退化的主导因子或过程，调整和优化系统内部及其外界的物质、能量和信息的流动过程和时空次序，使生态系统的结构、功能和生态学潜力尽快成功地恢复到一定的或原有乃至更高的水平。

2. *土地处理技术*

土地处理技术以土地为处理设施，利用土壤—植物系统的吸附、过滤及净化作用和自我调控功能，达到某种程度对水的净化的目的。例如，红树林具有抵御风浪、促淤沉积、保护海岸、降解污染、调节气候、净化水质等生态功能，为许多动物提供了重要的食物和栖息地，被誉为“海岸卫士”。广西从2008年开始启动“保护母亲河——生态北部湾青年行动”以来，已在北海、钦州、防城港三市种植大片红树林，计划三年内在北部湾1595公里海岸线建设一条具有较强防护功能和景观效果的绿色长廊。[①]

① 《两千志愿者修补北部湾红树林“生态”》，新华网，2008年5月24日。

土地处理技术是增强泛北部湾区域沿海防护林体系的防护功能，改变区域岩溶区石漠化现象严重、森林系统整体功能较低问题的有效对策。

3. 海洋生态修复技术

海洋生态修复技术包括“控源减污、基础生境改善、生态修复和重建、优化群落结构”四项技术措施。“控源减污”就是要求泛北部湾区域各国严格控制对海洋排污的源头，减少海洋污染。“基础生境改善”就是对现有泛北部湾海域生态环境状况进行有针对性的改善，营造良好的生态环境。“生态修复和重建”就是海洋生态修复不仅包括开发、设计、建立和维持新的生态系统，还包括生态恢复、生态更新、生态控制等内容。“优化群落结构”就是使得海洋生物群落实现良性互补、共存共荣的群落结构状态。泛北部湾海域中红树林、珊瑚礁、马尾藻海都属于海洋中特殊的生物群落类型。

4. 人工生物恢复技术

泛北部湾海域典型的人工生物恢复技术是人工鱼礁，其极大改变了渔业资源生态状况。通过人工设置诱使鱼类聚集、栖息的海底堆积物，旨在改善沿海水域的生态环境，为鱼、虾类聚集、栖息、生长和繁殖创造条件；也可作为水下障碍物，用以限制某些渔具在禁渔区内作业，从而促进水产生物资源的增殖。20 世纪 90 年代，人们利用“矿物增长”技术建造新型鱼礁，即在人工鱼礁上通入低压直流电，利用引起海水电解析出的碳酸钙和氢氧化镁等矿物附着在人工鱼礁上，形成类似于天然珊瑚礁的生长过程，鱼礁不断增长的同时，促进周围生物量增长，达到海岸带生物种群恢复和海岸带保护的目的。

5. 湿地恢复技术创新

湿地被称为“地球之肾”和天然物种库，它在提供水资源、调节气候、涵养水源、降解污染物、保护生物多样性等方面发挥重要作用，具有重要的生态效益、经济效益和社会效益。北部湾湿地面积大，共有湿地 47.78 万公顷。[①] 但是，当前北部湾湿地面临严重问题：一是面积减少。随着北部湾经济开发、基础设施建设、企业工厂兴建、围垦养殖等，使得湿地面积大幅度缩小。二是功能退化。由于遭受污染严重，湿地功能有退化趋势。

---

① 广西北部湾经济区规划建设委员会：《广西北部湾经济区发展规划解读》，广西人民出版社 2010 年版。

采用人工方法恢复和重建湿地是生态修复的重要措施。人工湿地处理技术的原理是利用自然生态系统中物理、化学和生物的三重共同作用来实现对污水的净化。湿地对有机污染物有较强的降解能力，一方面，湿地可以对废水中的不溶性有机物起沉淀、过滤作用，使有机物被截留进而被微生物利用；另一方面，废水中可溶性有机物则可通过植物根系生物膜的吸附、吸收及生物代谢降解过程而被分解去除。人工湿地的治污成本和运行费远低于常规处理技术。在泛北部湾海岸带地区，可以利用“梯状湿地”技术，减弱海浪冲击、促使泥沙沉积、保护海滩，同时也可以为海洋生物提供生长环境。

（九）生态问题处置合作

生态问题处置合作，重点是解决共同面临的生态问题，如加强泛北部湾海洋生态环境保护国际合作，把海洋生物多样性保护、海洋渔业资源开发保护、海岸带管理、海洋环境资源调查、海洋灾害预警预报等作为重点领域，开展跨国专题研究，建立国际合作机制，联合实施保护项目，共建良好陆海生态环境。

1. 生态问题处置合作机构的建立

由于区域合作的特点以及区域范围的广阔性，生态问题处置必须有相应执行机构，才能保证效率和效果。生态问题处置合作机构由两个层次构成：一是生态问题处置合作领导机构。主要由各国政府或各国环境管理机构派出人员组成类似于“泛北部湾生态环境署”的区域机构，其职责就是“组织领导、问题协商、共同决定”，对泛北部湾区域生态问题处置作出规划和指导。二是生态问题处置合作工作机构。主要由各国代表的工作人员，对区域出现的共同生态问题开展处置合作实践。此机构可分为协调信息联络机构、生态联合预测机构、生态问题预警机构、问题处置施救机构、生态应急保障机构等（见图 10－5），对区域生态环境问题进行监测、管理、处置。

2. 生态问题处置合作的责任原则

（1）集体权责原则。生态安全问题是公共领域问题。Risse－Kappen认为，集体权责是解决气候变化等环境问题的主要途径。[1] 英国著名生物

---

[1] Tomas Risse－Kappen，“Bringing Transnational Relations Back”，in Thomas Risse－Kappen，ed.，*Non－State Actors*，*Domestic Structures and International Institutions.* Cambridge：Cambridge University Press，1995，pp. 280－313.

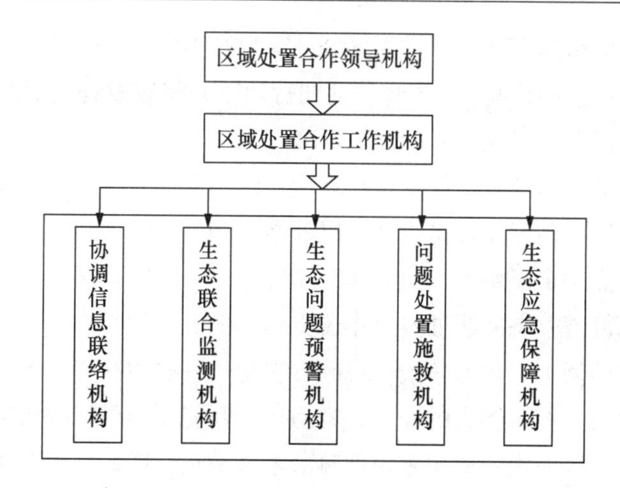

图10－5　生态问题处置合作机构结构

化学家霍普金斯指出：国际集体行动限制、规范了各国行为和议程，并决定了应当被谴责的国家行为。对于泛北部湾区域各国而言，首先，必须树立集体权责意识，认识其必要性和重要性。其次，才能以一种合作自觉的态度共同面对区域生态问题。所谓"权"即权利，区域各国享有对区域生态公共产品的环境利益获取权利。环境是世界各国"分享的资源"和"共同的财产"。[①] 所谓"责"即是责任，区域各国必须以全局性视角在考虑对资源的可持续利用、区域生态环境容量、代际公平与代内公平、环境与发展一体化的基础上对自身环境满足程度加以限制。

（2）集体行动原则。曼瑟尔·奥尔森在《集体行动的逻辑》中最先提出"集体行动"理论。[②] 在处置泛北部湾区域共同生态问题时，必须采取集体行动。只有在共赢发展的基础上，采取集体行动，才能推动该区域合作发展迈向新台阶。例如，首届泛北部湾海域环境论坛2012年8月10日在南宁召开，区域各国相关领导和学者共商区域发展与生态环境保护大计。[③] 2012年4月17日中国和泰国签署7项合作文件，涉及14个重点领域合作计划。其中，中泰两国将在泰国普吉岛建立气候与海洋生态系统联

① 世界环境与发展委员会编著：《我们共同的未来》，世界知识出版社1989年版，第19页。

② Tomas Risse－Kappen，Bringing Transnational Relation Back. In *Non－State Actors*，*Domestic Structures and International Institutions*. Cambridge：Cambridge University Press，1995.

③ 《北部湾海洋环境面临前所未有压力》，中国新闻网，2012年8月10日。

合实验室，对海洋变化、海洋生物等进行观测和研究，研究气候变化对海洋生态系统产生的影响。① 这些“共同行动”必将有效处置泛北部湾区域共同的生态问题，优化共同的生态环境。

集体行动困境一直困扰着国际环境合作。究其原因在于选择性激励是否被有效运用、制度建设是否优化以及参与国的作用。② 泛北部湾区域经济合作的特点决定了生态文明合作共享也存在一定的难度——除了经济不平衡，泛北部湾生态问题处置合作还受到其他因素的影响，如历史上国与国之间存在的领土、领海争端；民族、文化、宗教的冲突；作为资源富集地，外部政治、军事势力的介入，容易在不断变动的国际政治格局中造成局部不稳定；区域内一些国家内部政治矛盾激化，影响对外合作。

因此，泛北部湾区域各国在应对生态问题，采取集体行动时，一要有利益共识。在“集体行动”中，集体行动参与各方都应该认识到合作必定带来明显的国家净利。③ 二要有制度保障。生态问题处置需要有相应制度约束和制度规范，在集体行动中有章可循。三要发挥区域各国的参与作用。各国应加强沟通，消除障碍，互利共赢，充分发挥各自海洋优势和比较优势，互利互补，促进产业转移与分工，合力提升区域的整体竞争力。

（3）责任合理划分原则

集体行动的参与各方应该进行责任合理划分与承担，防止“搭便车”现象，影响集体行动效果。所以，维护泛北部湾区域生态安全应该责任共同承担，但责任大小不同，体现公平合理原则。如通过制定《泛北部湾区域生态管理公约》或成立具有法律约束性的泛北部湾生态安全专门委员会，实施更加细致的“硬法约束”和“软法约束”，对生态问题处置中责任大小进行商讨、划分。责任合理划分要以形成长效机制作保障，区域内各方要加强多边和双边磋商，开展有效的对话与合作，不仅要形成政府间的责任合理划分的合作机制，同时还要积极鼓励组织、协会、企业、专业联盟等其他层次在沟通合作中进行责任合理划分，形成健康的合作机

① 《中国和泰国签署7项合作文件涉及14个重点领域合作计划》，新华网，2012年4月17日。

② 于宏源、蒋晓燕：《全球环境治理的两重性与中国环境威胁论》，《国际问题论坛》2008年夏季号，第40页。

③ Inge Kaul，Isabelle Grunberg，Marc A. Stern，Global Public Goods：International Cooperation in the 21st Century，New York，1999，p. 485.

制，提升合作层次。

泛北部湾区域生态文明共享的战略实施是一项系统工程，涉及国家、区域、地方生态协调发展，不仅要明确区域生态文明共享的战略目标和战略关系，更重要的是实施相应的战略任务，从而提升区域竞争力、优化区域健康发展的生态环境，推进泛北部湾区域生态文明共享的实现。

结　语

人类社会进入21世纪，国际化是最令人瞩目的现象。世界经济国际化的同时，人类面对共同的生态环境问题，成为我们必须共同面对的全球性问题。

一　生态文明是时代发展的根本理念

生态文明以人与自然、人与人、人与社会和谐共生、良性循环、全面发展、持续繁荣为着眼点，遵循人、自然、社会和谐发展的客观规律。

（一）生态文明的内涵

生态文明的提出，是人类文明形态的新认识。

首先，生态文明反映了人与自然的新和谐。生态文明要求尊重自然、顺应自然、保护自然，在此基础上实现人的全面发展，实现人与自然和谐的现代化。

其次，生态文明是文明新境界。生态文明倡导的是人与自然和谐的文明，不是物质财富增加而自然受到伤害的文明。

最后，生态文明是社会发展的新形态。生态文明是人类社会文明的高级状态，不是单纯的节能减排、保护环境的问题，而是要融入经济建设、政治建设、文化建设、社会建设各方面和全过程。党的十八大报告指出："建设生态文明，是关系人民福祉、关乎民族未来的长远大计。面对资源约束趋紧、环境污染严重、生态系统退化的严峻形势，必须树立尊重自然、顺应自然、保护自然的生态文明理念，把生态文明建设放在突出地位，融入经济建设、政治建设、文化建设、社会建设各方面和全过程。"

（二）正确把握生态文明

生态文明建设以尊重和维护生态环境为主旨，以可持续发展为根据。

要把握生态文明作为时代发展的根本理念，必须认识如下两个方面：

1. 生态文明与物质文明、政治文明、精神文明具有内在统一性

生态文明与物质文明目标一致、相互促进。人类活动的目的就在于自身的生存和发展。社会进步必须以可持续发展和人的生存状态改善为宗旨。从这个意义上说，物质文明和生态文明统一于经济社会发展的实践中，经济效益和生态效益统一于社会可持续发展的目标中。同时，生态文明与物质文明又是相互促进的。生态文明的发展为物质和经济活动提供良好的环境和资源条件，促进物质文明发展。生态文明强调经济发展必须走循环经济发展道路，为物质文明提供了新范式。

生态文明与政治文明相互影响、相互作用。生态文明是政治文明建设的基础和导向，政治文明是生态文明建设的重要保障。一方面，生态文明尤其是生态安全为政治文明提供坚实的基础。世界著名环境专家诺曼·迈尔斯指出："如果生态环境退化，国家的经济基础最终将衰退，它的社会组织会蜕变，其政治结构也将变得不稳定。这样的结果往往导致冲突，或是一个国家内部发生骚乱和造反，或是引起与别国关系的紧张和敌对。"①同时，当前由于国际生态环境状况日趋的严重，生态文明建设已经成为各国政府自觉的施政目标和内容，并成为政治文明建设健康发展的导向。另一方面，政治文明为生态文明建设提供重要保障。生态文明理念要深入人心并成为全民自觉的行为，需要政治文明为其提供意识、行为、制度的保障，如把生态文明作为国家发展基本战略、调动社会力量建设资源节约型和环境友好型社会、加强环境立法和执法等。

生态文明促进精神文明的提升。生态文明建设将对人们的价值观念、生活方式、消费方式等带来革命性的变革，促进人们形成健康、绿色、文明的生活方式和消费方式，从而提升社会精神文明的全面进步。同时，生态文明建设通过生态文化的宣扬和教育，提升民众生态教养、丰富精神文明的文化内涵。生态文明建设通过各种生态文化实施工程，从而促进整个社会精神文明的进步，如加强生态文化教育、加强生态文化学科体系的支撑、实施生态文化建设工程、建立和完善生态文化建设机制、大力发展生态文化产业等。

---

① ［美］诺曼·迈尔斯：《最终的安全：政治稳定的环境基础》，上海译文出版社2001年版，第19—20页。

2. 国际合作：生态文明建设需要世界各国共同参与

国际合作理论认为：任何一个国家都不能孤立于国际社会而发展，都必须在不同程度上参与国际合作，“全球时代需要全球参与”。

严重的全球生态问题已经成为世界共同危机。随着人类活动的国际化，生态问题也已经国际化了，这说明生态文明建设已经成为世界各国共同的事业。

联合国环境与发展委员会在《我们共同的未来》中指出：“孤立的政策和机构不可能有效地对付这种相互联系的问题。任何国家采取单方面的行动也不可能解决问题。”① 离开国际社会各个成员之间的精诚合作，是不可能解决全球环境问题的。没有一个国家能够在同其他国家隔离的状态下求得发展。因而，执行可持续发展的策略需要在国际关系中有一个新的方针。”②

现在，越来越多的国家已经行动起来，从而改变发展模式，推动绿色进程，致力于实现经济和社会的可持续发展。生态治理的国际合作除了在生态危机问题的处置上付诸努力，更重要的是在生态危机防范方面发挥重要作用。而生态治理的国际合作“并非仅在于生态危险或资源有限增加了相互依赖。关键在于，世界主要国家是否有社会能力和政府能力及时做出回应；是否早有计划，及时获得适当的技术，在不可逆转的损害造成之前采取保护措施；是否充分了解技术的负面影响控制技术发展。在这些问题上，国际组织可否促进政府间的有效协作。”③ 建立生态治理的国际合作机制，是推进生态文明建设的必然途径。

“只有为了共同的利益，对公共资源的调查、开发和管理进行国际合作和达成协议，可持续发展才能实现。如果没有各国对于全球公共领域的权利和义务的协商一致的、公正的和可行的国际准则，那么，随着时间的推移，人类对有限资源需求造成的压力将破坏生态系统的完整性。人类的后代将陷入贫困。”④

---

① 世界环境与发展委员会：《我们共同的未来》，吉林人民出版社 1997 年版，第 296 页。

② 同上书，第 328 页。

③ ［美］罗伯特·基欧汉、约瑟夫·奈：《权力与相互依赖》，门洪华译，北京大学出版社 2012 年版，第 231 页。

④ 世界环境与发展委员会：《我们共同的未来》，吉林人民出版社 1997 年版，第 246 页。

二　实现泛北部湾区域经济社会可持续发展

泛北部湾区域生态文明是可持续发展的重要标志，它不仅指一个国家内一定区域范围的生态文明建设，也指世界范围内具有相同地域特征、生态特征或发展特征的一些国家的生态文明发展。

（一）区域生态文明建设是实现区域经济社会可持续发展的必然要求

目前，泛北部湾经济区合作存在的普遍性问题就是自我发展能力不足的现实问题和生态资源开发引发的生态环境破坏的潜在问题。如总体经济实力不强，工业化、城镇化水平较低，现代大工业少，高技术产业薄弱，经济要素分散，缺乏大型骨干企业和中心城市带动；港口规模不大，竞争力不强，集疏运交通设施依然滞后，快速通达周边国家和省份以及东盟各国的陆路通道亟待完善，与经济腹地和国际市场联系不够紧密；现代市场体系不健全，民间资本不活跃，创业氛围不浓；近海地区生态保护及修复压力较大；社会事业发展滞后，人才开发、引进和储备不足等。如何协调和优化区域经济社会发展与生态环境之间的关系，实现区域经济社会可持续发展，是破解现实问题与潜在问题的关键。

泛北部湾区域经济发展不能走资源消耗的经济发展模式。经济发展中片面追求 GDP 的快速增长、过分依赖能源资源的消耗以及环境污染日益严重等问题，已构成制约经济社会可持续发展的主要障碍和影响人们健康与生活的重大威胁。要实现区域经济和社会的可持续发展，必须树立生态文明意识，加强生态文明建设。泛北部湾区域各国必须选择区域生态经济发展战略，实施可持续发展战略与保持经济增长方式转变为中心，以改善区域生态环境质量和维护区域国家生态环境安全为目标，加强区域性、国际性的生态合作，促进经济、社会、环境协调发展。

区域生态文明建设既是区域推进战略的题中应有之义，也是实现区域推进战略的重要基础。区域推进战略强调经济发展能力、政治发展能力、文化发展能力、社会发展能力和生态发展能力五个协调发展；区域生态文明建设旨在实现可持续发展，推进五个协调发展永续进行。

（二）区域生态文明建设是实现区域经济社会可持续发展的重要动力

区域生态文明建设为该区域经济社会进步提供了良好的区域生态环境

保障。良好的生态环境是实现区域可持续发展的关键，加强区域生态文明建设必将极大地促进经济、社会、环境的整体发展，为可持续发展提供基本保障。

区域生态文明建设将促进区域产业结构调整。现代经济增长以产业结构调整为核心要素。加快转变经济发展方式，推动产业结构优化升级，是后发国家和地区面临的重大任务。生态文明对区域产业结构调整，主要表现在充分利用区域资源、发挥区域优势、保护区域生态环境、提高区域产业经济效益。随着区域可持续发展的目标确立和实施，如何保证区域资源可持续利用，从而促进区域生态经济与生态优化共赢，成为区域生态文明建设的重要主题。

区域生态文明建设将促进区域生产力布局进一步优化。合理的区域生产力布局，就是要充分体现区域生态资源特点和区位优势，使生态资源开发利用与经济发展实现最佳互动。区域生态文明建设对区域生产力布局提出了明确要求：生产力布局不仅要考虑区域地理环境优势、生态资源特点，还要考虑生态环境与生产力布局的相互适应度，为建构区域生态经济体系做出最佳规划。从此意义上说，区域生态文明建设为加强区域各国合作从而实现区域经济社会可持续发展提供了动力保障。

三　泛北部湾区域生态文明共享与实现区域各国共同发展的新模式

区域各国正处于工业化和现代化进程中，生态环境问题不容回避；生态文明共享是避免陷入“环境库兹涅茨曲线”① 陷阱的关键。

区域生态文明共享作为一种区域生态文明建设的新模式，强调在区域发展过程中以合理、公平、持续、和谐为基本价值理念，以资源共享、责任共担、发展共赢为基本方式。生态文明共享已然成为泛北部湾生态文明

① “环境库兹涅茨曲线”是1995年美国普林斯顿大学经济学教授格罗斯曼和克鲁格引申“库兹涅茨曲线”原理，应用于环境质量与经济增长关系分析模型而提出的假说。一个国家经济发展水平较低的时候，环境污染程度较轻，但是随着人均收入的增加，环境污染由低趋高，环境恶化程度随经济增长而加剧；当经济发展达到一定水平后，随着人均收入的进一步增加，环境污染又由高趋低，其环境污染程度逐渐减缓，环境质量逐渐得到改善。

建设和区域经济社会发展的重大而紧迫的问题。

区域生态文明共享是维系泛北部湾区域良好生态环境、实现区域可持续发展的创新模式。泛北部湾区域各国、各地区由于经济发展水平、资源环境基础以及文化的差异，在进行生态文明建设时采用的模式也各不相同。但是，单个国家不能忽视他国反应而孤立地制定本国政策，环境领域更是如此。“能源的过度消费和污染，环境保全价值的丧失，不平等分配等政治、经济、社会冲突的增大都是相互连锁的。”[①] 通过区域生态文明建设合作共享，密切了区域各国的联系、拓展了区域各国合作空间。

区域生态文明共享是加强泛北部湾区域各国经济社会发展合作的重要主题。由于生态资源禀赋、发展水平等差异，泛北部湾区域各国各地区之间客观存在着通过互利合作而实现利益最大化的迫切需要。加强生态信息沟通、建立生态合作和生态问题处置的有效机制，实现泛北部湾区域生态环境优化的“集体行动”不仅必要，而且完全可能。因此，在泛北部湾区域经济合作战略背景下，探索中国与泛北部湾各国政府间生态合作平台搭建等相关问题，密切与区域各国乃至东盟各国的区域合作关系，将会进一步加强中国北部湾区域与东盟国家的经济社会文化多领域合作，实现区域协调发展。

区域生态文明共享是一项系统工程，其基本原则、基本内容、实现模式、保障机制和战略任务构成了泛北部湾区域生态文明共享的系统工程。(1) 基本原则。泛北部湾区域生态文明共享要遵循人本原则、包容性原则、公平原则、合理原则、适度原则、互利原则、和谐共生原则、可持续发展原则等基本原则。(2) 基本内容。以文化共享、资源共享、信息共享、责任共享、机会共享、风险共享、权利共享、利益共享、成果共享等作为基本内容。(3) 实现模式。以“共建、共用、共生、共赢”为目标引导，建立局部—全局共享、发达—后发共享、代内—代际共享、国内—国际共享的实现模式。(4) 保障机制。实现过程中必须建立跨地区的保障机制系统，包括目标约束机制、决策实施机制、组织协调机制、行为监督机制、信息交互机制、合作平台机制、利益矛盾协调机制、市场运行机制、应急处理机制、生态补偿机制等，使共享顺利展开。(5) 战略任务。泛北部湾区域生态文明共享的战略任务包括生态安全、生态发展规划、生

① [日] 星野昭吉：《全球社会和平学》，北京师范大学出版社 2007 年版，第 318 页。

态文化建设、生态协同利用、生态制度管理、生态资源开发、生态信息交流、生态修复科技创新、生态问题处置合作等。

在生态环境问题高度国际化的今天，区域生态文明共享为泛北部湾区域各国、东盟各国合作拓展了新领域，也为东南亚各国创造经济奇迹提供了新契机。《中国21世纪议程》指出："可持续发展是国际社会共同关注的问题。需要各国超越文化和意识形态等方面的差异，采取协调合作的行动。"

附录　问卷调查与统计分析

一　关于调查问卷的设计、发放说明

（一）问卷设计情况

为了更好地了解泛北部湾区域生态文明建设状况，为开展课题研究提供分析基础，特设计了《国家课题“泛北部湾区域生态文明共享模式及其实现机制”的调查问卷》和《专家访谈问卷》两类。前者分“基本情况”、“问卷问题”两部分，以随机发放问卷的形式进行调研，共有24个问题；后者主要是对区内外专家进行访谈，咨询专家们对于“泛北部湾区域生态文明共享”相关问题的意见或建议，共有7个问题。

问卷调查的目的：一是了解当地经济社会发展状况与生态环境状况。二是了解生态环境破坏的相关案例，对其严重性或对当地经济社会发展的影响做出评价。三是了解当地政府关于“北部湾区域生态文明建设”的具体措施。四是了解民众对“北部湾区域生态文明建设”的认识状况。五是了解政府、社会组织、个人对“北部湾区域生态文明共享”的认识。

（二）个人问卷

1. 关于国家课题“泛北部湾区域生态文明共享模式及其实现机制”的调查问卷

泛北部湾区域发展已经纳入国家重大发展战略规划。泛北部湾区域发展必须转变既有发展模式，积极构建生态文明共享发展模式，建设生态文明，促使经济发展与生态环境相协调。为此，项目组对泛北部湾区域开展关于生态文明状况的调研活动。问卷采取匿名方式，所有数据资料仅用于统计研究。非常感谢您的支持！

A 基本情况

A1. 您的性别：□男　□女

A2. 您的民族：________族

A3. 您的年龄：□18岁以下　□18—30岁　□31—45岁

□46—60岁　□60岁以上

A4. 您的文化程度：□小学　□初中　□高中　□大专及以上

A5. 您对泛北部湾经济区的了解情况：□不了解　□基本了解　□熟悉

A6. 您所生活的省市：

B 问卷问题（选择题若无特别说明，则为单选题）

B1. 您了解“生态文明”的基本内容吗？

（1）不知道　（2）听说过　（3）知道基本内容

（4）认真学习研究过

B2. 您了解广西北部湾经济区发展规划和泛北部湾经济区域合作的基本内容吗？

（1）不知道　（2）听说过　（3）知道大概内容　（4）基本熟悉

B3. 您认为大力推进我国生态文明建设，树立全民生态文明意识采取哪种方式最关键？

（1）法律规制　（2）行政干预　（3）道德约束　（4）文化建设

（5）其他

B4. 当您面对某些企业、组织或个人破坏自然环境时，您会采取什么行动？

（1）上前制止　（2）报警　（3）事不关己高高挂起

（4）漠然离开

B5. 您认为在保护生态环境中，谁的责任更大？

（1）政府　（2）企业

（3）社会组织（如工会、“生态之友”等民间组织）　（4）个人

B6. 您对广西北部湾经济社会快速发展状况如何认识？

（1）发展经济更重要　（2）保护环境更重要　（3）二者同样重要

（4）发展经济必然造成对环境破坏

B7. 您认为当前北部湾经济区生态文明建设是否会推动该区域经济发展？

（1）推动经济可持续发展　（2）妨碍经济快速增长

（3）相互促进　（4）说不清

B8. 进行区域生态文明建设，您认为哪种方式更为重要？（可多选）

（1）资源共用　（2）责任共担　（3）发展共赢　（4）环境共建

（5）利益共享

B9. 区域生态文明共享是权利与义务、责任与利益统合的综合体系，您认为重要的内容有哪些？（可多选）

（1）文化共享　（2）责任共享　（3）资源共享　（4）信息共享

（5）利益共享　（6）风险共享　（7）机会共享　（8）成果共享

B10. 您认为生态文明建设中哪种合作共享模式值得提倡？（可多选）

（1）局部—全局合作共享　（2）发达—后发合作共享

（3）代内—代际合作共享　（4）国内—国际合作共享

B11. 您认为当前北部湾区域生态文明共享存在的主要问题是什么？

（1）忽略弱势群体利益　（2）弱化代内平等　（3）忽视代际公平

（4）缺乏域际和谐　（5）其他

B12. 影响北部湾区域生态文明共享的原因主要有哪些？

（1）受区域经济利益驱动　（2）缺乏可持续发展意识

（3）缺乏合作价值认同基础　（4）缺乏共同的决策管理

（5）缺乏相应制度约束

B13. 您认为实现北部湾区域生态文明共享中哪些机制更重要？（可多选）

（1）目标约束机制　（2）决策实施机制　（3）组织协调机制

（4）行为监督机制　（5）信息交互机制　（6）合作平台机制

（7）利益矛盾协调机制　（8）市场运行机制　（9）应急处理机制

（10）生态补偿机制

B14. 在生态文明共享的如下原则中，您特别关注哪个或哪几个原则？（可多选）

（1）人本原则　（2）包容原则　（3）公平原则　（4）互利原则

（5）和谐共生原则　（6）可持续发展原则　（7）适度原则

（8）合理原则

B15. 您认为北部湾区域生态文明建设战略任务中，哪些更重要？（可多选）

（1）生态文化建设　（2）生态发展规划　（3）生态协同利用

（4）生态制度管理　（5）生态资源开发　（6）生态信息交流

（7）生态修复科技创新　（8）生态问题处置合作

B16. 您认为国家当前提出的生态文明建设与您个人生活有何关系？

（1）关系紧密 （2）关系不大 （3）与自己无关 （4）说不清

B17. 您对当前广西北部湾经济区经济建设与生态环境保护的状况满意吗？

（1）满意 （2）还可以 （3）充满担忧 （4）十分不满意

B18. 您对广西北部湾区域发展中生态环境保护和生态文明建设有何建议？

再次谢谢您的合作！祝您万事如意！

2. “泛北部湾区域生态文明共享模式及其实现机制”专家访谈问卷

专家姓名： 所在单位： 访谈时间： 月 日

1. 请问您对南宁（/北海/钦州/防城港）经济发展与生态环境保护的状况满意吗？您认为当地经济发展与生态环境保护存在哪些问题？

2. 2008 年 2 月《广西北部湾经济区发展规划》获国务院批准，提出了“经济结构更加优化；开放合作不断深入；生态文明建设进一步加强”的发展目标，您认为这三个目标实现情况如何？存在哪些突出问题？

3.《广西北部湾经济区发展规划》中专门就加强生态建设和环境保护，增强可持续发展能力，把建设资源节约型、环境友好型社会放在工业化、现代化发展战略的突出位置。您认为广西北部湾经济区在生态建设和保护、污染治理两个方面做得怎样？存在哪些问题？

4. 实现北部湾区域生态文明共享需要相关机制作保障，您认为哪些比较重要？请谈谈您的看法？

（1）目标约束机制 （2）决策实施机制 （3）组织协调机制

（4）行为监督机制 （5）信息交互机制 （6）合作平台机制

（7）利益矛盾协调机制 （8）市场运行机制 （9）应急处理机制

（10）生态补偿机制

5. 生态文明共享的如下原则中，您认为应该更强调哪个或哪几个原则？为什么？

（1）人本原则 （2）包容原则 （3）公平原则 （4）互利原则

（5）和谐共生原则 （6）可持续发展原则 （7）适度原则

（8）合理原则

6. 您对广西北部湾区域生态文明建设的以下战略任务有何建议？

（1）生态文化建设　（2）生态发展规划　（3）生态协同利用
（4）生态制度管理　（5）生态资源开发　（6）生态信息交流
（7）生态修复科技创新　（8）生态问题处置合作

7. 您认为广西北部湾地区在整个泛北部湾区域合作发展中应该承担怎样的生态环境保护责任？

（三）问卷发放情况

1. 问卷发放份数：共发放《国家课题“泛北部湾区域生态文明共享模式及其实现机制”的调查问卷》1000 份，回收 958 份，其中有效问卷 941 份。方式包括发放个人问卷调查、进行相关人员访谈、田野调查（实地调查或现场研究，以图片、照片、录像等方式收集数据、资料）。

2. 调研主要地点：主要是广西北部湾经济区

（1）北海市：通过问卷调查、田野调查方式，地点主要是海滩公园、新市环保局、北海工业园；通过专家访谈，地点主要是北海高新技术产业园区管理委员会、北海市北部湾经济区建设管理委员会办公室。

（2）防城港市：了解防城港港口的发展状况，临港工业区、防城工业园区；海洋生态保护区，重点了解红树林、海草、珊瑚礁等海洋和海岸自然生态系统、海洋生物物种、海洋自然遗迹和非生物资源状况。

（3）钦州市：广西钦州港经济开发区、广西钦州港三娘湾等。

3. 问卷发放对象有：①主要是广西北部湾经济区（南宁、钦州、北海、防城港）政府、社会组织、当地居民，问卷数量占总数的 70% 左右。②海南和广东省的高校师生以及一定数量的居民，问卷数量占总数的 10% 左右。③对广西各高校东盟各国留学生进行调查问卷，如对桂林理工大学、广西师范大学、广西民族大学等高校中来自泛北部湾区域各国的留学生问卷数量占总数的 10% 左右。④北部湾经济区之外的其他省份民众，问卷数量占总数的 6% 左右。⑤利用中国—东盟博览会在南宁召开的机会，到南宁国际会展中心进行随机调查访谈，问卷数量占总数的 6% 左右。

《专家访谈问卷》共发放 60 余份，主要咨询：广西区内政府部门领导（10 份），如区政协、北海市政府等部门领导。区内外一些专家学者（50 余份）。

4. 问卷调查存在的问题：由于课题经费的限制，调研不能到泛北部湾区域其他国家进行相应考察，使得问卷对象范围受到一定程度限制，问卷调查的全面性受到一定程度的影响。

二　问卷统计分析说明

运用 SPSS Statistics 软件进行分析，运用统计学中交叉列联表分析，采取对应分析、多选项分析、单选项分析等多种形式。

1. 分析举例

例如：A6 和 B2 交叉列联表分析［“A6. 您所生活的省市”与“B2. 您了解广西北部湾经济区发展规划和泛北部湾经济区域合作的基本内容吗？（1）不知道；（2）听说过；（3）知道大概内容；（4）基本熟悉”进行交叉分析］。

是否了解泛北部湾经济区

			省市			合计
			北部湾地区	广西其他市	其他省市	
是否了解泛北部湾经济区	不了解	计数（个）	96	385	128	609
		了解泛北部湾经济区占比（%）	15.8	63.2	21.0	100.0
		省市占比（%）	54.2	63.2	82.6	64.7
		总数占比（%）	10.2	40.9	13.6	64.7
	基本了解	计数（个）	69	213	26	308
		了解泛北部湾经济区占比（%）	22.4	69.2	8.4	100.0
		省市占比（%）	39.0	35.0	16.8	32.7
		总数占比（%）	7.3	22.6	2.8	32.7
	熟悉	计数（个）	12	11	1	24
		了解泛北部湾经济区占比（%）	50.0	45.8	4.2	100.0
		省市占比（%）	6.8	1.8	0.6	2.6
		总数占比（%）	1.3	1.2	0.1	2.6
合计		计数（个）	177	609	155	941
		了解泛北部湾经济区占比（%）	18.8	64.7	16.5	100.0
		省市占比（%）	100.0	100.0	100.0	100.0
		总数占比（%）	18.8	64.7	16.5	100.0

又如：多选项题目分析。

B8

哪个更重要

		响应		个案
		N	百分比（%）	百分比（%）
哪个更重要[a]	是否选择资源共用	374	14.9	39.7
	是否选择责任共担	547	21.8	58.1
	是否选择发展共赢	670	26.7	71.2
	是否选择环境共建	627	25.0	66.6
	是否选择利益共享	289	11.5	30.7
	总计	2507	100.0	266.4

注：a 值为 1 时制表的二分组。

B3

生态文明建设，树立全民生态文明意识哪种方式最关键

		频率	百分比（%）	有效百分比（%）	累积百分比（%）
有效	法律规制	206	21.9	21.9	21.9
	行政干预	48	5.1	5.1	27.0
	道德约束	238	25.3	25.3	52.3
	文化建设	435	46.2	46.2	98.5
	其他	14	1.5	1.5	100.0
	合计	941	100.0	100.0	

2. 问卷调查统计结果分析

B1. 您了解“生态文明”的基本内容吗?

（1）不知道　（2）听说过　（3）知道基本内容

（4）认真学习研究过

是否了解“生态文明”基本内容					
		频率	百分比（%）	有效百分比（%）	累积百分比（%）
有效	不知道	101	10.7	10.7	10.7
	听说过	548	58.2	58.2	69.0
	知道基本内容	270	28.7	28.7	97.7
	认真学习研究过	22	2.3	2.3	100.0
	合计	941	100.0	100.0	

B2. 您了解广西北部湾经济区发展规划和泛北部湾经济区域合作的基本内容吗？

（1）不知道　（2）听说过　（3）知道大概内容　（4）基本熟悉

是否了解北部湾经济区发展规划和泛北部湾经济区域合作基本内容

		频率	百分比（%）	有效百分比（%）	累积百分比（%）
有效	不知道	454	48.2	48.2	48.2
	听说过	367	39.0	39.0	87.2
	知道大概内容	106	11.3	11.3	98.5
	基本熟悉	14	1.5	1.5	100.0
	合计	941	100.0	100.0	

B3. 您认为大力推进我国生态文明建设，树立全民生态文明意识采取哪种方式最关键？

（1）法律规制　（2）行政干预　（3）道德约束　（4）文化建设
（5）其他

生态文明建设，树立全民生态文明意识哪种方式最关键

		频率	百分比（%）	有效百分比（%）	累积百分比（%）
有效	法律规制	206	21.9	21.9	21.9
	行政干预	48	5.1	5.1	27.0
	道德约束	238	25.3	25.3	52.3
	文化建设	435	46.2	46.2	98.5
	其他	14	1.5	1.5	100.0
	合计	941	100.0	100.0	

B4. 当您面对某些企业、组织或个人破坏自然环境时，您会采取什么行动？

（1）上前制止　（2）报警　（3）事不关己高高挂起
（4）漠然离开

面对企业、组织和个人破坏自然环境时的行动选择					
		频率	百分比（%）	有效百分比（%）	累积百分比（%）
有效	上前制止	233	24.8	24.8	24.8
	报警	364	38.7	38.7	63.4
	事不关己高高挂起	151	16.0	16.0	79.5
	漠然离开	193	20.5	20.5	100.0
	合计	941	100.0	100.0	

B5. 您认为在保护生态环境中，谁的责任更大?

（1）政府　（2）企业

（3）社会组织（如工会、“生态之友”等民间组织）　（4）个人

生态环境保护，谁的责任更大					
		频率	百分比（%）	有效百分比（%）	累积百分比（%）
有效	政府	369	39.2	39.2	39.2
	企业	169	18.0	18.0	57.2
	社会组织（如工会、“生态之友”等民间组织）	112	11.9	11.9	69.1
	个人	291	30.9	30.9	100.0
	合计	941	100.0	100.0	

B6. 您对广西北部湾经济社会快速发展状况如何认识?

（1）发展经济更重要　（2）保护环境更重要　（3）二者同样重要

（4）发展经济必然造成对环境破坏

如何认识北部湾经济社会发展状况					
		频率	百分比（%）	有效百分比（%）	累积百分比（%）
有效	发展经济更重要	24	2.6	2.6	2.6
	保护环境更重要	181	19.2	19.2	21.8
	二者同样重要	670	71.2	71.2	93.0
	发展经济必然造成对环境的破坏	66	7.0	7.0	100.0
	合计	941	100.0	100.0	

B7. 您认为当前北部湾经济区生态文明建设是否会推动该区域经济发展?

（1）推动经济可持续发展 （2）妨碍经济快速增长
（3）相互促进 （4）说不清

如何认识北部湾经济区生态文明建设对该区域经济发展的影响

		频率	百分比（%）	有效百分比（%）	累积百分比（%）
有效	推动经济可持续发展	450	47.8	47.8	47.8
	妨碍经济快速增长	29	3.1	3.1	50.9
	相互促进	367	39.0	39.0	89.9
	说不清	95	10.1	10.1	100.0
	合计	941	100.0	100.0	

B8. 进行区域生态文明建设，您认为哪种方式更为重要？（可多选）
（1）资源共用 （2）责任共担 （3）发展共赢 （4）环境共建
（5）利益共享

哪个更重要频率

		响应		个案百分比（%）
		样本	百分比（%）	
哪个更重要[a]	是否选择资源共用	374	14.9	39.7
	是否选择责任共担	547	21.8	58.1
	是否选择发展共赢	670	26.7	71.2
	是否选择环境共建	627	25.0	66.6
	是否选择利益共享	289	11.5	30.7
	总计	2507	100.0	266.4

注：a 值为 1 时制表的二分组。

描述统计量

	样本	极小值	极大值	均值	标准差
是否选择资源共用	941	0.00	1.00	0.3974	0.48963
是否选择责任共担	941	0.00	1.00	0.5813	0.49361
是否选择发展共赢	941	0.00	1.00	0.7120	0.45307
是否选择环境共建	941	0.00	1.00	0.6663	0.47178
是否选择利益共享	941	0.00	1.00	0.3071	0.46154
有效样本（列表状态）	941				

B9. 区域生态文明共享是权利与义务、责任与利益统合的综合体系，您认为重要的内容有哪些？（可多选）

（1）文化共享　（2）责任共享　（3）资源共享　（4）信息共享

（5）利益共享　（6）风险共享　（7）机会共享　（8）成果共享

B9 频率

		响应		个案
		样本	百分比（%）	百分比（%）
B9[a]	是否选择文化共享	631	15.3	67.1
	是否选择责任共享	710	17.3	75.5
	是否选择资源共享	699	17.0	74.3
	是否选择信息共享	510	12.4	54.2
	是否选择利益共享	413	10.0	43.9
	是否选择风险共享	327	8.0	34.8
	是否选择机会共享	373	9.1	39.6
	是否选择成果共享	448	10.9	47.6
	总计	4111	100.0	436.9

注：a 值为 1 时制表的二分组。

描述统计量					
	样本	极小值	极大值	均值	标准差
是否选择文化共享	941	0.00	1.00	0.6706	0.47026
是否选择责任共享	941	0.00	1.00	0.7545	0.43060
是否选择资源共享	941	0.00	1.00	0.7428	0.43731
是否选择信息共享	941	0.00	1.00	0.5420	0.49850
是否选择利益共享	941	0.00	1.00	0.4389	0.49652
是否选择风险共享	941	0.00	1.00	0.3475	0.47643
是否选择机会共享	941	0.00	1.00	0.3964	0.48941
是否选择成果共享	941	0.00	1.00	0.4761	0.49969
有效样本（列表状态）	941				

B10. 您认为生态文明建设中哪种合作共享模式值得提倡？（可多选）

(1) 局部—全局合作共享　(2) 发达—后发合作共享
(3) 代内—代际合作共享　(4) 国内—国际合作共享

B10 频率

		响应		个案
		样本	百分比（%）	百分比（%）
B10 频率[a]	是否选择局部—全局合作共享	623	38.0	66.4
	是否选择发达—后发合作共享	345	21.0	36.8
	是否选择代内—代际合作共享	158	9.6	16.8
	是否选择国内—国际合作共享	513	31.3	54.7
	总计	1639	100.0	174.7

注：a 值为 1 时制表的二分组。

B11. 您认为当前北部湾区域生态文明共享存在的主要问题是什么？
(1) 忽略弱势群体利益　(2) 弱化代内平等　(3) 忽视代际公平
(4) 缺乏域际和谐　(5) 其他

统计量		
影响北部湾区域生态文明共享原因		
样本	有效	941
	缺失	0

影响北部湾区域生态文明共享原因					
		频率	百分比（%）	有效百分比（%）	累积百分比（%）
有效	缺乏相应的制度约束	153	16.3	16.3	16.3
	缺乏共同的决策管理	75	8.0	8.0	24.2
	缺乏合作价值认同基础	107	11.4	11.4	35.6
	缺乏可持续发展意识	343	36.5	36.5	72.1
	受区域经济利益驱动	261	27.7	27.7	99.8
	其他	2	0.2	0.2	100.0
	合计	941	100.0	100.0	

B12. 影响北部湾区域生态文明共享的原因主要有哪些?

(1) 受区域经济利益驱动 (2) 缺乏可持续发展意识
(3) 缺乏合作价值认同基础 (4) 缺乏共同的决策管理
(5) 缺乏相应制度约束 (6) 其他

统计量		
影响北部湾区域生态文明共享原因		
样本	有效	941
	缺失	0

影响北部湾区域生态文明共享原因					
		频率	百分比(%)	有效百分比(%)	累积百分比(%)
有效	缺乏相应的制度约束	153	16.3	16.3	16.3
	缺乏共同的决策管理	75	8.0	8.0	24.2
	缺乏合作价值认同基础	107	11.4	11.4	35.6
	缺乏可持续发展意识	343	36.5	36.5	72.1
	受区域经济利益驱动	261	27.7	27.7	99.8
	其他	2	0.2	0.2	100.0
	合计	941	100.0	100.0	

B13. 您认为实现北部湾区域生态文明共享中哪些机制更重要?(可多选)

(1) 目标约束机制 (2) 决策实施机制 (3) 组织协调机制
(4) 行为监督机制 (5) 信息交互机制 (6) 合作平台机制
(7) 利益矛盾协调机制 (8) 市场运行机制 (9) 应急处理机制
(10) 生态补偿机制

B13 频率

		响应		个案百分比(%)
		样本	百分比(%)	
B13 频率[a]	是否选择目标约束机制	269	6.6	28.6
	是否选择决策实施机制	444	10.9	47.2
	是否选择组织协调机制	457	11.2	48.6
	是否选择行为监督机制	545	13.3	58.0

续表

		响应		个案百分比（%）
		样本	百分比（%）	
B13 频率[a]	是否选择信息交互机制	300	7.3	31.9
	是否选择合作平台机制	416	10.2	44.3
	是否选择利益矛盾协调机制	468	11.4	49.8
	是否选择市场运行机制	306	7.5	32.6
	是否选择应急处理机制	290	7.1	30.9
	是否选择生态补偿机制	594	14.5	63.2
	总计	4089	100.0	435.0

注：a 值为 1 时制表的二分组。

描述统计量

	样本	极小值	极大值	均值	标准差
是否选择目标约束机制	941	0.00	1.00	0.2859	0.45207
是否选择决策实施机制	941	0.00	1.00	0.4718	0.49947
是否选择组织协调机制	941	0.00	1.00	0.4857	0.50006
是否选择行为监督机制	941	0.00	1.00	0.5792	0.49395
是否选择信息交互机制	941	0.00	1.00	0.3188	0.46626
是否选择合作平台机制	941	0.00	1.00	0.4421	0.49690
是否选择利益矛盾协调机制	941	0.00	1.00	0.4973	0.50026
是否选择市场运行机制	941	0.00	1.00	0.3252	0.46869
是否选择应急处理机制	941	0.00	1.00	0.3082	0.46199
是否选择生态补偿机制	941	0.00	1.00	0.6312	0.48272
有效的 N（列表状态）	941				

B14. 在生态文明共享的如下原则中，您特别关注哪个或哪几个原则？（可多选）

（1）人本原则　　（2）包容原则　　（3）公平原则
（4）互利原则　　（5）和谐共生原则　　（6）可持续发展原则
（7）适度原则　　（8）合理原则

B14 频率

		响应		个案百分比（%）
		样本	百分比（%）	
B14 频率[a]	是否选择人本原则	440	11.5	46.8
	是否选择包容原则	207	5.4	22.0
	是否选择公平原则	588	15.4	62.5
	是否选择互利原则	324	8.5	34.4
	是否选择和谐共生原则	701	18.3	74.5
	是否选择可持续发展原则	795	20.8	84.5
	是否选择适度原则	424	11.1	45.1
	是否选择合理原则	350	9.1	37.2
	总计	3829	100.0	406.9

注：a 值为 1 时制表的二分组。

B15. 您认为北部湾区域生态文明建设战略任务中，哪些更重要？（可多选）

（1）生态文化建设　（2）生态发展规划　（3）生态协同利用

（4）生态制度管理　（5）生态资源开发　（6）生态信息交流

（7）生态修复科技创新　（8）生态问题处置合作

B15 频率

		响应		个案百分比（%）
		样本	百分比（%）	
B15 频率[a]	是否选择生态文化建设	617	18.6	65.6
	是否选择生态发展规划	601	18.1	63.9
	是否选择生态协同利用	388	11.7	41.2
	是否选择生态制度管理	405	12.2	43.0
	是否选择生态资源开发	367	11.1	39.0
	是否选择生态信息交流	246	7.4	26.1
	是否选择生态修复科技创新	403	12.1	42.8
	是否选择生态问题处置合作	291	8.8	30.9
	总计	3318	100.0	352.6

注：a 值为 1 时制表的二分组。

B16. 您认为国家当前提出的生态文明建设与您个人生活有何关系？
（1）关系紧密　（2）关系不大　（3）与自己无关　（4）说不清

生态文明建设与个人生活关系

		频率	百分比（%）	有效百分比（%）	累积百分比（%）
有效	说不清	93	9.9	9.9	9.9
	与自己无关	24	2.6	2.6	12.4
	关系不大	190	20.2	20.2	32.6
	关系紧密	634	67.4	67.4	100.0
	合计	941	100.0	100.0	

B17. 您对当前广西北部湾经济区经济建设与生态环境保护的状况满意吗？
（1）满意　（2）还可以　（3）充满担忧　（4）十分不满意

概述列点[a]

生态文明建设与个人生活关系	质量	维中的得分		惯量	贡献				
					点对维惯量		维对点惯量		
		1	2		1	2	1	2	总计
关系紧密	0.674	-0.209	0.020	0.003	0.255	0.010	0.998	0.002	1.000
关系不大	0.202	0.279	0.056	0.002	0.136	0.023	0.990	0.010	1.000
与自己无关	0.026	1.311	0.618	0.005	0.380	0.355	0.950	0.050	1.000
说不清	0.099	0.516	-0.412	0.003	0.228	0.611	0.868	0.132	1.000
有效总计	1.000			0.014	1.000	1.000			

注：a 对称标准化。

摘要表中的第五列显示卡方检验的 p 值 <0.05，认为行变量和列变量之间有显著的相关关系，第 7 列显示第二个的累积贡献率已经达到 100%，即没有信息的丢失。概述行点表中的第 7、8、9 行表示第一、第二因子对行变量各分类差异的解释程度。如对北部湾地区第一因子解释了 69.7%，对第二因子解释了 30.3%，两个因子一共解释了 100%。

下图为省市与生态文明建设与个人生活关系的对应分布。可以看出，广西及其他省市和北部湾地区偏向于认为生态文明建设与个人生活关系紧密，而其他省市认为生态文明建设与个人生活关系差异并不明显，认为关系不大、说不清、与自己无关等。

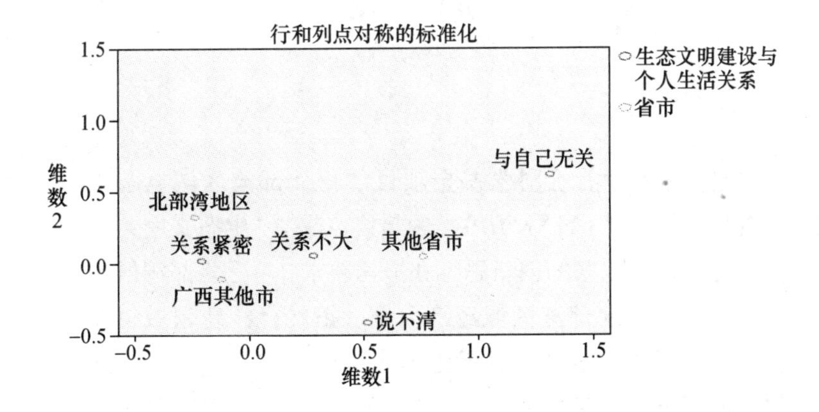

后 记

本书是国家哲学社会科学基金项目“泛北部湾区域生态文明共享模式与实现机制研究”（11XKS010）的最终成果。“生态文明共享”理念是生态文明建设发展战略的创新思维和迫切要求；“泛北部湾区域生态文明共享”则是深化泛北部湾区域经济合作、拓展合作新领域、保障区域可持续发展的新范式。本书以发展伦理为理论基础，基于泛北部湾生态状况，对泛北部湾区域生态文明共享的 SWOT 因素分析、存在的主要问题及原因、基本内容、遵循原则、共享模式、实现机制、战略任务等进行系统研究和理论阐述，为泛北部湾区域经济合作战略寻找新的增长点。本书是生态文明建设理论与实践研究的一种探索，其不足之处，敬请读者不吝赐教！

本书首先要感谢全国哲学社会科学规划办的前期资助，使本项目能够按期结项！同时要感谢课题组成员在本项目申报、研究过程中的积极参与和辛勤付出！尤其是谭培文教授、林春逸教授、史月兰教授给予我认真的指导，在此表示衷心感谢！

对中国社会科学出版社与该书的责任编辑卢小生主任为本书出版给予的支持与帮助，特致以真诚的谢意！

本书得到桂林理工大学著作出版基金资助。

肖祥

2015 年 4 月 25 日于桂林